STARK

2022

Realschule

Original-Prüfungsaufgaben
mit Lösungen

Bayern

Mathematik II/III

STARK

42. ergänzte Auflage
www.stark-verlag.de

Inhalt

Das Corona-Virus hat auch im vergangenen Schuljahr die Prüfungsabläufe beeinflusst. Um Ihnen die Prüfung 2021 schnellstmöglich zur Verfügung stellen zu können, bringen wir sie in digitaler Form heraus. Sobald die Original-Prüfungsaufgaben 2021 zur Veröffentlichung freigegeben sind, können sie als PDF auf der Plattform MyStark heruntergeladen werden (Zugangscode vgl. Umschlaginnenseite).

PDF zum Download

Auf die PDF mit den Abschlussprüfungen 2002 bis 2014 kann online zugegriffen werden. Der Zugangscode ist auf der Umschlaginnenseite zu finden.

Jeweils im Herbst erscheinen die neuen Ausgaben der Abschlussprüfungsaufgaben mit Lösungen.

Autoren:

Lösungen der Abschlussprüfungsaufgaben:
2002–2014: RSD Alois Einhauser und StD Dietmar Steiner
ab 2015: RSD Alois Einhauser

Übungsaufgaben:
RSD Alois Einhauser

Hinweise

Die Abschlussprüfungsaufgaben im Fach Mathematik werden vom Bayerischen Staatsministerium für Unterricht und Kultus zentral für alle bayerischen Realschulen gestellt.

Die Abschlussprüfung setzt sich aus zwei Teilen zusammen. Der erste Teil (A) besteht aus drei kurzen Aufgaben zu den Themenbereichen Funktionen, ebene Geometrie und Raumgeometrie. Der zweite Teil (B) besteht aus zwei komplexeren Aufgaben. Die erreichbare Anzahl der Punkte ist im Teil B etwa doppelt so hoch wie im Teil A.

Sie haben zur Bearbeitung der Aufgaben **150 Minuten** Zeit. Als Hilfsmittel sind elektronische Taschenrechner (auch grafikfähige) und eine zugelassene Formelsammlung erlaubt.

Zur Lösung der Aufgaben:

1. Bei allen Aufgaben sollen die Lösungen sinnvoll gerundet werden.
2. Bei einer Reihe von Aufgaben ist es ratsam, sich zur Veranschaulichung der Aufgabenstellung eine Zeichnung bzw. Skizze zu erstellen.
3. Vorgehensweise für die Erstellung von Schrägbildern:
   a) Zeichnen der Schrägbildachse (waagrecht auf dem Arbeitsblatt).
   b) Antragen der gegebenen Strecke, die laut Angabe auf der Schrägbildachse liegen soll, auf dieser.
   c) Antragen einer Geraden, die mit der Schrägbildachse den angegebenen Winkel ω einschließt, in einem Endpunkt der in b angetragenen Strecke.
   d) Alle Linien, die senkrecht zur Zeichenebene verlaufen, werden im Schrägbild unter dem Winkel ω angetragen.
   Alle Strecken, die senkrecht zur Zeichenebene verlaufen, werden mit dem Faktor q verkürzt angetragen.
   e) Strecken, die in der Zeichenebene oder parallel zu dieser liegen, werden in wahrer Länge angetragen.

Zu allen Aufgaben haben wir ausführliche **Lösungsvorschläge** abgedruckt, die möglichst nur zur Kontrolle benutzt werden sollten. Wenn Sie nicht weiterkommen, sollen Ihnen unsere grau markierten **Hinweise und Tipps** helfen, den Lösungsweg zu erkennen. Zuerst sollten Sie selbst die Lösung finden und dann mit dem Buch vergleichen. Nur wenn man sich selbst anstrengt, bleibt der Stoff auch im Gedächtnis und man „lernt“ dazu.

Notenschlüssel: (wird vom Bayerischen Staatsministerium für Unterricht und Kultus nachgereicht und kann leicht variieren)

Zur Orientierung:

	2011 – 2015, 2018 – 2020	2016 – 2017
Note 1	53 – 45 Punkte	53 – 43 Punkte
Note 2	44 – 36 Punkte	42 – 34 Punkte
Note 3	35 – 27 Punkte	33 – 25 Punkte
Note 4	26 – 18 Punkte	24 – 16 Punkte
Note 5	17 – 9 Punkte	15 – 7 Punkte
Note 6	8 – 0 Punkte	6 – 0 Punkte

Sollten nach Erscheinen dieses Bandes noch wichtige Änderungen in der Abschlussprüfung 2022 vom Bayerischen Staatsministerium für Unterricht und Kultus bekannt gegeben werden, finden Sie aktuelle Informationen dazu unter www.stark-verlag.de/mystark (Zugangscode vgl. Umschlaginnenseite).

Autoren und Verlag wünschen viel Erfolg bei der Prüfung!

Termine 2022

Einige Termine (z. B. für die mündlichen Prüfungen) werden von der Schule festgelegt, bitte in die Liste entsprechend eintragen!

ART DES TERMINS	TERMIN		
Bekanntgabe der Jahresfortgangsnoten Meldung zu möglichen mündlichen Prüfungen in Nichtprüfungsfächern	...	....	..... Uhr
Mündliche Prüfungen in Nichtprüfungsfächern zur Neufestsetzung der Jahresfortgangsnote	...	....	..... Uhr
Schriftliche Abschlussprüfungen:			
Spanisch/Tschechisch	Di	21.06.2022	8:30–11:00 Uhr
Deutsch	Mi	22.06.2022	8:00–13:00 Uhr
Französisch	Do	23.06.2022	8:30–11:00 Uhr
Englisch	Fr	24.06.2022	8:30–11:30 Uhr
andere Fremdsprachen	Fr	24.06.2022	8:30–10:30 Uhr
Mathematik I und II/III	Mo	27.06.2022	8:30–11:30 Uhr
BWL/Rechnungswesen	Di	28.06.2022	8:30–11:00 Uhr
Physik	Mi	29.06.2022	8:30–11:00 Uhr
Kunst/Haushalt und Ernährung/Musik/Sport/ Sozialwesen	Do	30.06.2022	8:30–10:00 Uhr*
Werken	Fr	01.07.2022	8:30–10:00 Uhr
Bekanntgabe der schriftlichen Prüfungsnoten	...	....	....
Meldung zur mündlichen Prüfung in Prüfungsfächern	...	....	....
Mündliche Prüfung in Prüfungsfächern	...	....	....
Mögliche Beurlaubung der Abschlussklasse	...	....	....
Entlassung der Abschlussklasse mit Zeugnisverteilung	...	....	....

* Sozialwesen 8:30–10:30 Uhr

Hinweis: Die oben angegebenen Zeiträume für die schriftlichen Abschlussprüfungen entsprechen nicht der Prüfungsdauer, sondern geben nur den Zeitrahmen an, innerhalb dessen die Prüfung durchzuführen ist. Die Prüfungsdauer für Mathematik II/III ist in diesem Buch im Kapitel „Hinweise“ vermerkt.

Übungsaufgaben

Übungsaufgaben

Quadratische Funktionen; quadratische Gleichungen

Lehrplaninhalte:

Quadratische Funktionen
- Funktionen mit Gleichungen der Form $y = ax^2 + bx + c$: Graphen und Eigenschaften; Sonderformen; Scheitelpunktsform der Funktionsgleichung für verschobene Parabeln
- Gleichungen von Parabeln ermitteln
- Bearbeiten von Extremwertproblemen (nur quadratische Terme)

Aufgaben 1; 3 bis 12

Quadratische Gleichungen
- Quadratische Gleichungen lösen (quadratische Ergänzung, gegebenenfalls auch grafische Lösung); Diskriminante und Lösbarkeit; Lösungsformel
- Berechnen der Koordinaten von Schnittpunkten (Gerade $\cap$ Parabel, Parabel $\cap$ Parabel)
- Untersuchen der Tangentiallage zweier Funktionsgraphen

Aufgaben 2; 3; 10 bis 12

1 Bestimmen Sie die Scheitelpunkte der Parabeln mit folgenden Gleichungen ($\mathbb{G} = \mathbb{R} \times \mathbb{R}$):

p_1: $y = -4x^2 + 8x - 3$
p_2: $y = 0{,}25x^2 + 3x$
p_3: $y = -2x^2 + 1{,}5$
p_4: $y = -5x + x^2 + 2$
p_5: $y = 3 \cdot (x^2 - 3x + 2)$
p_6: $y = (4x - 2) \cdot (x + 1)$

2 Ermitteln Sie die Lösungsmengen folgender Gleichungen ($\mathbb{G} = \mathbb{R}$):

(1) $(4x - 2) \cdot (x + 1) = 0$
(2) $5x^2 - 4x = 0$
(3) $-x^2 - 2x + 1 = 0$
(4) $2x^2 - 9x = -9$
(5) $3 \cdot (x^2 + 3x + 2) = 9$
(6) $(2x - 2) \cdot (3x + 1) - 5x^2 = x^2 - 4$

3.1 Ermitteln Sie durch Rechnung die Schnittpunkte der Parabel p_1 mit der Gleichung $y = -\frac{1}{2}x^2 + x + 2$ und der Parabel p_2 mit der Gleichung $y = \frac{1}{2}x^2 - 3x - 3$ ($\mathbb{G} = \mathbb{R} \times \mathbb{R}$). Überprüfen Sie das Ergebnis grafisch.

3.2 Ermitteln Sie durch Rechnung die Schnittpunkte der Parabel p_1 mit der Gleichung $y = -x^2 + x + 3$ und der Parabel p_2 mit der Gleichung $y = \frac{1}{2}x^2 - 4x + 5$ ($\mathbb{G} = \mathbb{R} \times \mathbb{R}$). (Auf zwei Stellen nach dem Komma runden.)

3.3 Ermitteln Sie durch Rechnung die Schnittpunkte der Parabel p mit der Gleichung $y = 0{,}25x^2 + 2x - 3$ und der Geraden g, die durch die Punkte $A(-3 \mid -2)$ und $B(1 \mid 3)$ verläuft ($\mathbb{G} = \mathbb{R} \times \mathbb{R}$). (Auf zwei Stellen nach dem Komma runden.)

3.4 Ermitteln Sie durch Rechnung die Schnittpunkte der Parabel p mit der Gleichung $y = -0{,}25x^2 + 0{,}5x + 5$ und der Geraden g, für die gilt: $\sphericalangle(\text{x-Achse}; g) = 26{,}57°$ und $A(-1 \mid 3{,}5) \in g$ ($\mathbb{G} = \mathbb{R} \times \mathbb{R}$). (Auf zwei Stellen nach dem Komma runden.) Überprüfen Sie das Ergebnis grafisch.

3.5 Zeigen Sie durch Rechnung, dass die Gerade g mit der Gleichung $y = 4x + 2$ eine Tangente an die Parabel p mit der Gleichung $y = x^2 + 6x + 3$ ist, und ermitteln Sie die Koordinaten des Berührpunktes B ($\mathbb{G} = \mathbb{R} \times \mathbb{R}$). Überprüfen Sie das Ergebnis grafisch.

4 Die Parabel p hat eine Gleichung der Form $y = 0{,}5x^2 + bx + c$ mit $\mathbb{G} = \mathbb{R} \times \mathbb{R}$ und $b, c \in \mathbb{R}$. Sie verläuft durch die Punkte $A(-1 \mid 9{,}5)$ und $B(5 \mid -2{,}5)$. Ermitteln Sie die Gleichung der Parabel p.

5 Die Parabel p hat eine Gleichung der Form $y = ax^2 + bx + c$ mit $\mathbb{G} = \mathbb{R} \times \mathbb{R}$ und $a, b, c \in \mathbb{R}$. Sie hat den Scheitel $S(-3 \mid -1)$ und verläuft durch den Punkt $P(1 \mid -5)$. Ermitteln Sie die Gleichung der Parabel p.

6 Die Symmetrieachse der nach unten geöffneten Normalparabel p hat die Gleichung $x = 2$ ($\mathbb{G} = \mathbb{R} \times \mathbb{R}$). Der Punkt $P(0{,}5 \mid 6{,}75)$ liegt auf der Parabel p. Ermitteln Sie die Gleichung der Parabel p.

7 Der Punkt $S(0 \mid 2{,}5)$ ist der Scheitel der nach unten geöffnete Normalparabel p. Ermitteln Sie die Gleichung der Parabel p.

8 Die Parabel p mit einer Gleichung der Form $y = 2x^2 + bx - 8$ ($\mathbb{G} = \mathbb{R} \times \mathbb{R}$; $b \in \mathbb{R}$) verläuft durch den Punkt $A(-3 \mid -5)$.
Ermitteln Sie die Gleichung der Parabel p.

9 Die nach oben geöffnete Normalparabel p hat die y-Achse als Symmetrieachse und verläuft durch den Punkt $B(-1{,}5 \mid -0{,}25)$.
Ermitteln Sie die Gleichung der Parabel p.

10.1 Erstellen Sie für die Parabel p_1 mit der Gleichung $y = -0{,}25x^2 - 0{,}5x - 1{,}25$ ($\mathbb{G} = \mathbb{R} \times \mathbb{R}$) eine Wertetabelle für $x \in [-3; 3]$ mit $\Delta x = 1$.

10.2 Zeichnen Sie die Parabel p_1 und die Parabel p_2 mit der Gleichung $y = -x^2 + x - 4$ ($\mathbb{G} = \mathbb{R} \times \mathbb{R}$) in ein Koordinatensystem.

10.3 Zeigen Sie durch Rechnung, dass sich die Parabeln p_1 und p_2 nicht schneiden.

10.4 Die Punkte $P_n(x \mid -0{,}25x^2 - 0{,}5x - 1{,}25)$ auf der Parabel p_1 haben dieselbe Abszisse x wie die zugehörigen Punkte Q_n auf der Parabel p_2. Zeichnen Sie für $x = 1{,}5$ die Strecke $[P_1Q_1]$ in das Koordinatensystem zu 10.2 ein.

10.5 Zeigen Sie, dass für die Streckenlängen $\overline{P_nQ_n}(x)$ gilt:
$\overline{P_nQ_n}(x) = (0{,}75x^2 - 1{,}5x + 2{,}75)$ LE

10.6 Bestimmen Sie durch Rechnung die Länge der kürzesten Strecke $[P_0Q_0]$ und den zugehörigen Wert für x.

10.7 Die Strecken $[P_nQ_n]$ sind die Katheten von rechtwinkligen Dreiecken $Q_nR_nP_n$, deren Katheten $[P_nR_n]$ stets 4 LE lang sind, wobei die Abszisse der Punkte R_n stets größer als die Abszisse x der zugehörigen Punkte P_n ist. Zeichnen Sie für $x = -1$ das Dreieck $Q_2R_2P_2$ in das Koordinatensystem zu 10.2 ein und berechnen Sie das Maß des Winkels $R_2Q_2P_2$ auf zwei Stellen nach dem Komma gerundet.

11.1 Erstellen Sie für die Parabel p_1 mit der Gleichung $y = -0{,}25x^2 - 0{,}5x - 1{,}25$ ($\mathbb{G} = \mathbb{R} \times \mathbb{R}$) eine Wertetabelle für $x \in [-3; 3]$. (vgl. 10.1)

11.2 Zeichnen Sie die Parabel p_1 und die Parabel p_2 mit der Gleichung $y = -x^2 - 3x - 6$ ($\mathbb{G} = \mathbb{R} \times \mathbb{R}$) in ein Koordinatensystem.

11.3 Die Abszisse der Punkte C_n auf der Parabel p_1 ist stets um 2 größer als die Abszisse x der zugehörigen Punkte $A_n(x \mid -x^2 - 3x - 6)$ auf der Parabel p_2. Zeichnen Sie die Strecke $[A_1C_1]$ in das Koordinatensystem zu 11.2 für $x = -1$ ein.

11.4 Stellen Sie die Koordinaten der Punkte C_n in Abhängigkeit von der Abszisse x der Punkte A_n dar.

11.5 Die Punkte A_n und C_n sind Eckpunkte von gleichschenkligen Dreiecken $A_nB_nC_n$, deren jeweilige Basis $[A_nB_n]$ parallel zur x-Achse verläuft. Zeichnen Sie das Dreieck $A_1B_1C_1$ für $x = -1$ in das Koordinatensystem zu 11.2 ein.

11.6 Berechnen Sie das Maß des Winkels $B_1A_1C_1$.
(Auf zwei Stellen nach dem Komma runden.)

11.7 Unter den Dreiecken $A_nB_nC_n$ gibt es zwei Dreiecke $A_2B_2C_2$ bzw. $A_3B_3C_3$, in denen die Winkel $B_2A_2C_2$ bzw. $B_3A_3C_3$ das Maß 50° besitzen. Berechnen Sie die zugehörigen Werte für x. (Auf zwei Stellen nach dem Komma runden.)

12.0 Ein Stein wird von einem Turm in 10 m Höhe schräg nach oben geworfen. Die Wurfbahn p des Steins lässt sich durch die Gleichung $y = -1{,}25x^2 + 2{,}5x + 10 \quad (\mathbb{G} = \mathbb{R}_0^+ \times \mathbb{R})$ beschreiben, wobei der Stein eine Höhe von y m bei einer horizontalen Entfernung von x m hat (vgl. Skizze).

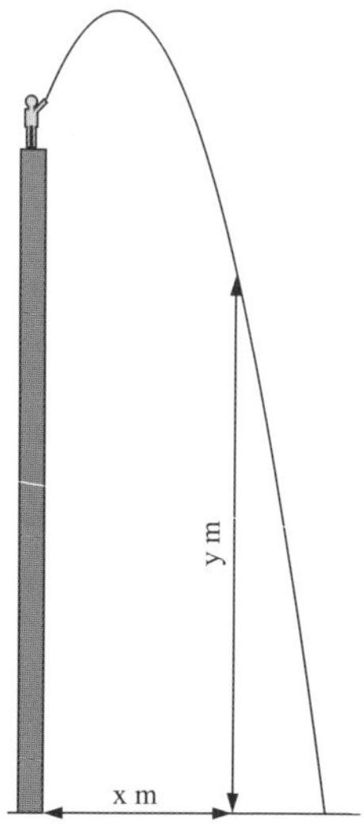

12.1 Erstellen Sie zum Zeichnen der Wurfbahn p eine Wertetabelle für $x \in [0; 4]$ mit $\Delta x = 0{,}5$ und zeichnen Sie die Wurfbahn p in ein Koordinatensystem.

12.2 Welche Höhe hat der Stein in einer horizontalen Entfernung von 2,2 m?
Wie weit ist der Stein zu diesem Zeitpunkt von der Abwurfstelle entfernt?
(Auf zwei Stellen nach dem Komma runden.)

12.3 Welche maximale Höhe erreicht der Stein?

12.4 In welcher horizontalen Entfernung vom Turm trifft der Stein auf den Boden?

12.5 Zeigen Sie, dass die Gerade g mit der Gleichung $y = -7{,}5x + 30 \ (\mathbb{G} = \mathbb{R} \times \mathbb{R})$ eine Tangente an die Wurfbahn im Auftreffpunkt ist.

12.6 Berechnen Sie den Winkel, unter dem der Stein auf den Boden auftrifft, auf zwei Stellen nach dem Komma gerundet.

Berechnungen an ebenen Figuren; Trigonometrie

Lehrplaninhalte:

Berechnungen am Kreis
- Umfang und Flächeninhalt des Kreises
- Kreisbogen und Kreissektor
- Berechnungen am Kreis und bei Kreisteilen (auch an zusammengesetzten Figuren)

Trigonometrie
- Supplementbeziehungen für $\cos\varphi$ und $\sin\varphi$; $\cos\varphi$, $\sin\varphi$ und $\tan\varphi$ für negativ orientierte Winkel
- Berechnen von Seitenlängen und Innenwinkelmaßen im rechtwinkligen Dreieck (Sinussatz und Kosinussatz)
- Bearbeiten von Aufgaben aus der ebenen und räumlichen Geometrie (ohne funktionale Abhängigkeit von einem variablen Winkelmaß)

Aufgaben 13 bis 19

13 Berechnen Sie jeweils den Flächeninhalt der grauen Figur.
(Auf zwei Stellen nach dem Komma runden.)

(1)

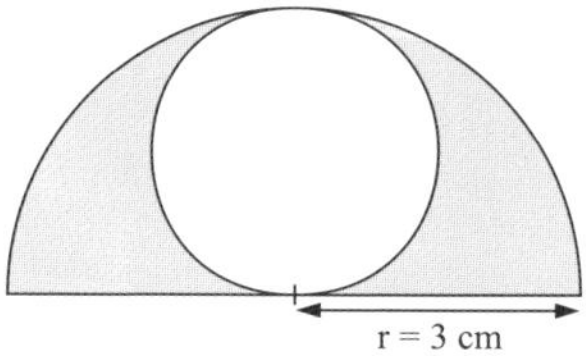

(2)

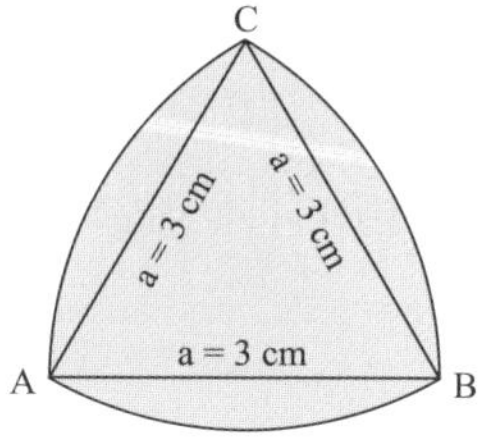

14 Berechnen Sie jeweils den Umfang und den Flächeninhalt der grauen Figur.
(Auf zwei Stellen nach dem Komma runden.)

(1)

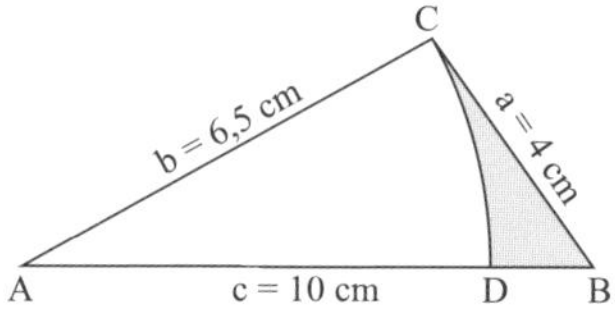

(2)

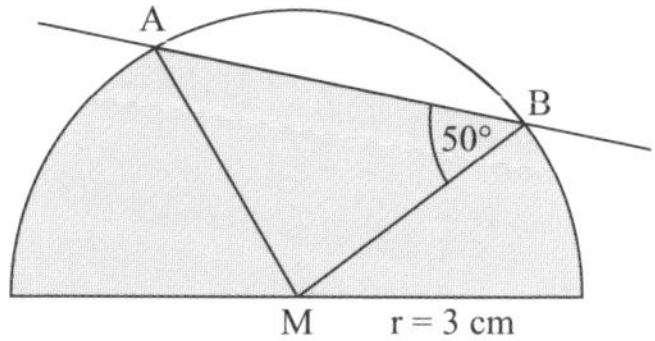

Sollte der Arbeitsauftrag zu komplex sein, gehen Sie in folgenden Teilschritten vor:

Figur 1:
- Berechnen Sie das Maß α des Winkels BAC.
- Bestimmen Sie die Länge des Bogens $\overset{\frown}{DC}$.
- Bestimmen Sie den Umfang der grauen Figur
- Berechnen Sie den Flächeninhalt des Dreiecks ABC.
- Berechnen Sie den Flächeninhalt des Sektors ADC.
- Berechnen Sie den Flächeninhalt der grauen Figur.

Figur 2:
- Bestimmen Sie das Maß μ des Winkels BMA.
- Bestimmen Sie die Länge des Bogens $\overset{\frown}{BA}$.
- Berechnen Sie die Streckenlänge $\overline{BA}$.
- Bestimmen Sie den Umfang der grauen Figur.
- Berechnen Sie den Flächeninhalt des Dreiecks MBA.
- Berechnen Sie den Flächeninhalt des Sektors MBA.
- Berechnen Sie den Flächeninhalt der grauen Figur.

15 Zwei Rasensprenger haben einen Abstand von 4 m. Beide Rasensprenger beregnen einen kreisförmigen Bereich. Der Radius der beregneten Fläche des ersten Rasensprengers beträgt 3,5 m, der des zweiten 3 m. Erstellen Sie eine Zeichnung im Maßstab 1 : 100 und berechnen Sie sodann die Größe der Fläche, die von beiden Rasensprengern gleichzeitig beregnet wird. (Auf zwei Stellen nach dem Komma runden.)

16.0 Die Diagonalen des Drachenvierecks ABCD haben die Längen $\overline{AC} = 6$ cm und $\overline{BD} = 4$ cm. Der Diagonalenschnittpunkt M liegt näher an A als an C und teilt [AC] im Verhältnis 1 : 3.

16.1 Zeichnen Sie das Drachenviereck ABCD.

16.2 Berechnen Sie die Seitenlängen und die Maße der Innenwinkel des Drachenvierecks. (Auf zwei Stellen nach dem Komma runden.)

16.3 Zeichnen Sie den Kreisbogen $\overset{\frown}{DB}$ des Kreises um C mit dem Radius $\overline{CD}$ in die Zeichnung zu 16.1 ein und berechnen Sie den Flächeninhalt der Figur, die vom Bogen $\overset{\frown}{DB}$ sowie von den Strecken [AB] und [AD] begrenzt wird. (Auf zwei Stellen nach dem Komma runden.)

17.0 Für das Dreieck ABC gilt: $\overline{AC} = 8$ cm, $\overline{AB} = 7$ cm, $\sphericalangle CBA = 80°$.

17.1 Zeichnen Sie das Dreieck ABC.

17.2 Berechnen Sie das Maß γ bzw. α des Winkels ACB bzw. BAC sowie die Länge der Seite [BC]. (Auf zwei Stellen nach dem Komma runden.)

17.3 Der Inkreis k berührt die Seite [AB] im Punkt D und die Seite [AC] im Punkt E. Zeichnen Sie den Inkreis des Dreiecks ABC und die Punkte D und E in die Zeichnung zu 17.1 ein.

17.4 Berechnen Sie den Radius des Inkreises.

17.5 Berechnen Sie den Umfang und den Flächeninhalt der Figur, die von den Seiten [AE] und [AD] sowie vom Kreisbogen $\overset{\frown}{ED}$ begrenzt wird. (Auf zwei Stellen nach dem Komma runden.)

17.6 Wie viel Prozent der gesamten Dreiecksfläche beträgt die Fläche der in 17.5 beschriebenen Figur? (Auf zwei Stellen nach dem Komma runden.)

18.1 Zeichnen Sie das Dreieck ABC mit $\overline{AB} = 4{,}5$ cm, $\sphericalangle BAC = 60°$ und $\sphericalangle CBA = 50°$. Berechnen Sie sodann das Maß des Winkels ACB sowie die Längen der Seiten [AC] und [BC]. (Auf zwei Stellen nach dem Komma runden.)

18.2 Zeichnen Sie den Umkreis des Dreiecks ABC und den Umkreismittelpunkt M in die Zeichnung zu 18.1 ein. Begründen Sie sodann, dass das Maß des Winkels AMB 140° beträgt.

18.3 Berechnen Sie den Flächeninhalt der Figur, die von der Strecke [AB] und dem Kreisbogen $\overset{\frown}{AB}$ begrenzt wird. (Auf zwei Stellen nach dem Komma runden.)

18.4 Um wie viel Prozent ist der Flächeninhalt des Umkreises größer als der des Dreiecks ABC? (Auf zwei Stellen nach dem Komma runden.)

19.1 Zeichnen Sie die Raute ABCD mit den Diagonalenlängen $\overline{AC} = 8$ cm und $\overline{BD} = 6$ cm, der Diagonalenschnittpunkt ist der Punkt M. Berechnen Sie sodann die Länge der Seiten der Raute und die Maße der Innenwinkel auf zwei Stellen nach dem Komma gerundet.

19.2 Der Inkreis der Raute berührt die Seite [AB] im Punkt E, die Seite [AD] im Punkt F. Zeichnen Sie den Inkreis und die Punkte E und F in die Zeichnung zu 19.1 ein. Berechnen Sie sodann die Streckenlänge $\overline{FM}$. (Auf zwei Stellen nach dem Komma runden.)

19.3 Zeichnen Sie den Kreisbogen $\overset{\frown}{FE}$ mit dem Kreismittelpunkt C und dem Radius $\overline{CF}$ in die Zeichnung zu 19.1 ein. Berechnen Sie sodann die Streckenlänge $\overline{CF}$ und das Maß des Winkels FCM. (Auf zwei Stellen nach dem Komma runden.)

19.4 Berechnen Sie den Flächeninhalt der Figur, die von den beiden Kreisbögen $\overset{\frown}{FE}$ eingeschlossen wird. (Auf zwei Stellen nach dem Komma runden.)

Raumgeometrie

Lehrplaninhalte:

- Quader, Prisma, Pyramide
  Netz, Mantelfläche, Oberfläche, Volumen
  Satz des Cavalieri
- Gerader Kreiszylinder und Kreiskegel
  Axialschnitt, Mantellinie und -fläche, Abwicklung, Volumen
  Kreisbogen, Kreissektor, Mittelpunktswinkel
- Kugel
  Oberfläche, Volumen
- Funktionale Abhängigkeiten
- Sätze am rechtwinkligen Dreieck
- Vierstreckensatz
- Trigonometrische Funktionen
- Quadratische Funktionen, Nullstellen, Scheitelbestimmung,
  Diskriminante quadratischer Gleichungen

Aufgaben 20 bis 39

20.0 Ein Quader mit einer rechteckigen Grundfläche hat die Höhe h = 16 cm und zwei Seitenflächen mit den Flächeninhalten 256 cm^2 und 128 cm^2.

20.1 Berechnen Sie Volumen und Oberfläche des Quaders.

20.2.0 Von diesem Quader wird ein dreiseitiges, gerades Prisma abgeschnitten (siehe nebenstehende Zeichnung). M ist Mittelpunkt der Seite [AB].

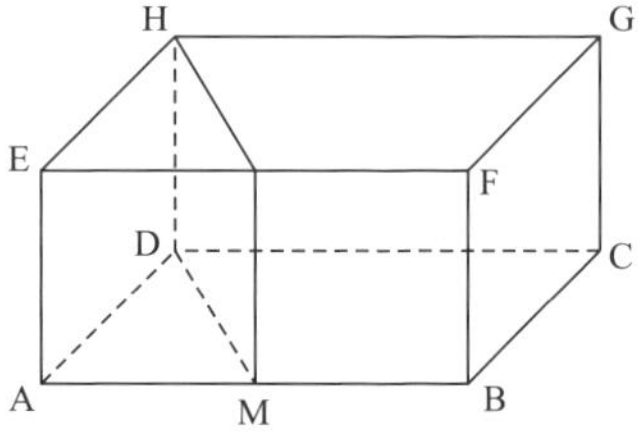

20.2.1 Berechnen Sie das Volumen des Restkörpers.

20.2.2 Bestimmen Sie die Oberfläche des Prismas.

21.1 Untenstehend sind die Netze zweier gerader Prismen dargestellt. Die graue Fläche stellt jeweils die Grundfläche dar.
Berechnen Sie jeweils Volumen und Oberfläche des Prismas.

(1)

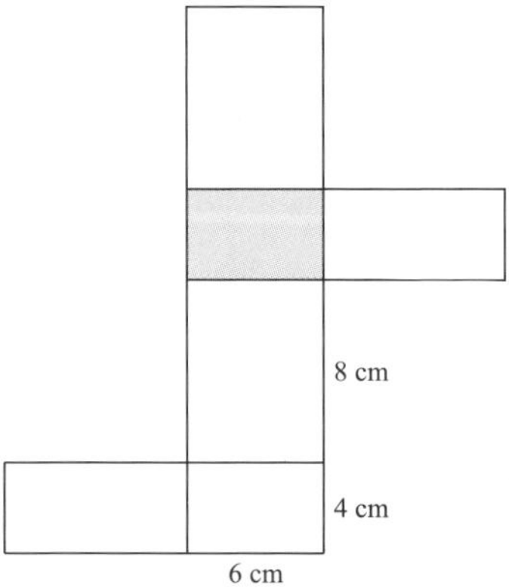

(2)

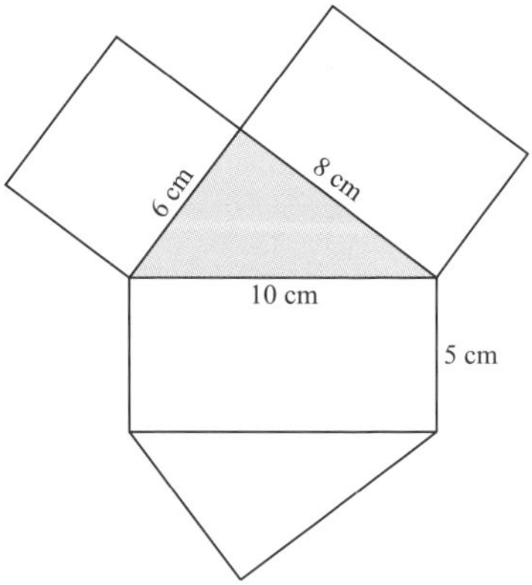

21.2.0 Ein rechtwinkliges Dreieck ABC mit den Kathetenlängen a = 6 cm und b = 8 cm ist Grundfläche eines geraden Prismas mit der Höhe 15 cm.

21.2.1 Zeichnen Sie ein Netz dieses Prismas.

21.2.2 Zeichnen Sie das Schrägbild dieses Prismas für $\omega = 45°$ und $q = \frac{1}{2}$, wobei die Kathete b des Dreiecks auf der Schrägbildachse liegt.

21.2.3 Berechnen Sie Volumen und Oberfläche des Prismas.

21.2.4 Die Kathete [BC] des rechtwinkligen Dreiecks ABC wird über B hinaus um 2 cm verlängert, sodass sich als neue Grundfläche des Prismas das rechtwinklige Dreieck A'B'C mit [AB] ∥ [A'B'] ergibt. Gleichzeitig wird die Prismenhöhe um 2 cm verkürzt. Berechnen Sie Volumen und Oberfläche des neuen Prismas.

22.0 Ein Quader hat die Grundkanten a = 15 cm und b = 5 cm sowie die Höhe h = 10 cm. Verkürzt man die Höhe um x cm ($0 < x < 10$; $x \in \mathbb{R}^+ \setminus \{0\}$) und verlängert gleichzeitig die Grundkante b um x cm, so erhält man neue Quader.

22.1 Stellen Sie das Volumen V(x) und die Oberfläche O(x) der neuen Quader in Abhängigkeit von x dar.
[Ergebnis: $V(x) = 15 \cdot (-x^2 + 5x + 50)\ cm^3$, $O(x) = 2 \cdot (-x^2 + 5x + 275)\ cm^2$]

22.2 Bestimmen Sie die Belegung für x, für die sich der Quader mit dem größten Volumen V_{max} bzw. der Quader mit dem Volumen $V' = \frac{1}{2} \cdot V_{max}$ ergibt.

22.3 Prüfen Sie durch Rechnung, ob es Quader gibt, für die die Maßzahlen für Volumen und Oberfläche übereinstimmen.

22.4 Überprüfen Sie rechnerisch, ob der Quader mit dem größten Volumen auch die größte Oberfläche hat.

22.5 Tabellarisieren Sie den Volumenterm V(x) und den Oberflächenterm O(x) für [0; 10] mit der Schrittweite $\Delta x = 1$.

22.6 Zeichnen Sie die Graphen für V(x) und O(x) im Intervall [0; 10].
[Maßstab für die V- bzw. O-Achse: $100\ cm^3 \triangleq 1\ cm$ bzw. $100\ cm^2 \triangleq 1\ cm$]

22.7 Überprüfen Sie anhand der grafischen Darstellung die Fragen aus 22.3 und 22.4.

23.0 Nebenstehende Abbildung stellt die Achsenschnittfigur eines Körpers dar, der aus einem Würfel mit der Kantenlänge a = 6 cm und zwei Prismen zusammengesetzt ist. Grundfläche der beiden Prismen ist jeweils ein gleichschenkligrechtwinkliges Dreieck mit der Kathetenlänge a.

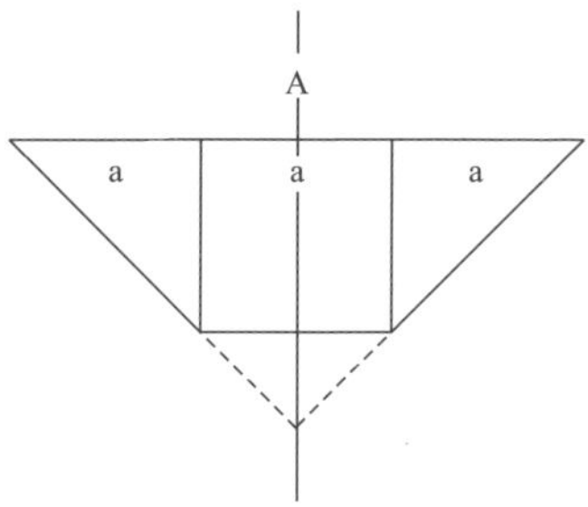

23.1 Berechnen Sie Volumen und Oberfläche des Körpers.

23.2 Rotiert die in der Abbildung aus 23.0 dargestellte Achsenschnittfigur um die Achse A, so ergibt sich als Rotationsfigur ein Kegelstumpf.
Berechnen Sie das Volumen dieses Kegelstumpfs.

24.0 Ein Quader hat die Grundkanten a = 12 cm und b = 6 cm sowie die Höhe h = 10 cm. Man erhält neue Quader, indem man bei unveränderter Höhe die Grundkante a um x cm verkürzt und die Grundkante b um x cm verlängert. ($0 < x < 12$; $x \in \mathbb{R}^+$)

24.1 Stellen Sie das Volumen V(x) der Quader in Abhängigkeit von x dar.
[Ergebnis: $V(x) = 10 \cdot (-x^2 + 6x + 72)\ cm^3$]

24.2 Bestimmen Sie rechnerisch die Belegung für x, für die sich der Quader mit dem maximalen Volumen ergibt. Geben Sie V_{max} an.

24.3 Es gibt genau einen Quader mit der Oberfläche $O = 490\ cm^2$. Berechnen Sie die zugehörige Belegung für x.
[Teilergebnis: $O(x) = 2 \cdot (-x^2 + 6x + 252)\ cm^2$]

25.0 Das Rechteck ABCD mit $\overline{AB} = 8$ cm und $\overline{BC} = 6$ cm ist Grundfläche einer Pyramide, deren Spitze S senkrecht über dem Diagonalenschnittpunkt M des Rechtecks ABCD liegt. Die Höhe $h = \overline{MS}$ ist 12 cm lang.

25.1 Zeichnen Sie ein Schrägbild der Pyramide ABCDS.
$\omega = 30°$; $q = \frac{1}{2}$; [AB] liegt auf der Schrägbildachse.

25.2 Berechnen Sie das Volumen, die Mantelfläche und die Oberfläche der Pyramide.

26.0 Einem Quader mit quadratischer Grundfläche (Seitenlänge 8 cm) und der Höhe $h = 12$ cm wird ein Kreiszylinder einbeschrieben bzw. umbeschrieben.

26.1 Berechnen Sie für beide Fälle jeweils Volumen und Mantelfläche des Kreiszylinders.

26.2 Welchen Wert müsste die Höhe h des Prismas haben, damit der einbeschriebene Kreiszylinder gerade ein Volumen von 1 Liter hat?

27 Ein DIN-A4-Blatt (Maße: 29,6 cm und 21,1 cm) ist die Abwicklung der Mantelfläche eines Kreiszylinders. Es gibt zwei mögliche Zylinder.
Welcher der beiden Kreiszylinder hat das größere Volumen?

28 Nebenstehende Figur stellt den Achsenschnitt eines Zylinders dar, der durch Rotation dieser Figur um die angegebene Achse a entsteht.
Bestimmen Sie Volumen, Mantelfläche und Oberfläche dieses Zylinders.

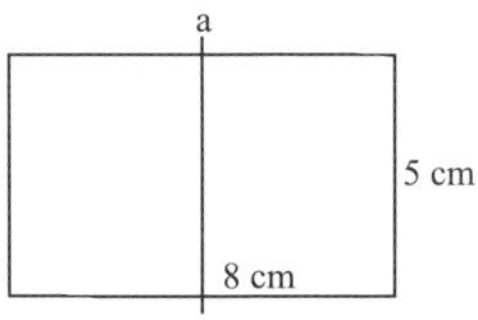

29.0 Ein Quader hat die Maße $a = 12$ cm und $b = c = 6$ cm.
Die quadratische Fläche ABCD zerteilt den Quader in zwei gleich große Teilquader. Verbindet man die Diagonalenschnittpunkte der Seitenflächen des Quaders mit den Eckpunkten des Quadrates ABCD, so erhält man einen aus zwei Pyramiden zusammengesetzten Doppelkörper, der dem Quader einbeschrieben ist.

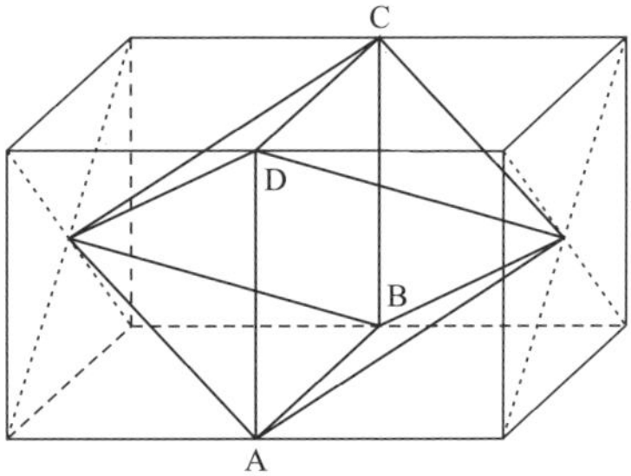

29.1 Berechnen Sie das Volumen des Körpers.

29.2 Berechnen Sie die Länge der Seitenkanten sowie die Oberfläche des Körpers.

29.3 Der Quader hat nun die Kantenlängen $a = 2x$ cm und $b = c = x$ cm ($x \in \mathbb{R}^+ \setminus \{0\}$).
Bestimmen Sie das Volumen des einbeschriebenen Körpers in Abhängigkeit von x.

29.4 Der aus zwei Pyramiden zusammengesetzte Doppelkörper aus 29.0 heißt Oktaeder, wenn alle 12 Kanten gleich lang sind. Weisen Sie nach, dass für das Volumen eines Oktaeders $V = \frac{\sqrt{2}}{3} \cdot s^3$ gilt, wobei s die Länge der Kanten ist.

30.1.0 Ein Rechteck mit den Seitenlängen 10 cm und 4 cm rotiert um die kürzere der beiden Seiten. Als Rotationskörper erhält man einen Zylinder.

30.1.1 Bestimmen Sie Volumen V und Mantelfläche M des Zylinders.

30.2.0 Aus diesem Zylinder erhält man neue Zylinder, wenn man den Grundkreisradius r um x cm verkürzt und die Höhe h um x cm verlängert ($0 < x < 10$; $x \in \mathbb{R}$).

30.2.1 Stellen Sie die Mantelfläche M(x) der Zylinder in Abhängigkeit von x dar.
[Ergebnis: $M(x) = 2\pi \cdot (-x^2 + 6x + 40)$ cm^2]

30.2.2 Ermitteln Sie rechnerisch die Belegung von x, für die sich der Zylinder mit der größten Mantelfläche M_{max} ergibt.

30.2.3 Begründen Sie, dass der Zylinder mit der größten Mantelfläche M_{max} einen Axialschnitt mit größtem Flächeninhalt A_{max} besitzt.

30.3.1 Zeigen Sie, dass für das Volumen V(x) der Zylinder in Abhängigkeit von x gilt:
$V(x) = \pi \cdot (x^3 - 16x^2 + 20x + 400)$ cm^3

30.3.2 Tabellarisieren Sie V(x) für $x \in [0; 10]$ mit $\Delta x = 1$. Stellen Sie V(x) in Abhängigkeit von x grafisch dar.

30.3.3 Bestimmen Sie mithilfe des Graphen aus 30.3.2 die Belegung von x, für die der zugehörige Zylinder das größte bzw. das kleinste Volumen, V_{max} bzw. V_{min}, hat.

30.3.4 Wie groß ist das Volumen des Zylinders mit der größten Mantelfläche?

30.3.5 Weisen Sie rechnerisch nach, dass es genau eine Belegung von x gibt, für die die Mantelfläche des zugehörigen Zylinders halb so groß ist wie die Mantelfläche des Ausgangszylinders aus 30.1.1.

31.0 Das Quadrat ABCD (Seitenlänge a) ist Grundfläche einer Pyramide mit der Höhe $h = 2a$, deren Spitze S senkrecht über dem Diagonalenschnittpunkt M des Quadrates ABCD liegt.

31.1 Zeichnen Sie das Schrägbild der Pyramide für $a = 6$ cm; $\omega = 30°$; $q = \frac{1}{2}$; [AB] liegt auf der Schrägbildachse.

31.2 Bestimmen Sie die Länge s(a) der Seitenkante sowie den Flächeninhalt S(a) einer Seitenfläche in Abhängigkeit von a.

$$\left[\text{Ergebnis: } s(a) = \tfrac{3}{2}\sqrt{2}a, \quad S(a) = \tfrac{\sqrt{17}}{4}a^2\right]$$

31.3 Weisen Sie nach, dass das Maß des Neigungswinkels α der Seitenflächen gegen die Grundfläche unabhängig von der Belegung von a ist.
Geben Sie das Maß des Neigungswinkels α an.

31.4 Bestimmen Sie die Belegung von a, sodass sich für die Oberfläche der Pyramide der Flächeninhalt $36 \cdot (\sqrt{17} - 1)$ cm^2 ergibt.

31.5 Bestimmen Sie das Volumen der Pyramide für $a = 6$ cm.
Für welche Belegung von a beträgt das Volumen der Pyramide 486 cm^3?

32.0 Ein gleichschenkliges Dreieck ABC mit der Basis [AB] und der Höhe h = [MC] ist Grundfläche einer Pyramide ABCS, deren Spitze senkrecht über M liegt. Es gilt:
$\overline{AB} = 12$ cm; $\overline{MC} = 12$ cm; $\overline{MS} = 16$ cm

32.1 Zeichnen Sie das Schrägbild der Pyramide.
$q = \frac{1}{2}$; $\omega = 45°$; [MC] liegt auf der Schrägbildachse.

32.2 Berechnen Sie das Maß γ des Winkels MCS sowie die Länge der Seitenkante [CS].

32.3 Berechnen Sie Volumen und Oberfläche der Pyramide ABCS.

32.4 Verlängert man [MC] über C hinaus um x cm und verkürzt die Höhe [MS] von S aus um x cm, so entstehen neue Pyramiden ABC_nS_n, $0 < x < 16$; $x \in \mathbb{R}$.
Zeichnen Sie die Pyramide ABC_1S_1 für x = 2 in das Schrägbild aus 32.1 ein.

32.5 Stellen Sie das Volumen V(x) der Pyramiden ABC_nS_n in Abhängigkeit von x dar.
[Ergebnis: $V(x) = 2 \cdot (-x^2 + 4x + 192)$ cm³]

32.6 Bestimmen Sie rechnerisch die Belegung von x, für die die zugehörige Pyramide ABC_2S_2 das größte Volumen V_{max} besitzt, und geben Sie V_{max} an.
Berechnen Sie für diese Belegung von x das Maß des Winkels MC_2S_2.

32.7 Ermitteln Sie die Belegung von x, für die das Volumen der zugehörigen Pyramide ABC_3S_3 gleich der Hälfte des Volumens der Pyramide ABCS aus 32.0 ist.

33.0 Aus der Pyramide ABCS aus Aufgabe 32.0 entstehen neue Pyramiden $A_nB_nCS_n$, indem man [CM] über M hinaus um x cm verlängert und [CS] von S aus um x cm verkürzt.

33.1 Zeichnen Sie die Schrägbilder der Pyramiden ABCS und $A_1B_1CS_1$ für x = 2.
$q = \frac{1}{2}$; $\omega = 45°$; $[M_1C]$ liegt auf der Schrägbildachse.

33.2 Geben Sie die Definitionsmenge für x ($x \in \mathbb{R}$) an.

33.3 Berechnen Sie die Belegung von x, für die das Maß des Winkels CS_2M_2 gleich 90° ist.

33.4 Stellen Sie das Volumen V(x) der Pyramiden $A_nB_nCS_n$ in Abhängigkeit von x dar.
$\left[\text{Ergebnis: } V(x) = \frac{8}{5} \cdot (-x^2 + 8x + 240)\ \text{cm}^3\right]$

33.5 Bestimmen Sie rechnerisch die Belegung von x, für die das Volumen der zugehörigen Pyramide maximal ist, und geben Sie V_{max} an.

33.6 Prüfen Sie durch Rechnung, ob es in der Menge der Pyramiden $A_nB_nCS_n$ eine Pyramide gibt, die das gleiche Volumen wie die Pyramide ABCS besitzt.

34.0 Das Rechteck ABCD mit $\overline{AB} = 6$ cm und $\overline{AD} = 10$ cm ist Grundfläche einer Pyramide ABCDS, deren Spitze S senkrecht über D liegt, wobei $\overline{DS} = 15$ cm ist.

34.1 Erstellen Sie ein Schrägbild der Pyramide ABCDS.
$q = \frac{1}{2}$; $\omega = 30°$; [DC] liegt auf der Schrägbildachse.

34.2 Berechnen Sie die Länge der Pyramidenkante [BS] sowie das Maß β des Winkels DBS.
[Teilergebnis: $\overline{BS} = 19$ cm]

34.3 Berechnen Sie das Volumen der Pyramide ABCDS.

34.4 Man erhält neue Pyramiden ABC_nDS_n, wenn man [DC] über C hinaus um x cm bis C_n verlängert und [BS] von S aus um x cm bis S_n verkürzt ($0 < x < \overline{BS}$; $x \in \mathbb{R}^+$). Zeichnen Sie für x = 3 die zugehörige Pyramide ABC_1DS_1 in das Schrägbild aus 34.1 ein.

34.5 Die Punkte $F_n \in$ [DB] sind Fußpunkte der Höhen h_n der Pyramiden ABC_nDS_n. Weisen Sie nach, dass für die Höhen $h_n(x)$ in Abhängigkeit von x gilt:

$$h_n(x) = \left(15 - \tfrac{15}{19}x\right)\text{cm}$$

Stellen Sie sodann das Volumen V(x) der Pyramiden ABC_nDS_n in Abhängigkeit von x dar.

34.6 Für welche Belegung von x hat die zugehörige Pyramide ABC_2DS_2 das größte Volumen? Geben Sie dieses größte Volumen V_{max} an.

34.7 Berechnen Sie die Höhe h_2 der Pyramide ABC_2DS_2 sowie das Maß des Winkels F_2BS_2.

34.8 Für welchen Wert von x hat die zugehörige Pyramide ABC_3DS_3 das gleiche Volumen wie die Pyramide ABCDS?

35.1 Ein gerader Kreiskegel hat den Grundkreisradius r = 6 cm und die Höhe h = 15 cm.
Berechnen Sie
die Länge einer Mantellinie,
die Mantelfläche,
die Oberfläche,
das Volumen,
das Maß des Mittelpunktswinkels der Mantelabwicklung und
das Maß des Neigungswinkels einer Mantellinie gegen die Grundfläche.

35.2 Ein Kreissektor mit dem Radius r = 8 cm und dem Mittelpunktswinkel $\omega = 120°$ ist Mantelfläche eines Kreiskegels.
Berechnen Sie Volumen und Oberfläche des Kreiskegels.

35.3 Der Schnittpunkt der Raumdiagonalen eines Würfels mit der Kantenlänge a = 10 cm ist Spitze eines dem Würfel einbeschriebenen Doppelkegels, dessen beide Grundkreise Inkreise des Grund- und Deckquadrates des Würfels sind.
Berechnen Sie Volumen und Oberfläche des Doppelkegels.
In welchem Verhältnis stehen die Volumina bzw. die Oberflächen von Würfel und Doppelkegel?

36.0 Einem geraden Kreiskegel mit dem Grundkreisradius r = 8 cm und der Höhe h = 16 cm werden Zylinder mit dem Grundkreisradius x cm ($x \in \mathbb{R}$) einbeschrieben.

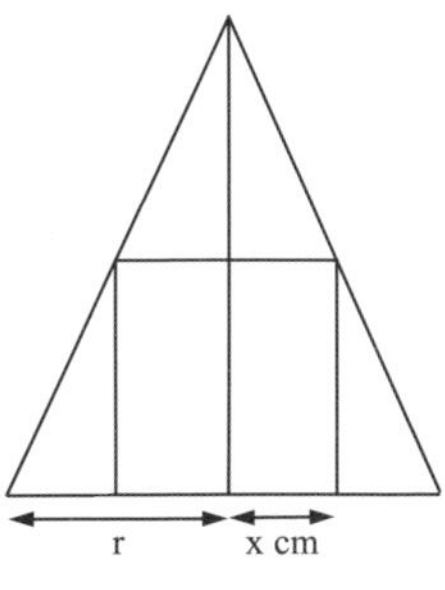

36.1 Stellen Sie die Höhe h(x) der einbeschriebenen Zylinder in Abhängigkeit von x dar.
[Ergebnis: h(x) = (–2x + 16) cm]

36.2 Geben Sie den Bereich der Werte an, die x annehmen kann.

36.3 Stellen Sie die Mantelfläche der einbeschriebenen Zylinder in Abhängigkeit von x dar. [Ergebnis: $M(x) = 4\pi \cdot (-x^2 + 8x)$ cm²]

36.4 Bestimmen Sie die Belegung von x, für die der zugehörige Zylinder die größte Mantelfläche M_{max} besitzt, und geben Sie M_{max} an.

36.5 Weisen Sie nach, dass sich in Abhängigkeit von x für das Volumen V(x) der einbeschriebenen Zylinder $V(x) = 2\pi \cdot (-x^3 + 8x^2)$ cm³ ergibt.

36.6 Tabellarisieren Sie V(x) für $x \in [0; 8]$ mit $\Delta x = 1$ und stellen Sie V(x) in Abhängigkeit von x grafisch dar.
Weisen Sie mithilfe des Graphen nach, dass die größte Mantelfläche und das größte Volumen für unterschiedliche Belegungen von x angenommen werden.

37.0 Gegeben sind die Punkte $A(0\,|\,0)$, $B(12\,|\,0)$ und $C(0\,|\,8)$. Auf der durch die Punkte B und C bestimmten Geraden g liegen die Punkte $P_n(x_n\,|\,y_n)$, wobei $0 \le x_n < 12$ gilt. Das Dreieck ABP_n rotiert um die y-Achse.

37.1 Zeichnen Sie die Punkte A, B, C und die Gerade g sowie für $x_n = 4$ den Punkt P_n in ein Koordinatensystem ein.
Zeichnen Sie in diesem Koordinatensystem den Axialschnitt des zugehörigen Rotationskörpers.

37.2 Beschreiben Sie die Art der in Abhängigkeit von x_n entstehenden Rotationskörper.

37.3 Bestimmen Sie das Volumen $V(x_n)$ der Rotationskörper in Abhängigkeit von der Lage der Punkte $P_n \in g$.

38.0 Das rechtwinklige Dreieck ABC mit den Kathetenlängen $\overline{AC} = 6$ cm und $\overline{BC} = 8$ cm rotiert um die Kathete [BC]. Als Rotationskörper ergibt sich ein Kreiskegel.

38.1 Zeichnen Sie einen Axialschnitt des Kreiskegels und berechnen Sie die Länge der Mantellinie sowie Volumen und Mantelfläche des Kreiskegels.

38.2 Dem Kreiskegel wird eine Kugel einbeschrieben, deren Axialschnitt ein Kreis mit Radius r ist. Bestimmen Sie den Radius r dieser einbeschriebenen Kugel.

39.1 Ein kugelförmiger Ballon hat den Radius r = 10 m. Er wird so aufgepumpt, dass sich der Radius um 1 % vergrößert.
Um wie viel Prozent nehmen Volumen und Oberfläche dabei zu?

39.2 Einem Würfel mit der Kantenlänge a ist eine Kugel einbeschrieben und eine zweite Kugel umbeschrieben.
Bestimmen Sie die Volumina der beiden Kugeln in Abhängigkeit von a.
In welchem Verhältnis stehen die Volumina von um- und einbeschriebener Kugel?

39.3 Einem gleichschenklig-rechtwinkligen Dreieck ABC mit der Hypotenusenlänge $\overline{AB} = 12$ cm ist ein Halbkreis einbeschrieben. Rotiert diese Figur um die Mittelsenkrechte zu [AB], so entsteht als Rotationskörper ein Kreiskegel mit einbeschriebener Halbkugel.
Berechnen Sie das Volumen der Halbkugel.
Berechnen Sie das Volumen des Restkörpers, den man erhält, wenn man die Halbkugel aus dem Kegel herauslöst.

39.4 Die mittlere Entfernung Erde–Sonne beträgt 149 598 000 km; die Sonne erscheint für einen Beobachter auf der Erde unter einem Betrachtungswinkel $\varepsilon = 31'\,59{,}3''$. Bestimmen Sie Volumen und Oberfläche der Sonne.

39.5 Rotiert das gleichseitige Dreieck ABC mit der Seitenlänge 12 cm um die Mittelsenkrechte zu [AB], so entsteht als Rotationskörper ein Kreiskegel. Diesem Kegel sind zwei aufeinanderstehende Kugeln einbeschrieben (siehe nebenstehende Skizze).
Berechnen Sie Volumen und Oberfläche der beiden Kugeln.
In welchem Verhältnis stehen die Volumina der Kugeln?

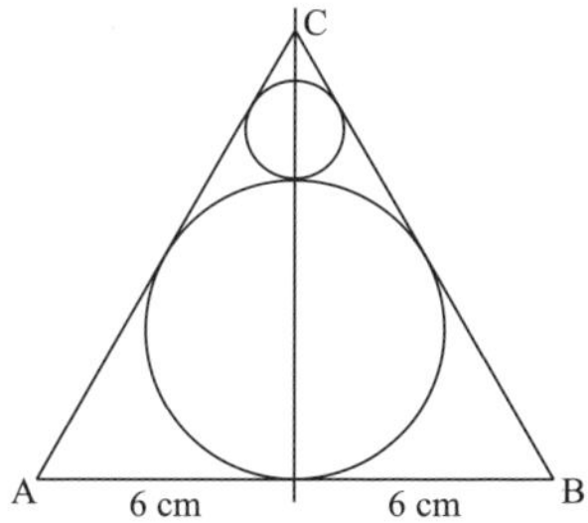

Lösungen

Quadratische Funktionen; quadratische Gleichungen

1 **Parabel p_1**

$y = -4x^2 + 8x - 3$ — $(\mathbb{G} = \mathbb{R} \times \mathbb{R})$

$y = -4 \cdot \left(x^2 - 2x + \frac{3}{4}\right)$ — ausklammern

$y = -4 \cdot \left(x^2 - 2 \cdot 1x + 1^2 - 1 + \frac{3}{4}\right)$ — quadratisch ergänzen

$y = -4 \cdot \left[(x-1)^2 - \frac{1}{4}\right]$

$y = -4 \cdot (x - 1)^2 + 1$ — ausmultiplizieren

$S_1(1 \mid 1)$

Hinweis: Oft wird das nicht vollständige Ausklammern bevorzugt, der Lösungsweg lautet dann folgendermaßen:

$y = -4x^2 + 8x - 3$ — $(\mathbb{G} = \mathbb{R} \times \mathbb{R})$

$y = -4 \cdot (x^2 - 2x) - 3$ — ausklammern

$y = -4 \cdot (x^2 - 2 \cdot 1x + 1^2 - 1) - 3$ — quadratisch ergänzen

$y = -4 \cdot [(x - 1)^2 - 1] - 3$

$y = -4 \cdot (x - 1)^2 + 4 - 3$ — ausmultiplizieren

$y = -4 \cdot (x - 1)^2 + 1$

$S_1(1 \mid 1)$

Parabel p_2

$y = 0{,}25x^2 + 3x$ — $(\mathbb{G} = \mathbb{R} \times \mathbb{R})$

$y = 0{,}25 \cdot (x^2 + 12x)$ — ausklammern

$y = 0{,}25 \cdot (x^2 + 2 \cdot 6x + 6^2 - 36)$ — quadratisch ergänzen

$y = 0{,}25 \cdot [(x + 6)^2 - 36]$

$y = 0{,}25 \cdot (x + 6)^2 - 9$ — ausmultiplizieren

$S_2(-6 \mid -9)$

Parabel p_3

$y = -2x^2 + 1{,}5$ — $(\mathbb{G} = \mathbb{R} \times \mathbb{R})$

$S_3(0 \mid 1{,}5)$

Parabel p_4

$y = -5x + x^2 + 2$ — $(\mathbb{G} = \mathbb{R} \times \mathbb{R})$

$y = x^2 - 5x + 2$

$y = (x^2 - 2 \cdot 2{,}5x + 2{,}5^2 - 6{,}25) + 2$ — quadratisch ergänzen

$y = (x - 2{,}5)^2 - 4{,}25$

$S_4(2{,}5 \mid -4{,}25)$

Parabel p_5

$y = 3 \cdot (x^2 - 3x + 2)$ $\qquad (\mathbb{G} = \mathbb{R} \times \mathbb{R})$

$y = 3 \cdot (x^2 - 3x) + 6$

$y = 3 \cdot (x^2 - 2 \cdot 1{,}5x + 1{,}5^2 - 2{,}25) + 6$ $\qquad$ quadratisch ergänzen

$y = 3 \cdot [(x - 1{,}5)^2 - 2{,}25] + 6$

$y = 3 \cdot (x - 1{,}5)^2 - 6{,}75 + 6$ $\qquad$ ausmultiplizieren

$y = 3 \cdot (x - 1{,}5)^2 - 0{,}75$

$S_5(1{,}5 \,|\, -0{,}75)$

Parabel p_6

$y = (4x - 2) \cdot (x + 1)$ $\qquad (\mathbb{G} = \mathbb{R} \times \mathbb{R})$

$y = 4x^2 + 2x - 2$

$y = 4 \cdot \left(x^2 + \frac{1}{2}x\right) - 2$ $\qquad$ ausklammern

$y = 4 \cdot \left(x^2 + 2 \cdot \frac{1}{4}x + \left(\frac{1}{4}\right)^2 - \frac{1}{16}\right) - 2$ $\qquad$ quadratisch ergänzen

$y = 4 \cdot \left[\left(x + \frac{1}{4}\right)^2 - \frac{1}{16}\right] - 2$

$y = 4 \cdot \left(x + \frac{1}{4}\right)^2 - \frac{1}{4} - 2$ $\qquad$ ausmultiplizieren

$y = 4 \cdot \left(x + \frac{1}{4}\right)^2 - 2\frac{1}{4}$

$S_6\left(-\frac{1}{4} \,\middle|\, -2\frac{1}{4}\right)$

2 *Hinweis:*
Um die Lösungsmenge einer quadratischen Gleichung zu ermitteln, kann man die Gleichung auf die allgemeine Form $ax^2 + bx + c = 0$ bringen und in die allgemeine Lösungsformel einsetzen:

$$x_{1/2} = \frac{-b \pm \sqrt{b^2 - 4 \cdot a \cdot c}}{2a}$$

Gleichung 1

$(4x - 2) \cdot (x + 1) = 0$ $\qquad (\mathbb{G} = \mathbb{R})$

$\Leftrightarrow \quad 4x - 2 = 0 \quad \vee \quad x + 1 = 0$

$\Leftrightarrow \quad x = 0{,}5 \quad \vee \quad x = -1$ $\qquad \mathbb{L} = \{-1; 0{,}5\}$

oder Lösung mit Formel:

$(4x - 2) \cdot (x + 1) = 0$ $\qquad (\mathbb{G} = \mathbb{R})$

$\Leftrightarrow \quad 4x^2 + 2x - 2 = 0$

$a = 4; \quad b = 2; \quad c = -2 \quad \text{in} \quad x_{1/2} = \dfrac{-b \pm \sqrt{b^2 - 4 \cdot a \cdot c}}{2a}$

$\Leftrightarrow \quad x_{1/2} = \dfrac{-2 \pm \sqrt{2^2 - 4 \cdot 4 \cdot (-2)}}{2 \cdot 4}$

$\Leftrightarrow \quad x_{1/2} = \dfrac{-2 \pm \sqrt{36}}{8}$

$\Leftrightarrow \quad x = -1 \quad \vee \quad x = 0{,}5$ $\qquad \mathbb{L} = \{-1; 0{,}5\}$

Gleichung 2

$5x^2 - 4x = 0$ $\qquad (\mathbb{G} = \mathbb{R})$

Sonderfall: $c = 0$

$\Leftrightarrow \quad x \cdot (5x - 4) = 0$

$\Leftrightarrow \quad x = 0 \quad \vee \quad 5x - 4 = 0$

$\Leftrightarrow \quad x = 0 \quad \vee \quad x = 0{,}8$ $\qquad \mathbb{L} = \{0; 0{,}8\}$

oder Lösung mit Formel:

$a = 5; \quad b = -4; \quad c = 0 \quad \text{in} \quad x_{1/2} = \dfrac{-b \pm \sqrt{b^2 - 4 \cdot a \cdot c}}{2a}$

$\Leftrightarrow \quad x_{1/2} = \dfrac{4 \pm \sqrt{(-4)^2 - 4 \cdot 5 \cdot 0}}{2 \cdot 5}$

$\Leftrightarrow \quad x_{1/2} = \dfrac{4 \pm \sqrt{16}}{10}$

$\Leftrightarrow \quad x = 0 \quad \vee \quad x = 0{,}8$ $\qquad \mathbb{L} = \{0; 0{,}8\}$

Gleichung 3

$-x^2 - 2x + 1 = 0$ $\qquad (\mathbb{G} = \mathbb{R})$

$a = -1; \quad b = -2; \quad c = 1 \quad \text{in} \quad x_{1/2} = \dfrac{-b \pm \sqrt{b^2 - 4 \cdot a \cdot c}}{2a}$

$\Leftrightarrow \quad x_{1/2} = \dfrac{2 \pm \sqrt{(-2)^2 - 4 \cdot (-1) \cdot 1}}{2 \cdot (-1)}$

$\Leftrightarrow \quad x_{1/2} = \dfrac{2 \pm \sqrt{8}}{-2}$

$\Leftrightarrow \quad x = -1 - \sqrt{2} \quad \vee \quad x = -1 + \sqrt{2}$ $\qquad \mathbb{L} = \{-1 - \sqrt{2}; -1 + \sqrt{2}\}$

bzw. gerundet: $x = -2{,}41 \quad \vee \quad x = 0{,}41$ $\qquad \mathbb{L} = \{-2{,}41; 0{,}41\}$

Gleichung 4

$2x^2 - 9x = -9 \quad | + 9$ $\qquad (\mathbb{G} = \mathbb{R})$

$\Leftrightarrow \quad 2x^2 - 9x + 9 = 0$

$a = 2; \quad b = -9; \quad c = 9 \quad \text{in} \quad x_{1/2} = \dfrac{-b \pm \sqrt{b^2 - 4 \cdot a \cdot c}}{2a}$

$\Leftrightarrow \quad x_{1/2} = \dfrac{9 \pm \sqrt{(-9)^2 - 4 \cdot 2 \cdot 9}}{2 \cdot 2}$

$\Leftrightarrow \quad x_{1/2} = \dfrac{9 \pm \sqrt{9}}{4}$

$\Leftrightarrow \quad x = 1{,}5 \quad \vee \quad x = 3$ $\qquad \mathbb{L} = \{1{,}5; 3\}$

Gleichung 5

$3 \cdot (x^2 + 3x + 2) = 9 \quad |:3$ $\qquad (\mathbb{G} = \mathbb{R})$

$\Leftrightarrow \quad x^2 + 3x + 2 = 3 \quad |-3$

$\Leftrightarrow \quad x^2 + 3x - 1 = 0$

$a = 1; \quad b = 3; \quad c = -1 \quad \text{in} \quad x_{1/2} = \dfrac{-b \pm \sqrt{b^2 - 4 \cdot a \cdot c}}{2a}$

$\Leftrightarrow \quad x_{1/2} = \dfrac{-3 \pm \sqrt{3^2 - 4 \cdot 1 \cdot (-1)}}{2 \cdot 1}$

$\Leftrightarrow \quad x_{1/2} = \dfrac{-3 \pm \sqrt{13}}{2}$

$\Leftrightarrow \quad x = \dfrac{-3 + \sqrt{13}}{2} \quad \vee \quad x = \dfrac{-3 - \sqrt{13}}{2}$ $\qquad \mathbb{L} = \left\{\dfrac{-3 + \sqrt{13}}{2}; \dfrac{-3 - \sqrt{13}}{2}\right\}$

bzw. gerundet: $x = -3{,}30 \quad \vee \quad x = 0{,}30$ $\qquad \mathbb{L} = \{-3{,}30; 0{,}30\}$

oder:

$3 \cdot (x^2 + 3x + 2) = 9$ $\qquad (\mathbb{G} = \mathbb{R})$

$\Leftrightarrow \quad 3x^2 + 9x + 6 = 9 \quad |-9$

$\Leftrightarrow \quad 3x^2 + 9x - 3 = 0$

$a = 3; \quad b = 9; \quad c = -3 \quad \text{in} \quad x_{1/2} = \dfrac{-b \pm \sqrt{b^2 - 4 \cdot a \cdot c}}{2a}$

…

$\Leftrightarrow \quad x = -3{,}30 \quad \vee \quad x = 0{,}30$ $\qquad \mathbb{L} = \{-3{,}30; 0{,}30\}$

Gleichung 6

$(2x - 2) \cdot (3x + 1) - 5x^2 = x^2 - 4$ $\qquad (\mathbb{G} = \mathbb{R})$

$\Leftrightarrow \quad 6x^2 + 2x - 6x - 2 - 5x^2 = x^2 - 4 \quad | -x^2$

$\Leftrightarrow \quad -4x - 2 = -4 \quad | +2$

$\Leftrightarrow \quad -4x = -2 \quad | :(-4)$

$\Leftrightarrow \quad x = 0{,}5$ $\qquad \mathbb{L} = \{0{,}5\}$

3.1 *Hinweis:*
Die Schnittpunkte liegen auf der Parabel p_1 und auf der Parabel p_2. Für die Koordinaten der Schnittpunkte müssen also beide Gleichungen der Parabeln erfüllt sein. Zur Kontrolle können somit die Koordinaten der Schnittpunkte in beide Gleichungen eingesetzt werden, und es muss jeweils eine wahre Aussage ergeben.

$$\left.\begin{array}{ll} & y = -\frac{1}{2}x^2 + x + 2 \\ \wedge & y = \frac{1}{2}x^2 - 3x - 3 \end{array}\right. \qquad (\mathbb{G} = \mathbb{R} \times \mathbb{R})$$

$$\Rightarrow \quad -\frac{1}{2}x^2 + x + 2 = \frac{1}{2}x^2 - 3x - 3 \qquad \left| -\frac{1}{2}x^2 + 3x + 3 \right.$$

$$\Leftrightarrow \quad -x^2 + 4x + 5 = 0$$

$a = -1;\quad b = 4;\quad c = 5$ in $x_{1/2} = \frac{-b \pm \sqrt{b^2 - 4 \cdot a \cdot c}}{2a}$

$$\Leftrightarrow \quad x_{1/2} = \frac{-4 \pm \sqrt{4^2 - 4 \cdot (-1) \cdot 5}}{2 \cdot (-1)}$$

$$\Leftrightarrow \quad x_{1/2} = \frac{-4 \pm \sqrt{36}}{-2}$$

$$\Leftrightarrow \quad x = -1 \quad \vee \quad x = 5 \qquad \mathbb{L} = \{-1; 5\}$$

In eine der beiden Gleichungen (hier die erste) eingesetzt:

$y = -\frac{1}{2} \cdot (-1)^2 + (-1) + 2;\qquad y = 0{,}5\qquad Q_1(-1\,|\,0{,}5)$

$y = -\frac{1}{2} \cdot 5^2 + 5 + 2;\qquad y = -5{,}5\qquad Q_2(5\,|\,-5{,}5)$

(Zur Kontrolle könnten die Koordinaten der Schnittpunkte noch in die zweite Gleichung eingesetzt werden.)

Grafische Überprüfung:

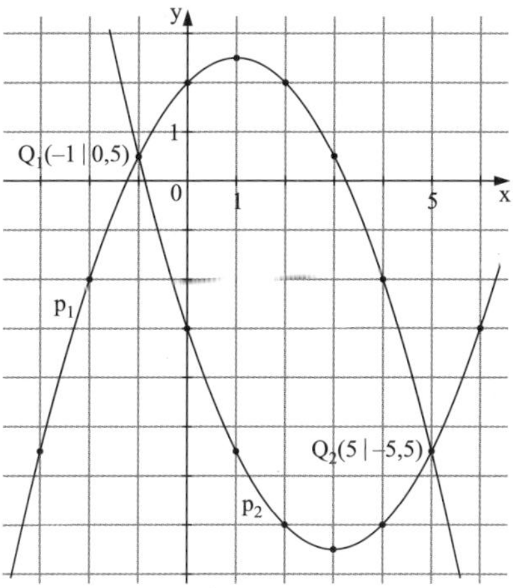

3.2 $\left| \begin{array}{l} y = -x^2 + x + 3 \\ \wedge \; y = \frac{1}{2}x^2 - 4x + 5 \end{array} \right.$ $(\mathbb{G} = \mathbb{R} \times \mathbb{R})$

$\Rightarrow \quad -x^2 + x + 3 = \frac{1}{2}x^2 - 4x + 5 \quad | + x^2 - x - 3$

$\Leftrightarrow \quad \frac{3}{2}x^2 - 5x + 2 = 0$

$a = 1{,}5; \quad b = -5; \quad c = 2 \quad \text{in} \quad x_{1/2} = \frac{-b \pm \sqrt{b^2 - 4 \cdot a \cdot c}}{2a}$

$\Leftrightarrow \quad x_{1/2} = \frac{5 \pm \sqrt{(-5)^2 - 4 \cdot 1{,}5 \cdot 2}}{2 \cdot 1{,}5}$

$\Leftrightarrow \quad x_{1/2} = \frac{5 \pm \sqrt{13}}{3}$

$\Leftrightarrow \quad x = 0{,}46 \quad \vee \quad x = 2{,}87$ $\mathbb{L} = \{0{,}46; 2{,}87\}$

In eine der beiden Gleichungen (hier die erste) eingesetzt:

$y = -(0{,}46)^2 + 0{,}46 + 3; \quad y = 3{,}25 \quad Q_1(0{,}46 \,|\, 3{,}25)$

$y = -(2{,}87)^2 + 2{,}87 + 3; \quad y = -2{,}37 \quad Q_2(2{,}87 \,|\, -2{,}37)$

3.3 Ermittlung der Gleichung der Geraden g:

$A(-3 \,|\, -2); \quad B(1 \,|\, 3); \quad \overrightarrow{AB} = \begin{pmatrix} 1-(-3) \\ 3-(-2) \end{pmatrix}; \quad \overrightarrow{AB} = \begin{pmatrix} 4 \\ 5 \end{pmatrix}; \quad m = \frac{5}{4}$

Punktsteigungsform: $y = \frac{5}{4}(x + 3) - 2;$

$y = 1{,}25x + 3{,}75 - 2$

Gleichung von g: $y = 1{,}25x + 1{,}75$ $(\mathbb{G} = \mathbb{R} \times \mathbb{R})$

Berechnung der Schnittpunkte:

$\left| \begin{array}{l} y = 1{,}25x + 1{,}75 \\ \wedge \; y = 0{,}25x^2 + 2x - 3 \end{array} \right.$ $(\mathbb{G} = \mathbb{R} \times \mathbb{R})$

$\Rightarrow \quad 1{,}25x + 1{,}75 = 0{,}25x^2 + 2x - 3 \quad | - 1{,}25x - 1{,}75$

$\Leftrightarrow \quad 0{,}25x^2 + 0{,}75x - 4{,}75 = 0 \quad | \cdot 4$

$\Leftrightarrow \quad x^2 + 3x - 19 = 0$

$a = 1; \quad b = 3; \quad c = -19 \quad \text{in} \quad x_{1/2} = \frac{-b \pm \sqrt{b^2 - 4 \cdot a \cdot c}}{2a}$

$\Leftrightarrow \quad x_{1/2} = \frac{-3 \pm \sqrt{3^2 - 4 \cdot 1 \cdot (-19)}}{2 \cdot 1}$

$\Leftrightarrow \quad x_{1/2} = \frac{-3 \pm \sqrt{85}}{2}$

$\Leftrightarrow \quad x = -6{,}11 \quad \vee \quad x = 3{,}11$ $\mathbb{L} = \{-6{,}11; 3{,}11\}$

In eine der beiden Gleichungen (hier die erste) eingesetzt:

$y = 1{,}25 \cdot (-6{,}11) + 1{,}75;$ $\quad y = -5{,}89$ $\quad Q_1(-6{,}11\,|\,-5{,}89)$

$y = 1{,}25 \cdot 3{,}11 + 1{,}75;$ $\quad y = 5{,}64$ $\quad Q_2(3{,}11\,|\,5{,}64)$

3.4 Ermittlung der Gleichung der Geraden g:

$m = \tan 26{,}57°$ $\quad m = 0{,}50$

Punktsteigungsform: $y = 0{,}50 \cdot (x + 1) + 3{,}5$

Gleichung von g: $y = 0{,}50x + 4$ $\quad (\mathbb{G} = \mathbb{R} \times \mathbb{R})$

Berechnung der Schnittpunkte:

$$\begin{vmatrix} & y = 0{,}50x + 4 \\ \wedge & y = -0{,}25x^2 + 0{,}5x + 5 \end{vmatrix} \qquad (\mathbb{G} = \mathbb{R} \times \mathbb{R})$$

$\Rightarrow \quad 0{,}50x + 4 = -0{,}25x^2 + 0{,}5x + 5 \quad | + 0{,}25x^2 - 0{,}5x - 5$

$\Leftrightarrow \quad 0{,}25x^2 - 1 = 0 \quad | \cdot 4$

$\Leftrightarrow \quad x^2 = 4$

$\Leftrightarrow \quad x = -2 \quad \vee \quad x = 2$ $\qquad \mathbb{L} = \{-2; 2\}$

oder:

$a = 0{,}25; \quad b = 0; \quad c = -1 \quad \text{in} \quad x_{1/2} = \dfrac{-b \pm \sqrt{b^2 - 4 \cdot a \cdot c}}{2a}$

…

$\Leftrightarrow \quad x = -2 \quad \vee \quad x = 2$ $\qquad \mathbb{L} = \{-2; 2\}$

In eine der beiden Gleichungen (hier die erste) eingesetzt:

$y = 0{,}50 \cdot (-2) + 4;$ $\quad y = 3{,}00$ $\quad Q_1(-2\,|\,3)$

$y = 0{,}50 \cdot 2 + 4;$ $\quad y = 5{,}00$ $\quad Q_2(2\,|\,5)$

Grafische Überprüfung:

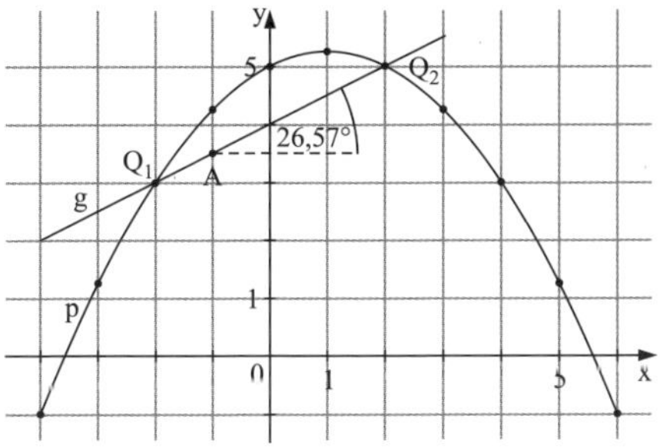

3.5 Berechnung der Schnittpunkte:

$$\begin{vmatrix} & y = 4x + 2 \\ \wedge & y = x^2 + 6x + 3 \end{vmatrix} \qquad (\mathbb{G} = \mathbb{R} \times \mathbb{R})$$

$\Rightarrow \quad 4x + 2 = x^2 + 6x + 3 \quad | - 4x - 2$

$\Leftrightarrow \quad x^2 + 2x + 1 = 0$

$a = 1; \quad b = 2; \quad c = 1 \quad \text{in} \quad x_{1/2} = \dfrac{-b \pm \sqrt{b^2 - 4 \cdot a \cdot c}}{2a}$

$D = 2^2 - 4 \cdot 1 \cdot 1;\quad D = 0 \quad \Rightarrow \quad$ g ist Tangente an p

$\Leftrightarrow \quad x = \dfrac{-2 \pm \sqrt{0}}{2 \cdot 1}$

$\Leftrightarrow \quad x = -1$ $\qquad\qquad\qquad \mathbb{L} = \{-1\}$

In eine der beiden Gleichungen (hier die erste) eingesetzt:
$y = 4 \cdot (-1) + 2;\qquad y = -2$ $\qquad$ Berührpunkt $B(-1\,|\,-2)$

Grafische Überprüfung:

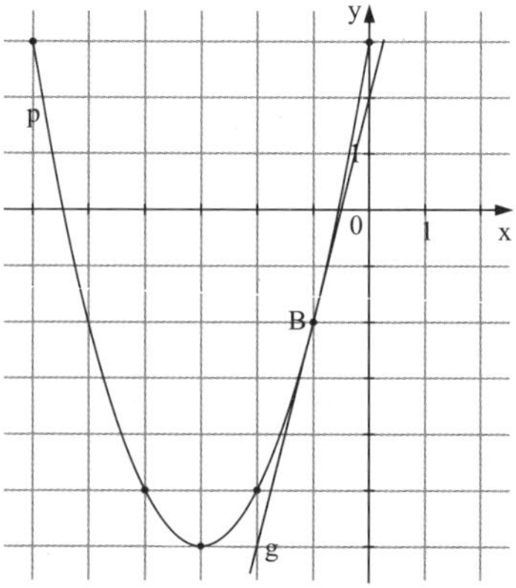

4 $\quad A(-1\,|\,9{,}5) \in p \quad \wedge \quad B(5\,|\,-2{,}5) \in p$

$$\left|\begin{array}{l} 9{,}5 = 0{,}5 \cdot (-1)^2 + b \cdot (-1) + c \\ \wedge\ -2{,}5 = 0{,}5 \cdot 5^2 + b \cdot 5 + c \end{array}\right. \qquad (\mathbb{G} = \mathbb{R} \times \mathbb{R})$$

$$\Leftrightarrow \left|\begin{array}{l} 9{,}5 = 0{,}5 - b + c \\ \wedge\ -2{,}5 = 12{,}5 + 5b + c \end{array}\right.$$

$$\Leftrightarrow \left|\begin{array}{l} 9{,}5 = 0{,}5 - b + c \\ \wedge\ 12 = -12 - 6b \end{array}\right.$$ („Gleichung 1 minus Gleichung 2"; Additionsverfahren)

$$\Leftrightarrow \left|\begin{array}{l} c = 9 + b \\ \wedge\ 24 = -6b \end{array}\right.$$

$$\Leftrightarrow \left|\begin{array}{l} c = 5 \\ \wedge\ b = -4 \end{array}\right.$$

Gleichung der Parabel p:
$y = 0{,}5x^2 - 4x + 5$ $\qquad\qquad (\mathbb{G} = \mathbb{R} \times \mathbb{R})$

5 Hier ist der Scheitel S(–3 | –1) der Parabel gegeben, die zugehörige Gleichung in **Scheitelform** lautet also:

$y = a \cdot (x + 3)^2 - 1$ $(\mathbb{G} = \mathbb{R} \times \mathbb{R};\ a \in \mathbb{R})$

Weiterhin ist P(1 | –5) ∈ p, daher gilt:

$-5 = a \cdot (1 + 3)^2 - 1$ $(\mathbb{G} = \mathbb{R})$

$\Leftrightarrow\ -5 = 16a - 1$

$\Leftrightarrow\ a = -0{,}25$ $\mathbb{L} = \{-0{,}25\}$

Gleichung der Parabel p:

$y = -0{,}25 \cdot (x + 3)^2 - 1$ $(\mathbb{G} = \mathbb{R} \times \mathbb{R})$

$\Leftrightarrow\ y = -0{,}25 \cdot (x^2 + 6x + 9) - 1$

Also in Normalform:

$\Leftrightarrow\ y = -0{,}25x^2 - 1{,}5x - 3{,}25$

6 Es handelt sich um eine nach unten geöffnete Normalparabel, daher gilt für die zugehörige Gleichung: $y = -x^2 + bx + c$.

Die Symmetrieachse hat die Gleichung x = 2, also ist die x-Koordinate des Scheitels 2, die zugehörige Gleichung in Scheitelform lautet also:

$y = -1 \cdot (x - 2)^2 + y_S$ $(\mathbb{G} = \mathbb{R} \times \mathbb{R};\ y_S \in \mathbb{R})$

Weiterhin ist P(0,5 | 6,75) ∈ p, daher gilt:

$6{,}75 = -1 \cdot (0{,}5 - 2)^2 + y_S$ $(\mathbb{G} = \mathbb{R})$

$\Leftrightarrow\ 6{,}75 = -2{,}25 + y_S$

$\Leftrightarrow\ y_S = 9$ $\mathbb{L} = \{9\}$

Gleichung der Parabel p:

$y = -(x - 2)^2 + 9$ $(\mathbb{G} = \mathbb{R} \times \mathbb{R})$

$\Leftrightarrow\ y = -(x^2 - 4x + 4) + 9$

Also in Normalform:

$\Leftrightarrow\ y = -x^2 + 4x + 5$

oder:
Der Punkt Q(3,5 | 6,75) liegt symmetrisch zum Punkt P(0,5 | 6,75) bezüglich der Geraden mit der Gleichung x = 2. Die Koordinaten von P und Q in $y = -x^2 + bx + c$ einsetzen und das Gleichungssystem lösen, führt zur gleichen Lösung.

7 $y = -x^2 + 2{,}5$ $(\mathbb{G} = \mathbb{R} \times \mathbb{R})$

8 A(–3 | –5) ∈ p

$-5 = 2 \cdot (-3)^2 + b \cdot (-3) - 8$ $(\mathbb{G} = \mathbb{R})$

$\Leftrightarrow\ -5 = 18 - 3b - 8$

$\Leftrightarrow\ b = 5$ $\mathbb{L} = \{5\}$

Gleichung der Parabel p:

$y = 2x^2 + 5x - 8$ $(\mathbb{G} = \mathbb{R} \times \mathbb{R})$

9 Die Gleichung der nach oben geöffneten Normalparabel mit der y-Achse als Symmetrieachse hat folgende Form: $y = x^2 + y_S$. Mit $B(-1{,}5\,|-0{,}25) \in p$ folgt:

$$-0{,}25 = (-1{,}5)^2 + y_S \qquad (\mathbb{G} = \mathbb{R})$$
$$\Leftrightarrow \quad -0{,}25 = 2{,}25 + y_S$$
$$\Leftrightarrow \quad y_S = -2{,}5 \qquad \mathbb{L} = \{-2{,}5\}$$

Gleichung der Parabel p:
$y = x^2 - 2{,}5$ $\qquad (\mathbb{G} = \mathbb{R} \times \mathbb{R})$

10.1

x	–3	–2	–1	0	1	2	3
$y = -0{,}25x^2 - 0{,}5x - 1{,}25$	–2	–1,25	–1	–1,25	–2	–3,25	–5

10.2

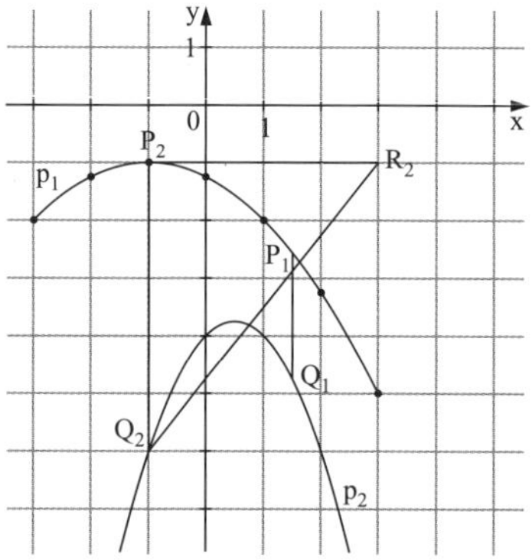

10.3 Berechnung der Schnittpunkte:

$$\begin{vmatrix} y = -0{,}25x^2 - 0{,}5x - 1{,}25 \\ \wedge\ y = -x^2 + x - 4 \end{vmatrix} \qquad (\mathbb{G} = \mathbb{R} \times \mathbb{R})$$

$$\Rightarrow \quad -0{,}25x^2 - 0{,}5x - 1{,}25 = -x^2 + x - 4 \quad | + x^2 - x + 4$$
$$\Leftrightarrow \quad 0{,}75x^2 - 1{,}5x + 2{,}75 = 0$$

$a = 0{,}75;\ \ b = -1{,}5;\ \ c = 2{,}75$ in $D = b^2 - 4 \cdot a \cdot c$

$D = (-1{,}5)^2 - 4 \cdot 0{,}75 \cdot 2{,}75;\ \ D = -6$ also $D < 0 \Rightarrow \mathbb{L} = \varnothing$

Die Parabeln p_1 und p_2 schneiden sich nicht.

10.4 Einzeichnen der Strecke $[P_1Q_1]$ für $x = 1{,}5$

10.5 $\overline{P_nQ_n}(x) = [(-0{,}25x^2 - 0{,}5x - 1{,}25) - (-x^2 + x - 4)]$ LE

$\overline{P_nQ_n}(x) = [0{,}75x^2 - 1{,}5x + 2{,}75]$ LE

10.6 $T(x) = 0{,}75x^2 - 1{,}5x + 2{,}75$

$T(x) = 0{,}75 \cdot (x^2 - 2x) + 2{,}75$ ausklammern

$T(x) = 0{,}75 \cdot (x^2 - 2 \cdot 1x + 1^2 - 1) + 2{,}75$ quadratisch ergänzen

$T(x) = 0{,}75 \cdot (x^2 - 2 \cdot 1x + 1^2) - 0{,}75 + 2{,}75$ ausmultiplizieren

$T(x) = 0{,}75 \cdot (x - 1)^2 + 2$

D. h. $\overline{P_0Q_0} = 2$ LE für $x = 1$.

10.7 Einzeichnen des rechtwinkligen Dreiecks $Q_2R_2P_2$ für $x = -1$

$\overline{P_2Q_2} = [0{,}75 \cdot (-1)^2 - 1{,}5 \cdot (-1) + 2{,}75]$ LE

$\overline{P_2Q_2} = 5$ LE

Mit $\overline{P_2R_2} = 4$ LE folgt:

$\tan \sphericalangle R_2Q_2P_2 = \frac{4}{5}$

$\sphericalangle R_2Q_2P_2 = 38{,}66°$

11.1

x	–3	–2	–1	0	1	2	3
$y = -0{,}25x^2 - 0{,}5x - 1{,}25$	–2	–1,25	–1	–1,25	–2	–3,25	–5

11.2

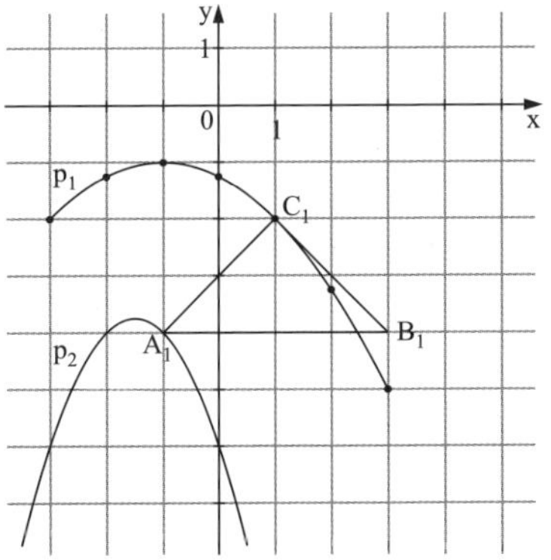

11.3 Einzeichnen der Strecke $[A_1C_1]$ für $x = -1$

11.4 Koordinaten der Punkte C_n in Abhängigkeit der Abszisse x der Punkte A_n:

$C_n(x + 2 \,|\, -0{,}25 \cdot (x + 2)^2 - 0{,}5 \cdot (x + 2) - 1{,}25)$

$C_n(x + 2 \,|\, -0{,}25 \cdot (x^2 + 4x + 4) - 0{,}5x - 1 - 1{,}25)$

$C_n(x + 2 \,|\, -0{,}25x^2 - 1{,}5x - 3{,}25)$

11.5 Einzeichnen des gleichschenkligen Dreiecks $A_1B_1C_1$ für $x = -1$

11.6 $A_1(-1|-4)$

$C_1(-1+2|-0{,}25\cdot(-1)^2-1{,}5\cdot(-1)-3{,}25)$

$C_1(1|-2)$

$$\overrightarrow{A_1C_1}=\begin{pmatrix}1-(-1)\\-2-(-4)\end{pmatrix}$$

$$\overrightarrow{A_1C_1}=\begin{pmatrix}2\\2\end{pmatrix}$$

$$\tan\sphericalangle B_1A_1C_1=\frac{2}{2}$$

$$\sphericalangle B_1A_1C_1=45{,}00^\circ$$

11.7 $A_n(x|-x^2-3x-6)$

$C_n(x+2|-0{,}25x^2-1{,}5x-3{,}25)$

$$\overrightarrow{A_nC_n}=\begin{pmatrix}(x+2)-x\\(-0{,}25x^2-1{,}5x-3{,}25)-(-x^2-3x-6)\end{pmatrix}$$

$$\overrightarrow{A_nC_n}=\begin{pmatrix}2\\0{,}75x^2+1{,}5x+2{,}75\end{pmatrix}$$

$$\tan 50^\circ=\frac{0{,}75x^2+1{,}5x+2{,}75}{2}$$ $(\mathbb{G}=\mathbb{R})$

$\Leftrightarrow\quad 2\cdot 1{,}19=0{,}75x^2+1{,}5x+2{,}75$

$\Leftrightarrow\quad 0{,}75x^2+1{,}5x+0{,}37=0$

$a=0{,}75;\quad b=1{,}5;\quad c=0{,}37\quad$ in $\quad x_{1/2}=\dfrac{-b\pm\sqrt{b^2-4\cdot a\cdot c}}{2a}$

$$\Leftrightarrow\quad x_{1/2}=\frac{-1{,}5\pm\sqrt{1{,}5^2-4\cdot 0{,}75\cdot 0{,}37}}{2\cdot 0{,}75}$$

$$\Leftrightarrow\quad x_{1/2}=\frac{-1{,}5\pm\sqrt{1{,}14}}{1{,}5}$$

$\Leftrightarrow\quad x=-1{,}71\quad\vee\quad x=-0{,}29$ $\qquad\mathbb{L}=\{-1{,}71;-0{,}29\}$

12.1

x	0	0,5	1	1,5	2	2,5	3	3,5	4
$y = -1{,}25x^2 + 2{,}5x + 10$	10	10,94	11,25	10,94	10	8,44	6,25	3,44	0

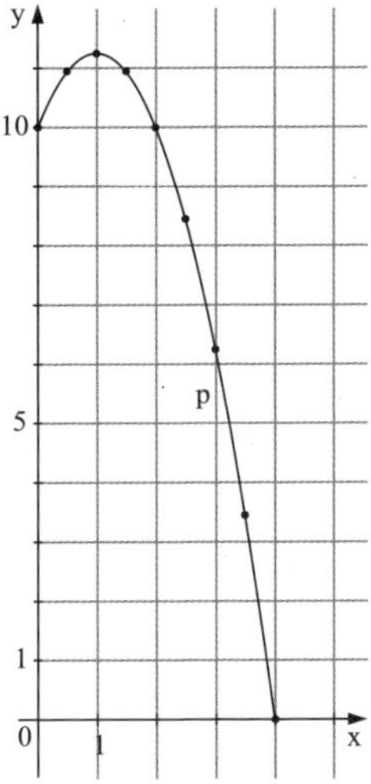

12.2 $y = -1{,}25x^2 + 2{,}5x + 10$ $(\mathbb{G} = \mathbb{R})$

$y = -1{,}25 \cdot (2{,}2)^2 + 2{,}5 \cdot 2{,}2 + 10$

$y = 9{,}45$

Die Höhe bei einer horizontalen Entfernung von 2,2 m beträgt 9,45 m.

Abwurfstelle: $P_0(0 \mid 10)$

Entfernung von der Abwurfstelle:

$d = \sqrt{(9{,}45 - 10)^2 + (0 - 2{,}2)^2}\ \text{m}$

$d = 2{,}27\ \text{m}$

12.3 $y = -1{,}25x^2 + 2{,}5x + 10$ $(\mathbb{G} = \mathbb{R}_0^+ \times \mathbb{R})$

$y = -1{,}25 \cdot (x^2 - 2x) + 10$ ausklammern

$y = -1{,}25 \cdot (x^2 - 2 \cdot 1x + 1^2 - 1) + 10$ quadratisch ergänzen

$y = -1{,}25 \cdot [(x - 1)^2 - 1] + 10$

$y = -1{,}25 \cdot (x - 1)^2 + 1{,}25 + 10$ ausmultiplizieren

$y = -1{,}25 \cdot (x - 1)^2 + 11{,}25$

Der Stein erreicht eine maximale Höhe von 11,25 m.

12.4 $-1{,}25x^2 + 2{,}5x + 10 = 0$ $(\mathbb{G} = \mathbb{R}_0^+)$

$a = -1{,}25; \quad b = 2{,}5; \quad c = 10 \quad \text{in} \quad x_{1/2} = \frac{-b \pm \sqrt{b^2 - 4 \cdot a \cdot c}}{2a}$

$\Leftrightarrow \quad x_{1/2} = \frac{-2{,}5 \pm \sqrt{2{,}5^2 - 4 \cdot (-1{,}25) \cdot 10}}{2 \cdot (-1{,}25)}$

$\Leftrightarrow \quad x_{1/2} = \frac{-2{,}5 \pm \sqrt{56{,}25}}{-2{,}5}$

$\Leftrightarrow \quad (x = -2 \quad \vee) \quad x = 4$ $\mathbb{L} = \{4\}$

Der Stein trifft in einer Entfernung von 4 m auf den Boden auf.

12.5 $-1{,}25x^2 + 2{,}5x + 10 = -7{,}5x + 30$ $(\mathbb{G} = \mathbb{R}_0^+)$

$\Leftrightarrow \quad -1{,}25x^2 + 10x - 20 = 0$

$a = -1{,}25; \quad b = 10; \quad c = -20 \quad \text{in} \quad x_{1/2} = \frac{-b \pm \sqrt{b^2 - 4 \cdot a \cdot c}}{2a}$

$\Leftrightarrow \quad x_{1/2} = \frac{-10 \pm \sqrt{10^2 - 4 \cdot (-1{,}25) \cdot (-20)}}{2 \cdot (-1{,}25)}$

$\Leftrightarrow \quad x_{1/2} = \frac{-10 \pm \sqrt{0}}{-2{,}5}$ $D = 0 \quad \Rightarrow$ g ist Tangente an p

$\Leftrightarrow \quad x = 4$ $\mathbb{L} = \{4\} \quad \Rightarrow$ g ist Tangente an p im Auftreffpunkt

12.6 Für den Winkel φ zwischen x-Achse und der Geraden g gilt:

$\tan\varphi = -7{,}5$

$\varphi = -82{,}41°$

Der Stein trifft unter einem Winkel von 82,41° auf den Boden.

Berechnungen an ebenen Figuren; Trigonometrie

13 **Figur 1**

Flächeninhalt A:

$$A = A_{\text{Halbkreis}} - A_{\text{Kreis klein}}$$

$$A = \frac{1}{2} r^2 \cdot \pi - (r_{\text{klein}})^2 \cdot \pi$$

$$A = \frac{1}{2} (3\,\text{cm})^2 \cdot \pi - (1{,}5\,\text{cm})^2 \cdot \pi$$

$$A = 7{,}07\,\text{cm}^2$$

Figur 2

Das Dreieck ABC ist gleichseitig, die Mittelpunktswinkel der Sektoren haben jeweils das Maß 60°.

Flächeninhalt A:

$$A = 3 \cdot A_{\text{Sektor}} - 2 \cdot A_{\Delta ABC}$$

$$A = 3 \cdot \frac{60°}{360°} \cdot a^2 \cdot \pi - 2 \cdot \frac{1}{2} a \cdot \frac{1}{2}\sqrt{3} a$$

$$A = \frac{1}{2} (3\,\text{cm})^2 \cdot \pi - \frac{1}{2}\sqrt{3} \cdot (3\,\text{cm})^2$$

$$A = 6{,}34\,\text{cm}^2$$

14 **Figur 1**

Berechnung von α ($\sphericalangle BAC$):

$$a^2 = b^2 + c^2 - 2bc \cdot \cos\alpha$$

$$\cos\alpha = \frac{b^2 + c^2 - a^2}{2bc}$$

$$\cos\alpha = \frac{6{,}5^2 + 10^2 - 4^2}{2 \cdot 6{,}5 \cdot 10}$$

$$\alpha = 13{,}80°$$

Umfang u:

$$u = \overline{DB} + \overline{BC} + \overset{\frown}{DC}$$

$$u = (c - b) + a + \frac{\alpha}{360°} \cdot 2b\pi$$

$$u = (10\,\text{cm} - 6{,}5\,\text{cm}) + 4\,\text{cm} + \frac{13{,}80°}{360°} \cdot 2 \cdot 6{,}5\,\text{cm} \cdot \pi$$

$$u = 9{,}07\,\text{cm}$$

Flächeninhalt A:

$$A = A_{\Delta ABC} - A_{\text{Sektor ADC}}$$

$$A = \frac{1}{2} \cdot c \cdot b \cdot \sin\alpha - \frac{\alpha}{360°} \cdot b^2\pi$$

$$A = \frac{1}{2} \cdot 10\text{ cm} \cdot 6{,}5\text{ cm} \cdot \sin 13{,}80° - \frac{13{,}80°}{360°} \cdot (6{,}5\text{ cm})^2 \cdot \pi$$

$$A = 2{,}66\text{ cm}^2$$

Figur 2

Das Dreieck MBA ist gleichschenklig, da $\overline{MB} = \overline{MA}$. Für den Winkel μ (∢BMA) gilt somit:

$$\mu = 180° - 50° - 50°$$
$$\mu = 80°$$

Umfang u:

u = Kreisdurchmesser + Halbkreis(bogen) – $\widehat{BA} + \overline{BA}$

$$u = 2r + r\pi - \frac{\mu}{360°} \cdot 2r\pi + \overline{BA}$$

Berechnung von $\overline{BA}$:

$$\cos 50° = \frac{\frac{\overline{BA}}{2}}{\overline{MB}}$$

$$\frac{\overline{BA}}{2} = \overline{MB} \cdot \cos 50°$$

$$\frac{\overline{BA}}{2} = 3\text{ cm} \cdot \cos 50°$$

$$\frac{\overline{BA}}{2} = 1{,}93\text{ cm}$$

$$\overline{BA} = 3{,}86\text{ cm}$$

oder (mit Sinussatz):

$$\frac{\overline{BA}}{\sin 80°} = \frac{\overline{AM}}{\sin 50°}$$

$$\overline{BA} = \frac{3\text{ cm}}{\sin 50°} \cdot \sin 80°$$

$$\overline{BA} = 3{,}86\text{ cm}$$

oder (mit Kosinussatz):

$$\overline{BA} = \sqrt{\overline{MB}^2 + \overline{MA}^2 - 2 \cdot \overline{MB} \cdot \overline{MA} \cdot \cos 80°}$$

$$\overline{BA} = \sqrt{9 + 9 - 18 \cdot \cos 80°}\text{ cm}$$

$$\overline{BA} = 3{,}86\text{ cm}$$

$$u = 2r + r\pi - \frac{\mu}{360^\circ} \cdot 2r\pi + \overline{BA}$$

$$u = 2 \cdot 3\text{ cm} + 3\text{ cm} \cdot \pi - \frac{80^\circ}{360^\circ} \cdot 2 \cdot 3\text{ cm} \cdot \pi + 3{,}86\text{ cm}$$

$$u = 15{,}10\text{ cm}$$

Flächeninhalt A:

$$A = A_{\text{Halbkreis}} - A_{\text{Sektor MBA}} + A_{\Delta\text{MBA}}$$

$$A = \frac{1}{2} r^2 \pi - \frac{80^\circ}{360^\circ} r^2 \pi + \frac{1}{2} r^2 \cdot \sin 80^\circ$$

$$A = \frac{1}{2}(3\text{ cm})^2 \pi - \frac{80^\circ}{360^\circ}(3\text{ cm})^2 \pi + \frac{1}{2}(3\text{ cm})^2 \cdot \sin 80^\circ$$

$$A = 12{,}29\text{ cm}^2$$

15 Zeichnung im Maßstab 1 : 100 (also 1 cm in der Zeichnung entspricht 1 m)

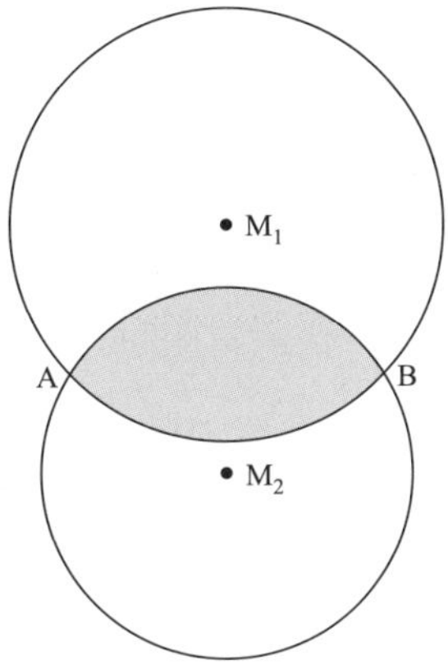

(verkleinerte Darstellung im Maßstab 1 : 200)

Es gelten folgende Maße:

$$\overline{AM_1} = \overline{BM_1} = 3{,}5\text{ m}$$

$$\overline{AM_2} = \overline{BM_2} = 3\text{ m}$$

$$\overline{M_1M_2} = 4\text{ m}$$

Berechnung der Mittelpunktswinkel
$\mu_1 = \sphericalangle AM_1B$ und $\mu_2 = \sphericalangle BM_2A$.

Im Dreieck AM_2M_1 gilt $\left(\frac{\mu_1}{2}; \frac{\mu_2}{2} \in\ ]0^\circ; 180^\circ[\right)$:

$$\overline{AM_2}^2 = \overline{AM_1}^2 + \overline{M_1M_2}^2 - 2 \cdot \overline{AM_1} \cdot \overline{M_1M_2} \cdot \cos\frac{\mu_1}{2}$$

$$\cos\frac{\mu_1}{2} = \frac{\overline{AM_1}^2 + \overline{M_1M_2}^2 - \overline{AM_2}^2}{2 \cdot \overline{AM_1} \cdot \overline{M_1M_2}}$$

$$\cos\frac{\mu_1}{2} = \frac{3{,}5^2 + 4^2 - 3^2}{2 \cdot 3{,}5 \cdot 4} \qquad \left(\cos\frac{\mu_1}{2} = 0{,}69\right)$$

$$\frac{\mu_1}{2} = 46{,}57^\circ$$

$$\mu_1 = 93{,}14^\circ$$

Berechnung von μ_2 analog mit dem Kosinussatz:

$$\overline{AM_1}^2 = \overline{AM_2}^2 + \overline{M_1M_2}^2 - 2 \cdot \overline{AM_2} \cdot \overline{M_1M_2} \cdot \cos\frac{\mu_2}{2}$$

$$\cos\frac{\mu_2}{2} = \frac{3^2 + 4^2 - 3,5^2}{2 \cdot 3 \cdot 4} \qquad \left(\cos\frac{\mu_2}{2} = 0,53\right)$$

$$\frac{\mu_2}{2} = 57,91°$$

$$\mu_2 = 115,82°$$

oder mit dem Sinussatz:

$$\frac{\sin\frac{\mu_2}{2}}{\overline{AM_1}} = \frac{\sin\frac{\mu_1}{2}}{\overline{AM_2}}$$

$$\sin\frac{\mu_2}{2} = \frac{\sin\frac{\mu_1}{2}}{\overline{AM_2}} \cdot \overline{AM_1}$$

$$\sin\frac{\mu_2}{2} = \frac{\sin 46,57°}{3\text{ m}} \cdot 3,5\text{ m} \qquad \left(\sin\frac{\mu_2}{2} = 0,85\right)$$

$$\frac{\mu_2}{2} = 57,91°$$

$$\mu_2 = 115,82°$$

Flächeninhalt A:

$$A = A_{\text{Sektor } M_1AB} - A_{\Delta ABM_1} + A_{\text{Sektor } M_2BA} - A_{\Delta M_2BA}$$

$$A = \left(\frac{93,14°}{360°} \cdot 3,5^2 \cdot \pi - \frac{1}{2} \cdot 3,5^2 \cdot \sin 93,14° + \frac{115,82°}{360°} \cdot 3^2 \cdot \pi - \frac{1}{2} \cdot 3^2 \cdot \sin 115,82°\right)\text{ m}^2$$

$$A = 8,89\text{ m}^2$$

16.1 Zeichnen des Drachenvierecks ABCD

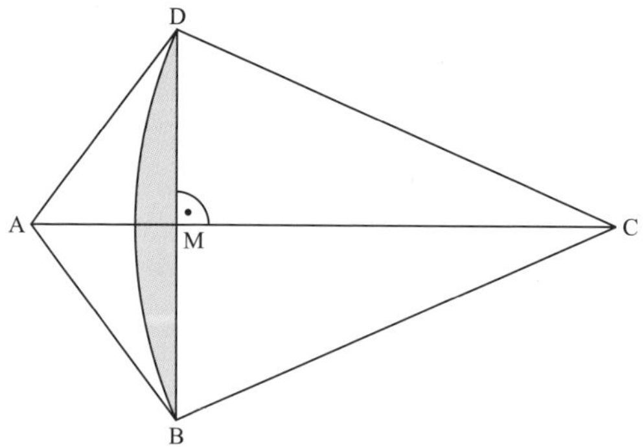

16.2 $\overline{AM} = 1{,}5$ cm; $\overline{MC} = 4{,}5$ cm; $\overline{MD} = \overline{MB} = 2$ cm

Berechnung der Seitenlängen mithilfe des Satzes von Pythagoras:
Im Dreieck DMC gilt:

$$\overline{DC} = \sqrt{2^2 + 4{,}5^2}\ \text{cm}$$

$$\overline{DC} = 4{,}92\ \text{cm}$$

$$\overline{BC} = 4{,}92\ \text{cm}$$

Im Dreieck AMD gilt:

$$\overline{AD} = \sqrt{2^2 + 1{,}5^2}\ \text{cm}$$

$$\overline{AD} = 2{,}50\ \text{cm}$$

$$\overline{AB} = 2{,}50\ \text{cm}$$

Berechnung der Maße der Innenwinkel:
Im Dreieck AMD gilt:

$$\tan\frac{\alpha}{2} = \frac{2\ \text{cm}}{1{,}5\ \text{cm}}$$

$$\frac{\alpha}{2} = 53{,}13°$$

$$\alpha = 106{,}26°$$

oder im Dreieck ABD mit dem Kosinussatz:

$$\overline{BD}^2 = \overline{AB}^2 + \overline{AD}^2 - 2 \cdot \overline{AB} \cdot \overline{AD} \cdot \cos\alpha$$

$$\cos\alpha = \frac{\overline{AB}^2 + \overline{AD}^2 - \overline{BD}^2}{2 \cdot \overline{AB} \cdot \overline{AD}}$$

$$\alpha = 106{,}26°$$

Im Dreieck MCD gilt:

$$\tan\frac{\gamma}{2} = \frac{2\ \text{cm}}{4{,}5\ \text{cm}}$$

$$\frac{\gamma}{2} = 23{,}96°$$

$$\gamma = 47{,}92°$$

Im Dreieck ABC gilt:

$$\beta = 180° - 53{,}13° - 23{,}96°$$

$$\beta = 102{,}91°$$

$$\delta = \beta$$

$$\delta = 102{,}91°$$

16.3 $A = A_{ABCD} - A_{Sektor\ CDB}$

$$A = \frac{1}{2} \cdot 6 \cdot 4\ cm^2 - \frac{47{,}92°}{360°} \cdot (4{,}92\ cm)^2 \cdot \pi$$

$$A = 12\ cm^2 - 10{,}12\ cm^2$$

$$A = 1{,}88\ cm^2$$

17.1

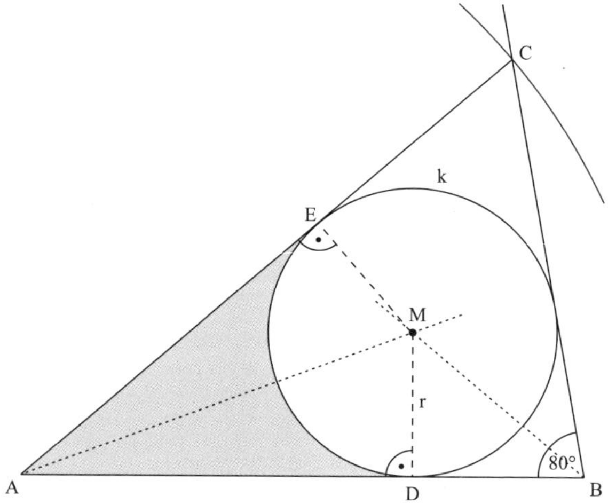

17.2 $\frac{\sin\gamma}{\overline{AB}} = \frac{\sin\beta}{\overline{AC}}$ $\gamma \in\ ]0°; 100°[$

$$\sin\gamma = \frac{\sin 80°}{8\ cm} \cdot 7\ cm$$

$$\gamma = 59{,}51°$$

$$\alpha = 180° - 80° - 59{,}51°$$

$$\alpha = 40{,}49°$$

Berechnung von $\overline{BC}$:

$$\frac{\overline{BC}}{\sin\alpha} = \frac{\overline{AC}}{\sin\beta}$$

$$\overline{BC} = \frac{8\ cm}{\sin 80°} \cdot \sin 40{,}49°$$

$$\overline{BC} = 5{,}27\ cm$$

oder mit dem Kosinussatz:

$$\overline{BC}^2 = \overline{AB}^2 + \overline{AC}^2 - 2 \cdot \overline{AB} \cdot \overline{AC} \cdot \cos\alpha$$

...

17.3 Zeichnen des Inkreises k.
Der Inkreismittelpunkt M ist der Schnittpunkt der Winkelhalbierenden.

17.4 Im Dreieck ABM gilt:

$$\frac{\overline{BM}}{\sin\frac{\alpha}{2}} = \frac{\overline{AB}}{\sin\left(180° - \frac{\alpha}{2} - \frac{\beta}{2}\right)}$$

$$\overline{BM} = \frac{7\text{ cm}}{\sin 119{,}76°} \cdot \sin 20{,}25°$$

$$\overline{BM} = 2{,}79\text{ cm}$$

Berechnung des Radius r des Inkreises:
Im Dreieck DBM gilt:

$$\sin\frac{\beta}{2} = \frac{r}{\overline{BM}}$$

$$r = 2{,}79\text{ cm} \cdot \sin 40°$$

$$r = 1{,}79\text{ cm}$$

17.5 Im Dreieck ADM gilt:

$$\tan\frac{\alpha}{2} = \frac{r}{\overline{AD}}$$

$$\overline{AD} = \frac{1{,}79\text{ cm}}{\tan 20{,}25°}$$

$$\overline{AD} = 4{,}85\text{ cm}$$

$$\sphericalangle EMD = 360° - 90° - 90° - 40{,}49°$$
$$\sphericalangle EMD = 139{,}51°$$

Umfang u der Figur:

$$u = 2 \cdot \overline{AD} + \overset{\frown}{ED}$$

$$u = 2 \cdot 4{,}85\text{ cm} + \frac{139{,}51°}{360°} \cdot 2 \cdot 1{,}79\text{ cm} \cdot \pi$$

$$u = 14{,}06\text{ cm}$$

Flächeninhalt A der Figur:

$$A = A_{ADME} - A_{\text{Sektor MED}}$$

$$A = 2 \cdot \frac{1}{2} \cdot 4{,}85 \cdot 1{,}79\text{ cm}^2 - \frac{139{,}51°}{360°} \cdot (1{,}79\text{ cm})^2 \cdot \pi$$

$$A = 4{,}78\text{ cm}^2$$

17.6 $A_{ABC} = \frac{1}{2} \cdot \overline{AB} \cdot \overline{AC} \cdot \sin\alpha$

$A_{ABC} = \frac{1}{2} \cdot 7\text{ cm} \cdot 8\text{ cm} \cdot \sin 40{,}49°$

$A_{ABC} = 18{,}18\text{ cm}^2$

prozentualer Anteil:

$\frac{4{,}78}{18{,}18} \cdot 100\,\% = 26{,}29\,\%$

18.1 $\sphericalangle ACB = 180° - 60° - 50°$
$\sphericalangle ACB = 70°$

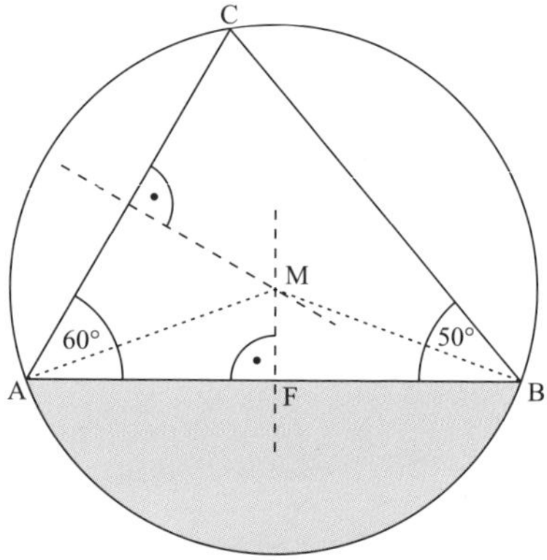

$\frac{\overline{AC}}{\sin 50°} = \frac{\overline{AB}}{\sin 70°}$

$\overline{AC} = \frac{4{,}5\text{ cm}}{\sin 70°} \cdot \sin 50°$

$\overline{AC} = 3{,}67\text{ cm}$

$\frac{\overline{BC}}{\sin 60°} = \frac{\overline{AB}}{\sin 70°}$

$\overline{BC} = \frac{4{,}5\text{ cm}}{\sin 70°} \cdot \sin 60°$

$\overline{BC} = 4{,}15\text{ cm}$

18.2 Zeichnen des Umkreises
Der Umkreismittelpunkt M ist der Schnittpunkt der Mittelsenkrechten zu den Dreiecksseiten.
$\sphericalangle AMB = 2 \cdot 70°$ (Randwinkelsatz)
$\sphericalangle AMB = 140°$

18.3 Berechnung von $\overline{AM}$:
Der Mittelpunkt von [AB] sei der Punkt F. Im Dreieck AFM gilt:

$\sin 70° = \frac{\frac{1}{2} \cdot 4{,}5\text{ cm}}{\overline{AM}}$

$\overline{AM} = \frac{2{,}25\text{ cm}}{\sin 70°}$

$\overline{AM} = 2{,}39\text{ cm}$

$$A = A_{\text{Sektor MAB}} - A_{\Delta MAB}$$

$$A = \left(\frac{140°}{360°} \cdot 2{,}39^2 \cdot \pi - \frac{1}{2} \cdot 2{,}39^2 \cdot \sin 140° \right) \text{cm}^2$$

$$A = 5{,}14 \text{ cm}^2$$

18.4 $A_{\text{Umkreis}} = (2{,}39 \text{ cm})^2 \cdot \pi$

$A_{\text{Umkreis}} = 17{,}95 \text{ cm}^2$

$$A_{\Delta ABC} = \frac{1}{2} \cdot 4{,}5 \text{ cm} \cdot 3{,}67 \text{ cm} \cdot \sin 60°$$

$$A_{\Delta ABC} = 7{,}15 \text{ cm}^2$$

$$\frac{17{,}95 - 7{,}15}{7{,}15} \cdot 100\ \% = 151{,}05\ \%$$

19.1

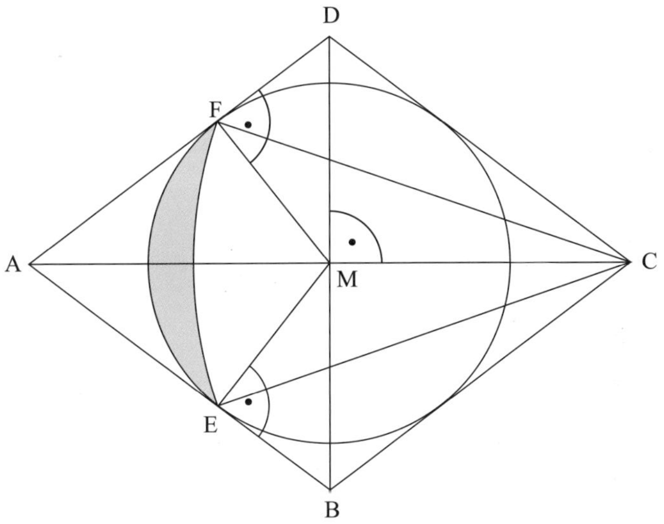

Im Dreieck ABM gilt:

$$\overline{AB}^2 = \overline{BM}^2 + \overline{AM}^2$$

$$\overline{AB} = \sqrt{(3 \text{ cm})^2 + (4 \text{ cm})^2}$$

$$\overline{AB} = 5 \text{ cm}$$

Im Dreieck ABM gilt:

$$\tan\frac{\alpha}{2} = \frac{\overline{MB}}{\overline{AM}}$$

$$\tan\frac{\alpha}{2} = \frac{3\text{ cm}}{4\text{ cm}}$$

$$\frac{\alpha}{2} = 36{,}87°$$

$$\alpha = 73{,}74°$$

$$\gamma = 73{,}74°$$

$$\beta = \frac{(360° - 2 \cdot 73{,}74°)}{2}$$

$$\beta = 106{,}26°$$

$$\delta = 106{,}26°$$

oder

$$\tan\frac{\beta}{2} = \frac{4\text{ cm}}{3\text{ cm}} \quad \ldots$$

19.2 Einzeichnen des Inkreises sowie der Punkte E und F.
Der Innkreismittelpunkt M ist der Schnittpunkt der Winkelhalbierenden, also bei der Raute der Diagonalenschnittpunkt.

Im Dreieck AMF gilt:

$$\sin\frac{\alpha}{2} = \frac{\overline{FM}}{\overline{AM}}$$

$$\sin\frac{\alpha}{2} = \frac{\overline{FM}}{4\text{ cm}}$$

$$\overline{FM} = 4\text{ cm} \cdot \sin 36{,}87°$$

$$\overline{FM} = 2{,}40\text{ cm}$$

19.3 Einzeichnen des Kreisbogens $\overset{\frown}{FE}$ mit dem Radius $\overline{CF}$

Im Viereck MCDF gilt:

$$\sphericalangle CMF = 360° - \frac{\gamma}{2} - \delta - 90°$$

$$\sphericalangle CMF = 360° - \frac{73{,}74°}{2} - 106{,}26° - 90°$$

$$\sphericalangle CMF = 126{,}87°$$

Im Dreieck MCF gilt:

$$\overline{CF}^2 = \overline{FM}^2 + \overline{MC}^2 - 2 \cdot \overline{FM} \cdot \overline{MC} \cdot \cos\sphericalangle CMF$$

$$\overline{CF} = \sqrt{2,40^2 + 4^2 - 2 \cdot 2,40 \cdot 4 \cdot \cos 126,87^\circ} \text{ cm}$$

$$\overline{CF} = 5,77 \text{ cm}$$

Im Dreieck MCF gilt:

$$\frac{\sin\sphericalangle FCM}{\overline{FM}} = \frac{\sin\sphericalangle CMF}{\overline{CF}}$$

$$\sin\sphericalangle FCM = \frac{\sin 126,87^\circ}{5,77 \text{ cm}} \cdot 2,40 \text{ cm}$$

$$\sphericalangle FCM = 19,44^\circ$$

19.4 $\sphericalangle FMA = 180^\circ - \sphericalangle CMF$

$$\sphericalangle FMA = 360^\circ - 126,87^\circ$$

$$\sphericalangle FMA = 53,13^\circ$$

$$A = A_{\text{Sektor MFE}} + 2 \cdot A_{\Delta MCF} - A_{\text{Sektor CFE}}$$

$$A = \left(\frac{2 \cdot 53,13^\circ}{360^\circ} \cdot 2,40^2 \cdot \pi + 2 \cdot \frac{1}{2} \cdot 2,40 \cdot 4 \cdot \sin 126,87^\circ - \frac{2 \cdot 19,44^\circ}{360^\circ} \cdot 5,77^2 \cdot \pi \right) \text{cm}^2$$

$$A = 5,34 \text{ cm}^2 + 7,68 \text{ cm}^2 - 11,30 \text{ cm}^2$$

$$A = 1,72 \text{ cm}^2$$

Raumgeometrie

20.1 Länge des Quaders:

$$\ell = \frac{256\ \text{cm}^2}{16\ \text{cm}}$$

$$\ell = 16\ \text{cm}$$

Breite des Quaders:

$$b = \frac{128\ \text{cm}^2}{16\ \text{cm}}$$

$$b = 8\ \text{cm}$$

Oberfläche:

$O = 2 \cdot (128\ \text{cm}^2 + 128\ \text{cm}^2 + 256\ \text{cm}^2)$
$O = 1\,024\ \text{cm}^2$

Volumen:

$V = \ell \cdot b \cdot h$
$V = 16\ \text{cm} \cdot 8\ \text{cm} \cdot 16\ \text{cm}$
$V = 2\,048\ \text{cm}^3$

20.2.1 $V_{Prisma} = G \cdot h$

$$V_{Prisma} = \left(\frac{1}{2} \cdot 8\ \text{cm} \cdot 8\ \text{cm}\right) \cdot 16\ \text{cm}$$

$V_{Prisma} = 512\ \text{cm}^3$

$V_{Rest} = V - V_{Prisma}$
$V_{Rest} = 1\,536\ \text{cm}^3$

20.2.2 $$O_{Prisma} = 2 \cdot \left(\frac{1}{2} \cdot 8\ \text{cm} \cdot 8\ \text{cm} + 8\ \text{cm} \cdot 16\ \text{cm}\right) + (8\sqrt{2}\ \text{cm} \cdot 16\ \text{cm})$$

$O_{Prisma} = 501{,}02\ \text{cm}^2$

21.1 **Prisma 1**

$O = 2 \cdot (6\ \text{cm} \cdot 4\ \text{cm} + 4\ \text{cm} \cdot 8\ \text{cm} + 6\ \text{cm} \cdot 8\ \text{cm})$
$O = 208\ \text{cm}^2$

$V = 6\ \text{cm} \cdot 4\ \text{cm} \cdot 8\ \text{cm}$
$V = 192\ \text{cm}^3$

Prisma 2

$$O=2\cdot\frac{1}{2}\cdot 6\text{ cm}\cdot 8\text{ cm}+10\text{ cm}\cdot 5\text{ cm}+8\text{ cm}\cdot 5\text{ cm}+6\text{ cm}\cdot 5\text{ cm}$$

$$O = 168\text{ cm}^2$$

$$V=\frac{1}{2}\cdot 6\text{ cm}\cdot 8\text{ cm}\cdot 5\text{ cm}$$

$$V = 120\text{ cm}^3$$

21.2.1 Netz des Prismas:

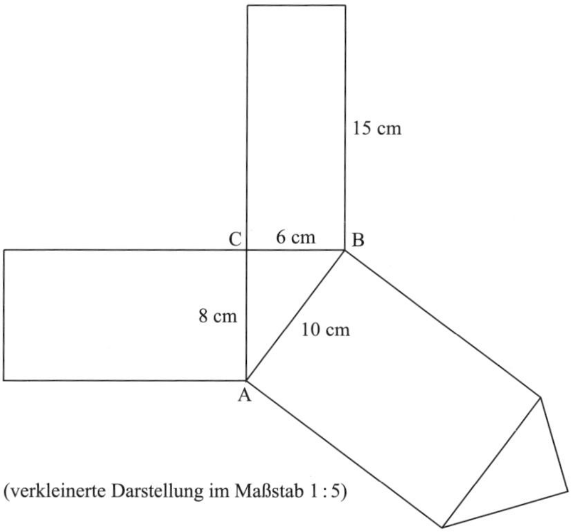

(verkleinerte Darstellung im Maßstab 1 : 5)

21.2.2 Schrägbild des Prismas:

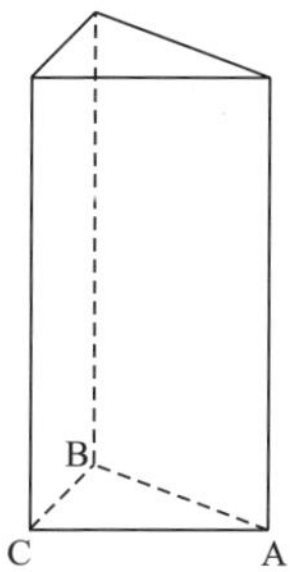

(verkleinerte Darstellung im Maßstab 1 : 5)

21.2.3 $V = G \cdot h$

$V = \frac{1}{8} \cdot 8\text{ cm} \cdot 6\text{ cm} \cdot 15\text{ cm}$

$V = 360\text{ cm}^3$

$O = 2 \cdot \frac{1}{2} \cdot 8\text{ cm} \cdot 6\text{ cm} + 10\text{ cm} \cdot 15\text{ cm} + 8\text{ cm} \cdot 15\text{ cm} + 6\text{ cm} \cdot 15\text{ cm}$

$O = 408\text{ cm}^2$

21.2.4 $a' = 8\text{ cm} \quad h' = 13\text{ cm}$

Vierstreckensatz:

$\frac{b'}{b} = \frac{a'}{a}$

$b' = 8\text{ cm} \cdot \frac{8\text{ cm}}{6\text{ cm}}$

$b' = \frac{32}{3}\text{ cm}$

$\frac{c'}{c} = \frac{a'}{a}$

$c' = 10\text{ cm} \cdot \frac{8\text{ cm}}{6\text{ cm}}$

$c' = \frac{40}{3}\text{ cm}$

$V' = G' \cdot h'$

$V' = \frac{1}{2} \cdot \frac{32}{3}\text{ cm} \cdot 8\text{ cm} \cdot 13\text{ cm}$

$V' = 554{,}67\text{ cm}^3$

$O' = 2 \cdot \frac{1}{2} \cdot 8\text{ cm} \cdot \frac{32}{3}\text{ cm} + 8\text{ cm} \cdot 13\text{ cm} + \frac{32}{3}\text{ cm} \cdot 13\text{ cm} + \frac{40}{3}\text{ cm} \cdot 13\text{ cm}$

$O' = 501{,}33\text{ cm}^2$

22.1 $V(x) = 15\text{ cm} \cdot (5 + x)\text{ cm} \cdot (10 - x)\text{ cm}$

$V(x) = 15 \cdot (-x^2 + 5x + 50)\text{ cm}^3$

$O(x) = 2 \cdot [15\text{ cm} \cdot (5 + x)\text{ cm} + 15\text{ cm} \cdot (10 - x)\text{ cm} + (5 + x)\text{ cm} \cdot (10 - x)\text{ cm}]$

$O(x) = 2 \cdot (-x^2 + 5x + 275)\text{ cm}^2$

22.2 Quadratische Ergänzung:

$V(x) = -15 \cdot (x^2 - 5x - 50)\ cm^3$

$$V(x) = -15 \cdot \left[x^2 - 5x + \frac{25}{4} - 50 - \frac{25}{4}\right] cm^3$$

$$V(x) = -15 \cdot \left[\left(x - \frac{5}{2}\right)^2 - \frac{225}{4}\right] cm^3$$

Der Graph zur Funktion V(x) ist eine nach unten geöffnete Parabel mit dem Scheitel $S\left(\frac{5}{2} \mid \frac{3\,375}{4}\right)$.

Für $x = \frac{5}{2}$ nimmt das Volumen den größten Wert $V_{max} = 843{,}75\ cm^3$ an.

Bedingung: $V' = \frac{1}{2} V_{max}$

$$15 \cdot (-x^2 + 5x + 50)\ cm^3 = \frac{1}{2} \cdot \frac{3\,375}{4}\ cm^3$$

$$\Leftrightarrow \quad x^2 - 5x - \frac{175}{8} = 0$$

$$\Leftrightarrow \quad x_{1/2} = \frac{5 \pm \sqrt{25 + \frac{175}{2}}}{2}$$

$$\Leftrightarrow \quad x_{1/2} = \frac{5 \pm \sqrt{\frac{225}{2}}}{2}$$

$\mathbb{L} = \{7{,}80; -2{,}80\}$

Lösung: $x_1 = 7{,}80$ ($x_2 = -2{,}8$ kommt als Lösung nicht infrage, da $x_2 \notin \mathbb{D}$)

22.3 Bedingung: Es soll die Belegung für x gefunden werden, für die V(x) = O(x) ist. Gesucht ist also die Lösungsmenge der folgenden Gleichung:

$$15 \cdot (-x^2 + 5x + 50) = 2 \cdot (-x^2 + 5x + 275)$$

$$\Leftrightarrow \quad x^2 - 5x - \frac{200}{13} = 0$$

$$\Leftrightarrow \quad x_{1/2} = \frac{5 \pm \sqrt{25 + 4 \cdot \frac{200}{13}}}{2}$$

Da die Diskriminante der quadratischen Gleichung größer als null ist, gibt es Quader, für die die Maßzahlen von Volumen und Oberfläche gleich sind.

$\mathbb{L} = \{7{,}15; -2{,}15\} \Rightarrow$ Lösung $x_1 = 7{,}15$ ($x_2 \notin \mathbb{D}$)

Für x = 7,15 stimmen die Maßzahlen von Volumen und Oberfläche des zugehörigen Quaders überein:

$V = 519\ cm^3$

$O = 519\ cm^2$

22.4 Für $x = \frac{5}{2}$ besitzt der zugehörige Quader das größte Volumen V_{max}.

Es ist also zu prüfen, ob für diese Belegung von x auch die Oberfläche des Quaders maximal wird.

$O(x) = 2 \cdot (-x^2 + 5x + 275)\ cm^2$

$$O(x) = -2 \cdot \left[x^2 - 5x + \frac{25}{4} - 275 - \frac{25}{4}\right] cm^2$$

$$O(x) = -2 \cdot \left[\left(x - \frac{5}{2}\right)^2 - \frac{1125}{4}\right] cm^2$$

Der Graph von O(x) ist eine nach unten geöffnete Parabel mit dem Scheitel $S'\left(\frac{5}{2} \middle| \frac{1125}{2}\right)$.

Für $x = \frac{5}{2}$ sind sowohl Volumen als auch Oberfläche des zugehörigen Quaders am größten:

$V_{max} = 843{,}75\ cm^3$

$O_{max} = 562{,}50\ cm^2$

22.5

x in cm	0	1	2	3	4	5	6	7	8	9	10
V(x) in cm^3	750	810	840	840	810	750	660	540	390	210	0
O(x) in cm^2	550	558	562	562	558	550	538	522	502	478	450

22.6

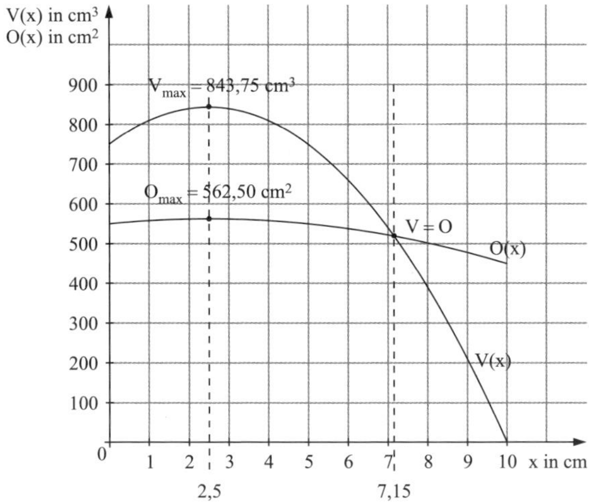

(verkleinerte Darstellung im Maßstab 1 : 2)

22.7 Die Graphen von V(x) und O(x) besitzen für $0 < x < 10$ genau einen Schnittpunkt. Deshalb gibt es genau einen Wert von x, für den die Maßzahlen von Volumen und Oberfläche des zugehörigen Quaders gleich sind. Die Werte für x, V und O können der grafischen Darstellung (ungefähr) entnommen werden.

Die Graphen von V(x) und O(x) sind nach unten geöffnete Parabeln. Die Scheitel beider Parabeln haben die gleiche Abszisse x = 2,5. Volumen und Oberfläche nehmen somit für x = 2,5 jeweils den größten Wert an. Die Ordinaten der Parabelscheitel geben dann V_{max} und O_{max} an, deren Werte aus der grafischen Darstellung (ungefähr) abgelesen werden können.

23.1 $V = V_{Würfel} + 2 \cdot V_{Prisma}$

$$V = a^3 + 2 \cdot \left(\frac{1}{2} \cdot a^2 \cdot a\right)$$

$$V = 2a^3$$

$$V = 432\ cm^3$$

$$O = \left(2 \cdot \frac{1}{2} \cdot a^2 + a^2\right) + (3 \cdot a^2) + \left(2 \cdot \frac{1}{2} \cdot a^2 + a^2\right) + (2 \cdot a\sqrt{2} \cdot a + a^2)$$

$$O = (8 + 2\sqrt{2}) \cdot a^2$$

$$O = 389{,}82\ cm^2$$

23.2 Ergänzt man die Achsenschnittfigur des Körpers zu einem Dreieck, so ergibt sich ein gleichschenklig-rechtwinkliges Dreieck mit der Basislänge 3a und der Höhe $\frac{3}{2}a$.

Das Volumen des Kegelstumpfs erhält man, indem man vom Volumen des großen Kegels $\left(\text{Radius } \frac{3}{2}a, \text{ Höhe } \frac{3}{2}a\right)$ das Volumen des kleinen Kegels $\left(\text{Radius } \frac{1}{2}a,\right.$ $\left.\text{Höhe } \frac{1}{2}a\right)$ subtrahiert.

$$V_{Kegelstumpf} = \frac{1}{3} \cdot \pi \cdot \left(\frac{3}{2}a\right)^2 \cdot \frac{3}{2}a - \frac{1}{3} \cdot \pi \cdot \left(\frac{1}{2}a\right)^2 \cdot \frac{1}{2}a$$

$$V_{Kegelstumpf} = \frac{13}{12}\pi \cdot a^3$$

$$V_{Kegelstumpf} = 735{,}13\ cm^3$$

24.1 $V(x) = (12 - x)\ cm \cdot (6 + x)\ cm \cdot 10\ cm$

$V(x) = 10 \cdot (-x^2 + 6x + 72)\ cm^3$

24.2 Quadratische Ergänzung:

$V(x) = -10 \cdot [x^2 - 6x + 9 - 72 - 9]\ cm^3$

$V(x) = -10 \cdot [(x - 3)^2 - 81]\ cm^3$

$V(x) = [-10 \cdot (x - 3)^2 + 810]\ cm^3$

Der Graph zu V(x) ist eine nach unten geöffnete Parabel mit dem Scheitel S(3 | 810). Für x = 3 besitzt der zugehörige Quader das größte Volumen $V_{max} = 810\ cm^3$.

24.3 $O(x) = 2 \cdot (12 - x)\ cm \cdot (6 + x)\ cm + 2 \cdot (12 - x)\ cm \cdot 10\ cm + 2 \cdot (6 + x)\ cm \cdot 10\ cm$

$O(x) = (-2x^2 + 12x + 504)\ cm^2$

$O(x) = 2 \cdot (-x^2 + 6x + 252)\ cm^2$

Gesucht ist die Belegung von x, für die der zugehörige Quader eine Oberfläche von 490 cm^2 hat.

$$2 \cdot (-x^2 + 6x + 252)\ cm^2 = 490\ cm^2$$

$$\Leftrightarrow \quad -2x^2 + 12x + 504 = 490$$

$$\Leftrightarrow \quad x^2 - 6x - 7 = 0$$

$$\Leftrightarrow \quad x_{1/2} = \frac{6 \pm \sqrt{36 + 28}}{2}$$

$$\Leftrightarrow \quad x_{1/2} = \frac{6 \pm 8}{2}$$

$\mathbb{L} = \{7; -1\}$

Da $x_2 = -1$ nicht zur Definitionsmenge gehört, gibt es genau einen Quader mit der angegebenen Oberfläche. Für $x_1 = 7$ gilt $O(x_1) = 490\ cm^2$.

25.1 Schrägbild der Pyramide:

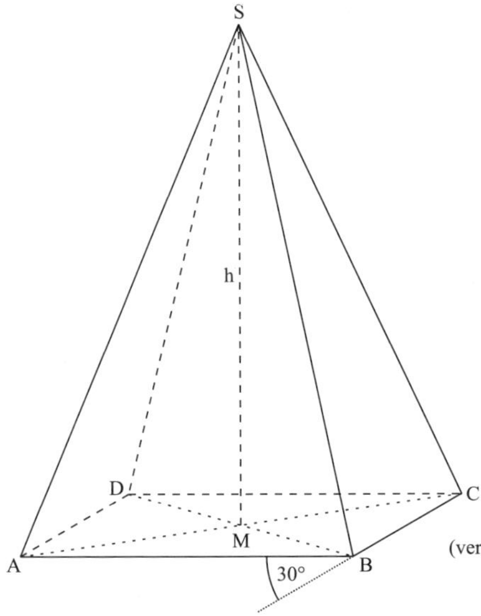

(verkleinerte Darstellung im Maßstab 1 : 2)

25.2 $V = \frac{1}{3} \cdot G \cdot h$

$$V = \frac{1}{3} \cdot 8\ cm \cdot 6\ cm \cdot 12\ cm$$

$$V = 192\ cm^3$$

Bezeichnet E den Mittelpunkt der Rechtecksseite [AB] und F den Mittelpunkt der Rechtecksseite [BC], dann stellen [SE] und [SF] die Höhen der Seitendreiecke ABS und BCS dar.

Im Dreieck MES gilt:

$$\overline{SE}^2 = \overline{MS}^2 + \left(\frac{1}{2} \cdot \overline{BC}\right)^2$$

$$\overline{SE}^2 = 144\ cm^2 + 9\ cm^2$$

$$\overline{SE}^2 = 153\ cm^2$$

$$\overline{SE} = \sqrt{153}\ cm$$

Im Dreieck MFS gilt:

$$\overline{SF}^2 = \overline{MS}^2 + \left(\frac{1}{2} \cdot \overline{AB}\right)^2$$

$$\overline{SF}^2 = 144\ cm^2 + 16\ cm^2$$

$$\overline{SF}^2 = 160\ cm^2$$

$$\overline{SF} = \sqrt{160}\ cm$$

$$M = 2 \cdot A_{\Delta ABS} + 2 \cdot A_{\Delta BCS}$$

$$M = 2 \cdot \frac{1}{2} \cdot \overline{AB} \cdot \overline{SE} + 2 \cdot \frac{1}{2} \cdot \overline{BC} \cdot \overline{SF}$$

$$M = 2 \cdot \frac{1}{2} \cdot 8\ cm \cdot \sqrt{153}\ cm + 2 \cdot \frac{1}{2} \cdot 6\ cm \cdot \sqrt{160}\ cm$$

$$M = 174{,}85\ cm^2$$

$$O = M + A_{ABCD}$$

$$O = 174{,}85\ cm^2 + 48\ cm^2$$

$$O = 222{,}85\ cm^2$$

26.1 **Einbeschriebener Kreiszylinder**

Radius: $r = 4$ cm

Volumen:

$V = \pi \cdot r^2 \cdot h$

$V = \pi \cdot (4\ cm)^2 \cdot 12\ cm$

$V = 192\pi\ cm^3$ $(603{,}19\ cm^3)$

Mantelfläche:

$M = 2 \cdot r \cdot \pi \cdot h$

$M = 2 \cdot \pi \cdot 4\ cm \cdot 12\ cm$

$M = 96\pi\ cm^2$ $(301{,}59\ cm^2)$

Umbeschriebener Kreiszylinder

Radius: $R = 4 \cdot \sqrt{2}$ cm

Volumen:

$V = \pi \cdot R^2 \cdot h$

$V = \pi \cdot (4 \cdot \sqrt{2}\ cm)^2 \cdot 12\ cm$

$V = 384\pi\ cm^3$ $(1\,206{,}37\ cm^3)$

Mantelfläche:
$M = 2 \cdot R \cdot \pi \cdot h$
$M = 2 \cdot \pi \cdot 4 \cdot \sqrt{2}\ cm \cdot 12\ cm$
$M = 96 \cdot \sqrt{2}\pi\ cm^2$ $(426{,}52\ cm^2)$

26.2 $G \cdot h = 1\,000\ cm^3$

$$h = \frac{1\,000\ cm^3}{16 \cdot \pi\ cm^2}$$

$h = 19{,}89\ cm$

27 Umfang des Zylinders:
$u = 2 \cdot r \cdot \pi$

$$r = \frac{u}{2\pi}$$

Volumen des Zylinders:

$$V = \left(\frac{u}{2\pi}\right)^2 \cdot \pi \cdot h$$

1. Möglichkeit:
$u_1 = 29{,}6\ cm$
$h_1 = 21{,}1\ cm$
$V_1 = 1\,471{,}15\ cm^3$

2. Möglichkeit:
$u_2 = 21{,}1\ cm$
$h_2 = 29{,}6\ cm$
$V_2 = 1\,048{,}69\ cm^3$

Der Zylinder, den man erhält, wenn man das Blatt entlang der langen Seite aufrollt, hat das größere Volumen.

28 $r = 4\ cm$ $h = 5\ cm$

Volumen:
$V = (4\ cm)^2 \cdot \pi \cdot 5\ cm$
$V = 80\pi\ cm^3$ $(251{,}33\ cm^3)$

Mantelfläche:
$M = 2 \cdot 4\ cm \cdot \pi \cdot 5\ cm$
$M = 40\pi\ cm^2$ $(125{,}66\ cm^2)$

Oberfläche:
$O = M + 2 \cdot \pi \cdot (4\ cm)^2$
$O = 72\pi\ cm^2$ $(226{,}19\ cm^2)$

29.1 Grundfläche der Pyramide ist das Quadrat ABCD mit der Seitenlänge $b = c = 6$ cm, die Höhe der Pyramide ist $\frac{a}{2} = 6$ cm.

$$V_{\text{Körper}} = 2 \cdot V_{\text{Pyramide}}$$

$$V_{\text{Körper}} = 2 \cdot \frac{1}{3} \cdot (6\text{ cm})^2 \cdot 6\text{ cm}$$

$$V_{\text{Körper}} = 144\text{ cm}^3$$

29.2 Länge der Seitenkanten:

$$s^2 = \left[\frac{1}{2} \cdot \sqrt{b^2 + c^2}\right]^2 + \left(\frac{a}{2}\right)^2$$

$$s^2 = \left[\frac{1}{4} \cdot (36 + 36) + 36\right]\text{cm}^2$$

$$s^2 = 54\text{ cm}^2$$

$$s = 3\sqrt{6}\text{ cm} \quad (7{,}35\text{ cm})$$

Die Oberfläche der Pyramide besteht aus acht gleichschenkligen Dreiecken mit der Basis $b = c$ und dem Schenkel s.

Höhe eines Dreiecks:

$$h^2 = s^2 - \left(\frac{b}{2}\right)^2$$

$$h^2 = (54 - 9)\text{ cm}^2$$

$$h = 3\sqrt{5}\text{ cm} \quad (6{,}71\text{ cm})$$

Oberfläche des Körpers:

$$O = 8 \cdot \frac{1}{2} \cdot b \cdot h$$

$$O = 8 \cdot \frac{1}{2} \cdot 6\text{ cm} \cdot 3\sqrt{5}\text{ cm}$$

$$O = 72\sqrt{5}\text{ cm}^2 \quad (161{,}00\text{ cm}^2)$$

29.3
$$V_{\text{Körper}}(x) = 2 \cdot \frac{1}{3} \cdot x^2 \cdot x\text{ cm}^3$$

$$V_{\text{Körper}}(x) = \frac{2}{3}x^3\text{ cm}^3$$

29.4 Höhe einer Pyramide:

$$h^2 = s^2 - \left(\frac{\sqrt{2}}{2} \cdot s\right)^2$$

$$h = \frac{\sqrt{2}}{2} \cdot s$$

Volumen des Oktaeders:

$$V = 2 \cdot \frac{1}{3} \cdot s \cdot s \cdot \frac{\sqrt{2}}{2} \cdot s$$

$$V = \frac{\sqrt{2}}{3} \cdot s^3$$

30.1.1 Volumen:
$V = \pi \cdot r^2 \cdot h$
$V = \pi \cdot (10\ cm)^2 \cdot 4\ cm$
$V = 400\pi\ cm^3$ $(1\,256{,}64\ cm^3)$

Mantelfläche:
$M = 2 \cdot \pi \cdot r \cdot h$
$M = 2 \cdot \pi \cdot 10\ cm \cdot 4\ cm$
$M = 80\pi\ cm^2$ $(251{,}33\ cm^2)$

30.2.1 $M(x) = 2 \cdot \pi \cdot r(x) \cdot h(x)$
$M(x) = 2 \cdot \pi \cdot (10 - x)\ cm \cdot (4 + x)\ cm$
$M(x) = 2\pi \cdot (-x^2 + 6x + 40)\ cm^2$

30.2.2 Quadratische Ergänzung:
$M(x) = -2\pi \cdot [x^2 - 6x - 40]\ cm^2$
$M(x) = -2\pi \cdot [x^2 - 6x + 9 - 40 - 9]\ cm^2$
$M(x) = -2\pi \cdot [(x - 3)^2 - 49]\ cm^2$
$M(x) = -[2\pi \cdot (x - 3)^2 + 98\pi]\ cm^2$

Der Graph von M(x) ist eine nach unten geöffnete Parabel mit dem Scheitel $S(3 \mid 98\pi)$. Für $x = 3$ hat der zugehörige Zylinder die größte Mantelfläche $M_{max} = 98\pi\ cm^2$ $(307{,}88\ cm^2)$.

30.2.3 Axialschnitt des Zylinders ist das Rechteck mit den Seitenlängen $2 \cdot (10 - x)$ cm und $(4 + x)$ cm.

Flächeninhalt des Rechtecks:
$A(x) = 2 \cdot (10 - x) \cdot (4 + x)\ cm^2$

Das bedeutet:
$M(x) = \pi \cdot A(x)$
Die Graphen von M(x) und A(x) haben dieselbe Scheitelabszisse $x = 3$; für $x = 3$ werden Mantelfläche und Fläche des Axialschnitts maximal.

30.3.1 $V(x) = \pi \cdot r(x)^2 \cdot h(x)$
$V(x) = \pi \cdot (10 - x)^2 \cdot (4 + x)\ cm^3$
$V(x) = \pi \cdot (x^3 - 16x^2 + 20x + 400)\ cm^3$

30.3.2

x in cm	0	1	2	3	4	5	6	7	8	9	10
V(x) in cm^3	400π	405π	384π	343π	288π	225π	160π	99π	48π	13π	0

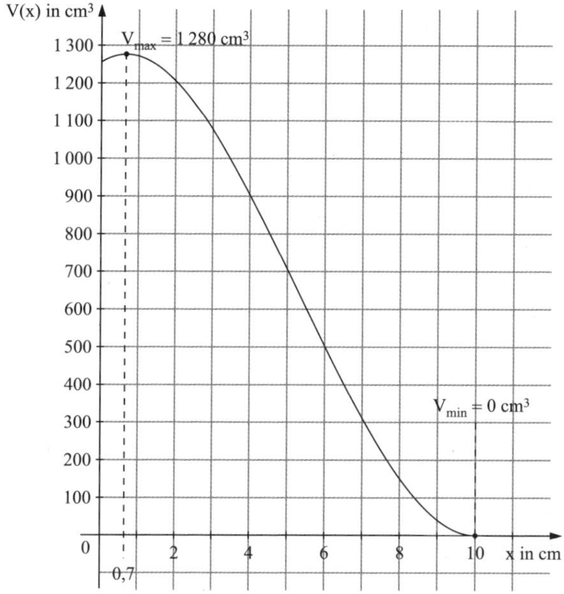

30.3.3 $V_{min} = 0\ cm^3$ für $x = 10$

$V_{max} = 1\,280\ cm^3$ für $x = 0{,}7$ $\left(\text{genau: für } x = \frac{2}{3}\right)$

30.3.4 Der Zylinder mit der größten Mantelfläche $M_{max} = 98\pi\ cm^2$ ergibt sich für x = 3 (vgl. 30.2.2).
Das zugehörige Volumen $V(3) = 343\pi$ (1 077,57 cm^3) kann für x = 3 aus der Tabelle in 30.3.2 abgelesen werden.

30.3.5 x ist so zu bestimmen, dass $M(x) = 0{,}5 \cdot M$, mit $M = 80\pi\ cm^2$, ist.

$$2\pi \cdot (-x^2 + 6x + 40)\ cm^2 = 0{,}5 \cdot 80\pi\ cm^2$$

$$\Leftrightarrow \quad -x^2 + 6x + 40 = 20$$

$$\Leftrightarrow \quad x^2 - 6x - 20 = 0$$

$$\Leftrightarrow \quad x_{1/2} = \frac{6 \pm \sqrt{36 + 80}}{2}$$

$$\Leftrightarrow \quad x_{1/2} = \frac{6 \pm 10{,}77}{2}$$

$\mathbb{L} = \{8{,}39; -2{,}39\}$

Da $x_2 = -2{,}39 \notin [0; 10]$, gibt es genau einen Zylinder, der die angegebene Bedingung erfüllt. Der zu $x_1 = 8{,}39$ gehörige Zylinder hat die Mantelfläche $40\pi\ \text{cm}^2$ ($125{,}66\ \text{cm}^2$).

31.1 Schrägbild für $a = 6$ cm:

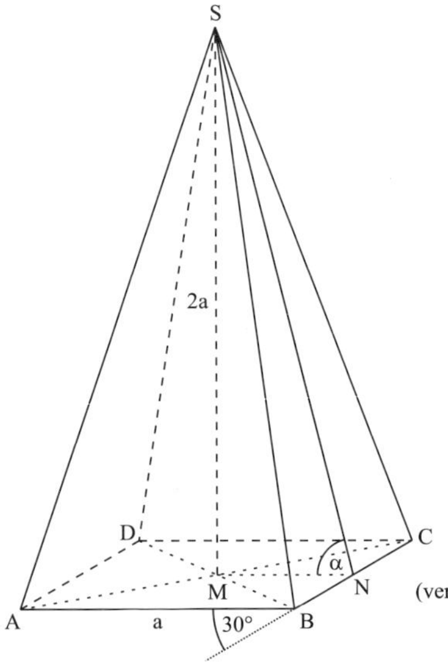

(verkleinerte Darstellung im Maßstab 1 : 2)

31.2 Länge der Diagonalen [BD]:

$$\overline{BD}^2 = a^2 + a^2$$

$$\overline{BD} = a \cdot \sqrt{2}$$

Berechnung von $\overline{SB}$ im Dreieck MBS:

$$\overline{SB}^2 = \overline{MS}^2 + \overline{MB}^2$$

$$s(a)^2 = (2a)^2 + \left(\frac{1}{2}a\sqrt{2}\right)^2$$

$$s(a)^2 = \frac{9}{2}a^2$$

$$s(a) = \frac{3}{2}\sqrt{2}a$$

Sei N der Mittelpunkt der Seitenkante [BC].
Berechnung der Höhe im Dreieck BCS:

$$\overline{NS}^2 = \overline{MS}^2 + \overline{MN}^2$$

$$\overline{NS}^2 = (2a)^2 + \left(\frac{a}{2}\right)^2$$

$$\overline{NS}^2 = \frac{17}{4}a^2$$

$$\overline{NS} = \frac{\sqrt{17}}{2}a$$

Flächeninhalt eines Seitendreiecks (BCS):

$$S(a) = \frac{1}{2} \cdot a \cdot \frac{\sqrt{17}}{2} \cdot a$$

$$S(a) = \frac{\sqrt{17}}{4} \cdot a^2$$

31.3 Berechnung des Neigungswinkels α im Dreieck MNS:

$$\tan\alpha = \frac{\overline{MS}}{\overline{MN}}$$

$$\tan\alpha = \frac{2a}{\frac{a}{2}}$$

$$\tan\alpha = 4$$

$$\alpha = 75{,}96°$$

Da die Bestimmungsgleichung für den Winkel α die Größe a nicht enthält, ist das Maß des Neigungswinkels unabhängig von a.

31.4 Oberfläche der Pyramide:

$$O = 4 \cdot A_{\Delta BCS} + A_{\text{Quadrat ABCD}}$$

$$O(a) = 4 \cdot \frac{\sqrt{17}}{4}a^2 + a^2$$

$$O(a) = a^2(\sqrt{17} + 1)$$

Bedingung:

$$O(a) = 36 \cdot (\sqrt{17} - 1)\ \text{cm}^2$$

$$a^2(\sqrt{17} + 1) = 36 \cdot (\sqrt{17} - 1)\ \text{cm}^2$$

$$a^2 = \frac{36 \cdot (\sqrt{17} - 1) \cdot (\sqrt{17} - 1)}{(\sqrt{17} + 1) \cdot (\sqrt{17} - 1)}\ \text{cm}^2$$

$$a^2 = \frac{36 \cdot (18 - 2\sqrt{17})}{16}\ \text{cm}^2$$

$$a = \frac{3}{2}\sqrt{18 - 2\sqrt{17}}\ \text{cm}$$

$$a = 4{,}68\ \text{cm}$$

31.5 $V = \frac{1}{3} \cdot G \cdot h$

$V(a) = \frac{1}{3} \cdot a^2 \cdot 2a$

$V(a) = \frac{2}{3} \cdot a^3$

$a = 6$ cm:

$V(6) = \frac{1}{3} \cdot 36 \cdot 12 \text{ cm}^3$

$V(6) = 144 \text{ cm}^3$

$V(a) = 486 \text{ cm}^3$

$\frac{2}{3} a^3 = 486 \text{ cm}^3$

$a^3 = 729 \text{ cm}^3$

$a = 9 \text{ cm}$

32.1 Schrägbild:

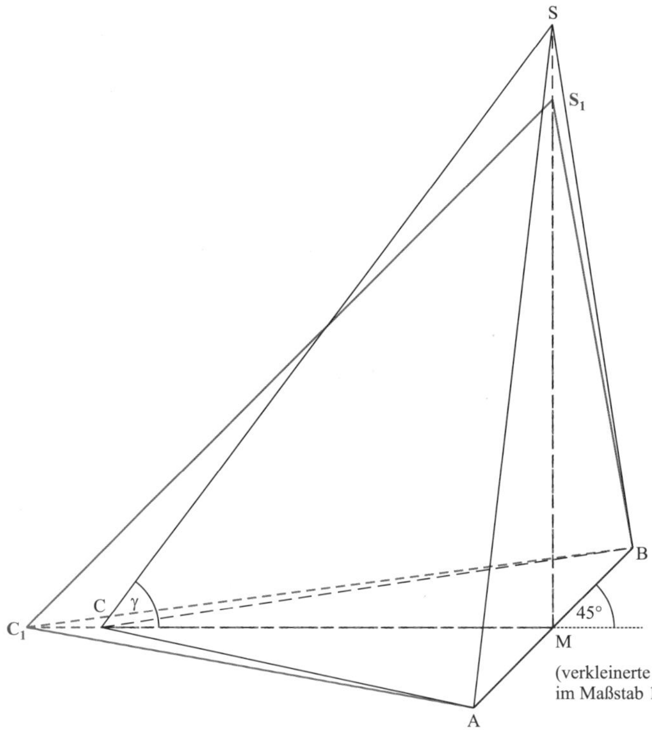

(verkleinerte Darstellung im Maßstab 1 : 2)

32.2 Maß γ des Winkels MCS:

$$\tan\gamma = \frac{\overline{MS}}{\overline{MC}}$$

$$\tan\gamma = \frac{16\text{ cm}}{12\text{ cm}}$$

$$\tan\gamma = \frac{4}{3}$$

$$\gamma = 53{,}13°$$

Länge der Seitenkante [CS]:

$$\overline{CS}^2 = \overline{MC}^2 + \overline{MS}^2$$

$$\overline{CS}^2 = (12\text{ cm})^2 + (16\text{ cm})^2$$

$$\overline{CS}^2 = 400\text{ cm}^2$$

$$\overline{CS} = 20\text{ cm}$$

32.3 Volumen:

$$V = \frac{1}{3}\cdot\left(\frac{1}{2}\cdot\overline{AB}\cdot\overline{MC}\right)\cdot\overline{MS}$$

$$V = \frac{1}{3}\cdot\frac{1}{2}\cdot 12\text{ cm}\cdot 12\text{ cm}\cdot 16\text{ cm}$$

$$V = 384\text{ cm}^3$$

Oberfläche:

$$O = A_{\Delta ABC} + 2\cdot A_{\Delta ACS} + A_{\Delta ABS}$$

Für das Dreieck ACS müssen die Länge der Grundlinie [AC] und die Länge der Höhe [FS] bestimmt werden. (F sei der Fußpunkt des Lotes von S auf [AC].)

$$\overline{AC}^2 = \overline{MC}^2 + \overline{AM}^2$$

$$\overline{AC} = \sqrt{180}\text{ cm}$$

$$\overline{AS}^2 = \overline{MS}^2 + \overline{AM}^2$$

$$\overline{AS} = \sqrt{292}\text{ cm}$$

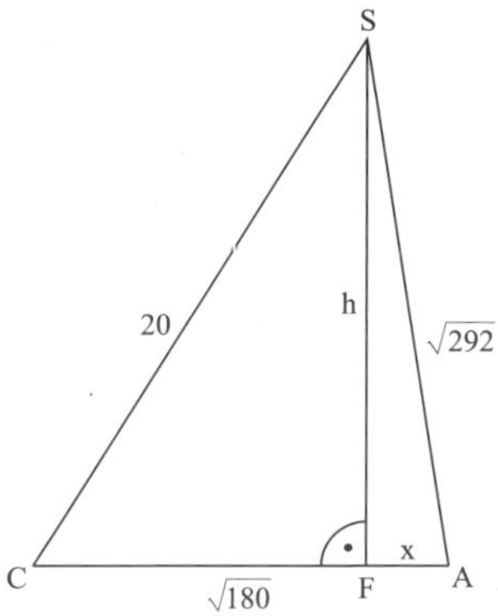

ΔFAS:

$$h^2 = 292 - x^2$$

ΔCFS:

$$h^2 = 400 - (\sqrt{180} - x)^2$$

$$292 - x^2 = 400 - (180 - 2\cdot\sqrt{180}\cdot x + x^2)$$

$$2\cdot\sqrt{180}\cdot x = 72$$

$$x = 2{,}68\text{ cm}$$

$h^2 = (292 - 2{,}68^2)\ cm^2$
$h = 16{,}88\ cm$

$$O = \frac{1}{2} \cdot \overline{AB} \cdot \overline{MC} + 2 \cdot \frac{1}{2} \cdot \overline{AC} \cdot h + \frac{1}{2} \cdot \overline{AB} \cdot \overline{MS}$$

$$O = \frac{1}{2} \cdot 12\ cm \cdot 12\ cm + \sqrt{180}\ cm \cdot 16{,}88\ cm + \frac{1}{2} \cdot 12\ cm \cdot 16\ cm$$

$$O = 394{,}47\ cm^2$$

32.4 Einzeichnen des Schrägbilds der Pyramide ABC_1S_1 für $x = 2$

32.5

$$V = \frac{1}{3} \cdot G \cdot h$$

$$V(x) = \frac{1}{3} \cdot \frac{1}{2} \cdot \overline{AB} \cdot \overline{MC_n}(x) \cdot \overline{MS_n}(x)$$

$$V(x) = \frac{1}{3} \cdot \frac{1}{2} \cdot 12\ cm \cdot (12 + x)\ cm \cdot (16 - x)\ cm$$

$$V(x) = 2 \cdot (-x^2 + 4x + 192)\ cm^3$$

32.6 Quadratische Ergänzung:

$V(x) = -2 \cdot [x^2 - 4x + 4 - 192 - 4]\ cm^3$
$V(x) = -2 \cdot [(x - 2)^2 - 196]\ cm^3$

Der Graph von $V(x)$ ist eine nach unten geöffnete Parabel mit dem Scheitel $S(2\,|\,392)$.
Für $x = 2$ hat die zugehörige Pyramide das größte Volumen $V_{max} = 392\ cm^3$.

Berechnung des Maßes γ_2 des Winkels MC_2S_2 für $x = 2$ im Dreieck MC_2S_2:

$$\tan \gamma_2 = \frac{\overline{MS_2}}{\overline{MC_2}}$$

$$\tan \gamma_2 = \frac{(16 - 2)\ cm}{(12 + 2)\ cm}$$

$$\tan \gamma_2 = 1$$

$$\gamma_2 = 45°$$

32.7 Die Belegung von x ist so zu bestimmen, dass $V(x) = \frac{1}{2} \cdot V$ ist.

$$2 \cdot (-x^2 + 4x + 192)\ cm^3 = \frac{1}{2} \cdot 384\ cm^3$$

$$\Leftrightarrow \quad x^2 - 4x - 96 = 0$$

$$\Leftrightarrow \quad x_{1/2} = \frac{4 \pm \sqrt{16 + 384}}{2}$$

$$\Leftrightarrow \quad x_{1/2} = \frac{4 \pm 20}{2}$$

$\mathbb{L} = \{12; -8\}$

Für $x_1 = 12$ beträgt das Volumen $V = 192\ cm^3$ ($x_2 = -8 \notin\ ]0; 16[$).

33.1 Schrägbilder der Pyramiden ABCS und $A_1B_1CS_1$:

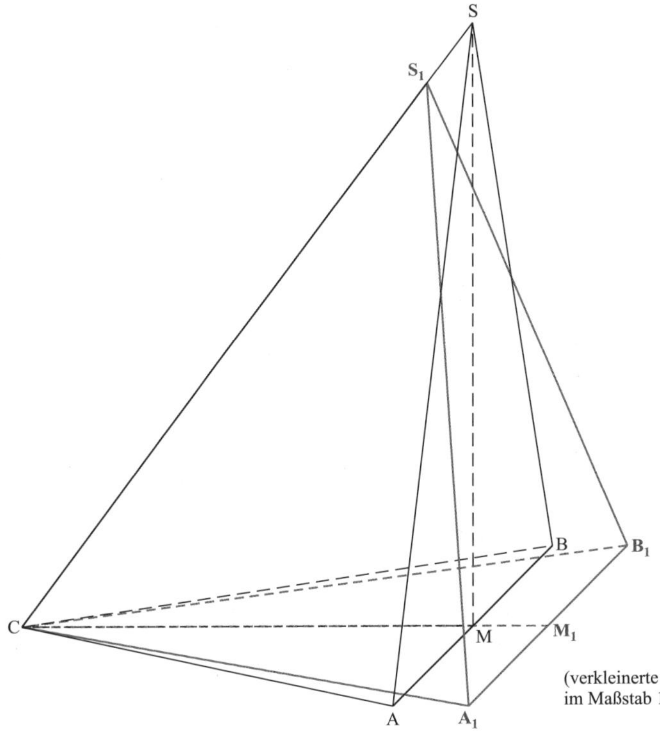

(verkleinerte Darstellung im Maßstab 1 : 2)

33.2 $\mathbb{D} = \{x \mid 0 \leq x \leq \overline{CS};\ x \in \mathbb{R}^+\}$, wobei $\overline{CS} = 20\ cm$ (siehe Aufgabe 32.2).

33.3 Das Maß des Winkels M_2CS_2 beträgt 53,13° (siehe Aufgabe 32.2).
Das Dreieck CM_2S_2 ist bei S_2 rechtwinklig, wenn gilt:

$$\cos 53{,}13° = \frac{(20 - x)\ cm}{(12 + x)\ cm}$$

$$0{,}60 \cdot (12 + x) = (20 - x)$$

$$1{,}60x = 12{,}8$$

$$x = 8$$

Für $x = 8$ ist das Maß des Winkels CS_2M_2 gleich 90°.

33.4 $V(x) = \frac{1}{3} \cdot G(x) \cdot h(x)$

Grundfläche der Pyramide ist das Dreieck A_nB_nC mit der Grundlinie $[A_nB_n]$ und der Höhe $[CM_n]$.

$$G(x) = \frac{1}{2} \cdot 12 \text{ cm} \cdot (12 + x) \text{ cm}$$

Die Höhe h der Pyramide erhält man mithilfe des Vierstreckensatzes:

$$\frac{h(x)}{\overline{MS}} = \frac{\overline{CS_n}}{\overline{CS}}$$

$$h(x) = 16 \text{ cm} \cdot \frac{(20 - x) \text{ cm}}{20 \text{ cm}}$$

$$h(x) = \frac{4}{5} \cdot (20 - x) \text{ cm}$$

$$V(x) = \frac{1}{3} \cdot \frac{1}{2} \cdot 12 \text{ cm} \cdot (12 + x) \text{ cm} \cdot \frac{4}{5} \cdot (20 - x) \text{ cm}$$

$$V(x) = \frac{8}{5} \cdot (-x^2 + 8x + 240) \text{ cm}^3$$

33.5 Quadratische Ergänzung:

$$V(x) = -\frac{8}{5} \cdot [x^2 - 8x + 16 - 240 - 16] \text{ cm}^3$$

$$V(x) = -\frac{8}{5} \cdot [(x - 4)^2 - 256] \text{ cm}^3$$

Der Graph von V(x) ist eine nach unten geöffnete Parabel mit dem Scheitel $S\left(4 \,\middle|\, \frac{2\,048}{5}\right)$.

Für x = 4 hat die zugehörige Pyramide das größte Volumen $V_{max} = \frac{2\,048}{5} \text{ cm}^3$ ($409{,}60 \text{ cm}^3$).

33.6 Bedingung: $V(x) = 384 \text{ cm}^3$ (siehe Aufgabe 32.3)

$$\frac{8}{5} \cdot (-x^2 + 8x + 240) \text{ cm}^3 = 384 \text{ cm}^3$$

$$\Leftrightarrow \quad -x^2 + 8x + 240 = 240$$

$$\Leftrightarrow \quad x^2 - 8x = 0$$

$$\Leftrightarrow \quad x(x - 8) = 0 \qquad \mathbb{L} = \{0; 8\}$$

$x_1 = 0$: Hierbei handelt es sich um die Ausgangspyramide ABCS aus 32.1.

$x_2 = 8$: Hierbei handelt es sich um die Pyramide aus 33.3, für die $[SM] \perp [SC]$ ist. Diese Pyramide hat das gleiche Volumen wie die Pyramide ABCS.

34.1 Schrägbild der Pyramide ABCDS:

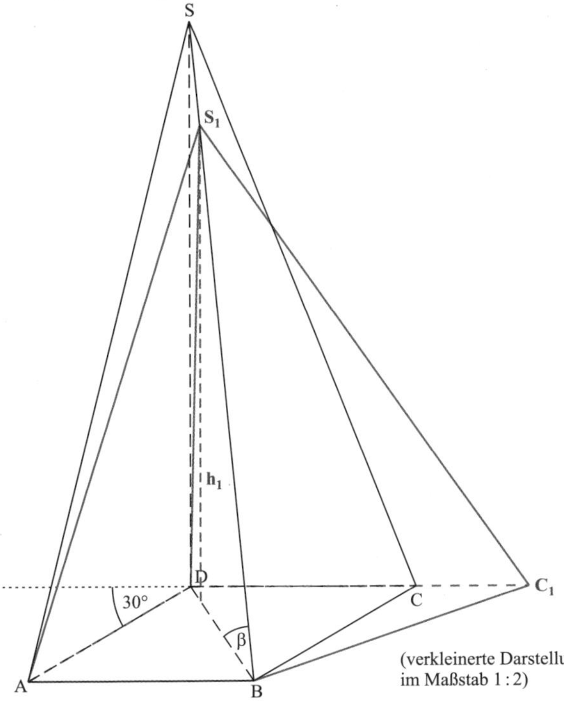

(verkleinerte Darstellung im Maßstab 1 : 2)

34.2 Berechnung der Länge $\overline{BS}$ mit dem Satz des Pythagoras im rechtwinkligen Dreieck DBS:

$$\overline{BS}^2 = \overline{DS}^2 + \overline{DB}^2 \quad \text{wobei } \overline{DB}^2 = \overline{AB}^2 + \overline{AD}^2$$

$$\overline{BS}^2 = (15\text{ cm})^2 + (36 + 100)\text{ cm}^2$$

$$\overline{BS}^2 = 361\text{ cm}^2$$

$$\overline{BS} = 19\text{ cm}$$

Maß des Winkels DBS:

$$\sin\beta = \frac{\overline{DS}}{\overline{BS}}$$

$$\sin\beta = \frac{15\text{ cm}}{19\text{ cm}}$$

$$\beta = 52{,}14°$$

34.3 $V = \frac{1}{3} \cdot G \cdot h$

$V = \frac{1}{3} \cdot \overline{AB} \cdot \overline{AD} \cdot \overline{DS}$

$V = \frac{1}{3} \cdot 6\ \text{cm} \cdot 10\ \text{cm} \cdot 15\ \text{cm}$

$V = 300\ \text{cm}^3$

34.4 Einzeichnen des Schrägbilds der Pyramide ABC_1DS_1 für $x = 3$

34.5 Vierstreckensatz ($\Delta F_nBS_n \sim \Delta DBS$):

$$\frac{h_n(x)}{\overline{BS_n}} = \frac{\overline{DS}}{\overline{BS}}$$

$$\frac{h_n(x)}{(19 - x)\ \text{cm}} = \frac{15\ \text{cm}}{19\ \text{cm}}$$

$$h_n(x) = \left(15 - \frac{15}{19} \cdot x\right) \text{cm}$$

Grundfläche der Pyramide ABC_nDS_n:

$$G = A_{ABCD} + A_{BC_nC}$$

$$G(x) = 6\ \text{cm} \cdot 10\ \text{cm} + \frac{1}{2} \cdot 10\ \text{cm} \cdot x\ \text{cm}$$

$$G(x) = (60 + 5x)\ \text{cm}^2$$

Volumen der Pyramide ABC_nDS_n:

$$V(x) = \frac{1}{3} \cdot G(x) \cdot h_n(x)$$

$$V(x) = \frac{1}{3} \cdot (60 + 5x) \cdot \frac{15}{19} \cdot (19 - x)\ \text{cm}^3$$

$$V(x) = \frac{5}{19} \cdot (-5x^2 + 35x + 1140)\ \text{cm}^3$$

$$V(x) = \frac{25}{19} \cdot (-x^2 + 7x + 228)\ \text{cm}^3$$

34.6 Quadratische Ergänzung:

$$V(x) = -\frac{25}{19} \cdot \left(x^2 - 7x + \left(\frac{7}{2}\right) - 228 - \left(\frac{7}{2}\right)^2 \right) cm^3$$

$$V(x) = -\frac{25}{19} \cdot \left[\left(x - \frac{7}{2} \right)^2 - \frac{961}{4} \right] cm^3$$

Scheitel $S\left(\frac{7}{2} \,\middle|\, \frac{24\,025}{76}\right)$

Für $x = \frac{7}{2}$ ergibt sich $V_{max} = \frac{24\,025}{76}\, cm^3$ (316,12 cm^3).

34.7 Höhe $h_2(x)$ für $x = \frac{7}{2}$:

$$h_2(3{,}5) = \left(15 - \frac{15}{19} \cdot 3{,}5\right) cm$$

$$h_2(3{,}5) = 12{,}24\ cm$$

Maß β_2 des Winkels F_2BS_2:

$\beta_2 = \beta = 52{,}14°$ (siehe Aufgabe 34.2)

oder:

$$\sin\beta_2 = \frac{h_2(3{,}5)}{\overline{BS_2}}$$

$$\sin\beta_2 = \frac{12{,}24\ cm}{(19 - 3{,}5)\ cm}$$

$$\beta_2 = 52{,}16°$$

34.8 Bedingung: $V(x) = 300\ cm^3$

$$\frac{25}{19} \cdot (-x^2 + 7x + 228)\ cm^3 = 300\ cm^3$$

$$\Leftrightarrow \quad -x^2 + 7x + 228 = 228$$

$$\Leftrightarrow \quad x^2 - 7x = 0$$

$$\Leftrightarrow \quad x(x - 7) = 0 \qquad \mathbb{L} = \{0; 7\}$$

Für $x_2 = 7$ hat die zugehörige Pyramide das gleiche Volumen wie die Ausgangspyramide aus 34.3. Die Lösung $x_1 = 0$ entspricht der Ausgangspyramide ABCDS.

35.1 Länge der Mantellinie:

$$s^2 = h^2 + r^2$$

$$s^2 = 225\ cm^2 + 36\ cm^2$$

$$s = \sqrt{261}\ cm \quad (16{,}16\ cm)$$

Mantelfläche:
$M = \pi \cdot r \cdot s$
$M = \pi \cdot 6\text{ cm} \cdot \sqrt{261}\text{ cm}$
$M = 304{,}52\text{ cm}^2$

Oberfläche:
$O = \pi \cdot r \cdot (r + s)$
$O = \pi \cdot 6\text{ cm} \cdot (6\text{ cm} + \sqrt{261}\text{ cm})$
$O = 417{,}62\text{ cm}^2$

Volumen:
$V = \frac{1}{3} \cdot G \cdot h$
$V = \frac{1}{3} \cdot \pi \cdot (6\text{ cm})^2 \cdot 15\text{ cm}$
$V = 180\,\pi\text{ cm}^3 \quad (565{,}49\text{ cm}^3)$

Mittelpunktswinkel:
$\alpha = 360° \cdot \frac{r}{s}$
$\alpha = 360° \cdot \frac{6\text{ cm}}{\sqrt{261}\text{ cm}}$
$\alpha = 133{,}70°$

Neigungswinkel:
$\tan\varphi = \frac{h}{r}$
$\tan\varphi = \frac{15\text{ cm}}{6\text{ cm}}$
$\tan\varphi = 2{,}5$
$\varphi = 68{,}20°$

35.2 Mantellinie des Kegels: $s = 8\text{ cm}$
Radius des Grundkreises:
$r = \frac{\alpha}{360°} \cdot s$
$r = \frac{120°}{360°} \cdot 8\text{ cm}$
$r = \frac{8}{3}\text{ cm}$

Höhe des Kegels:

$$h^2 = s^2 - r^2$$

$$h^2 = 64\ \text{cm}^2 - \frac{64}{9}\ \text{cm}^2$$

$$h^2 = \frac{512}{9}\ \text{cm}^2$$

$$h = \frac{16}{3}\sqrt{2}\ \text{cm}$$

Volumen des Kegels:

$$V = \frac{1}{3} \cdot \pi \cdot r^2 \cdot h$$

$$V = \frac{1}{3} \cdot \pi \cdot \frac{64}{9}\ \text{cm}^2 \cdot \frac{16}{3}\sqrt{2}\ \text{cm}$$

$$V = \frac{1\,024}{81}\sqrt{2}\ \pi\ \text{cm}^3 \quad (56{,}17\ \text{cm}^3)$$

Oberfläche des Kegels:

$$O = \pi \cdot r \cdot (r + s)$$

$$O = \pi \cdot \frac{8}{3}\ \text{cm} \cdot \left(\frac{8}{3}\ \text{cm} + 8\ \text{cm}\right)$$

$$O = \frac{256}{9}\ \pi\ \text{cm}^2 \quad (89{,}36\ \text{cm}^2)$$

35.3 Für jeden der beiden Kegel ist r = 5 cm und h = 5 cm.

Volumen des Doppelkegels:

$$V = 2 \cdot \frac{1}{3}\pi r^2 \cdot h$$

$$V = 2 \cdot \frac{1}{3} \cdot \pi \cdot (5\ \text{cm}^2) \cdot 5\ \text{cm}$$

$$V = \frac{250}{3}\pi\ \text{cm}^3 \quad (261{,}80\ \text{cm}^3)$$

Mantellinie eines Kegels.

$$s^2 = h^2 + r^2$$

$$s^2 = 25\ \text{cm}^2 + 25\ \text{cm}^2$$

$$s = 5\sqrt{2}\ \text{cm}$$

Oberfläche des Doppelkegels:

$$O = 2 \cdot \pi \cdot r \cdot (r + s)$$

$$O = 2 \cdot \pi \cdot 5\ \text{cm} \cdot (5\ \text{cm} + 5\sqrt{2}\ \text{cm})$$

$$O = 379{,}22\ \text{cm}^2$$

Würfel:
$V_W = 1\,000\ cm^3$
$O_W = 600\ cm^2$

$$\frac{V_W}{V} = \frac{1\,000\ cm^3}{\frac{250}{3}\pi\ cm^3}$$

$$\frac{V_W}{V} = \frac{12}{\pi} = 3{,}82$$

$$\frac{O_W}{O} = \frac{600\ cm^2}{379{,}22\ cm^2}$$

$$\frac{O_W}{O} = 1{,}58$$

36.1 Vierstreckensatz:

$$\frac{h - h(x)}{x} = \frac{h}{r}$$

$$\frac{16\ cm - h(x)}{x} = \frac{16\ cm}{8\ cm}$$

$$h(x) = (-2x + 16)\ cm$$

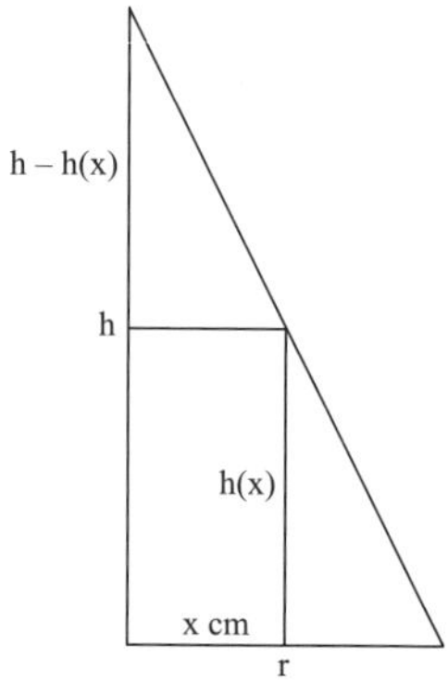

36.2 $0 \le x \le 8;\quad x \in \mathbb{R}^+$

36.3 $M(x) = 2\pi \cdot x \cdot h(x)$
$M(x) = 2\pi \cdot x \cdot (-2x + 16)\ cm^2$
$M(x) = 4\pi \cdot (-x^2 + 8x)\ cm^2$

36.4 Quadratische Ergänzung:
$M(x) = -4\pi \cdot (x^2 - 8x + 16 - 16)\ cm^2$
$M(x) = -4\pi \cdot ((x - 4)^2 - 16)\ cm^2$
Scheitel $(4 \mid 64\pi)$
Für $x = 4 \left(= \frac{r}{2}\right)$ erhält man $M_{max} = 64\pi\ cm^2$.

36.5 $V(x) = \pi \cdot x^2 \cdot h(x)$
$V(x) = \pi \cdot x^2 \cdot (-2x + 16)\ cm^3$
$V(x) = 2\pi \cdot (-x^3 + 8x^2)\ cm^3$

36.6

x in cm	0	1	2	3	4	5	6	7	8
V(x) in cm^3	0	14π	48π	90π	128π	150π	144π	98π	0

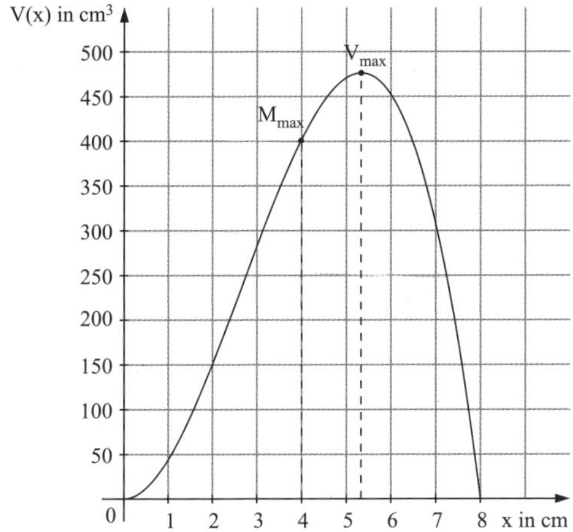

Die größte Mantelfläche $M_{max} = 64\pi\ cm^2$ erhält man für x = 4 cm (siehe Aufgabe 36.4).
Aus dem Graphen von V(x) ist ersichtlich, dass das größte Volumen V_{max} für x^* cm mit $5 < x^* < 6$ angenommen wird (genau für $x^* = \frac{16}{3}$ cm).

37.1

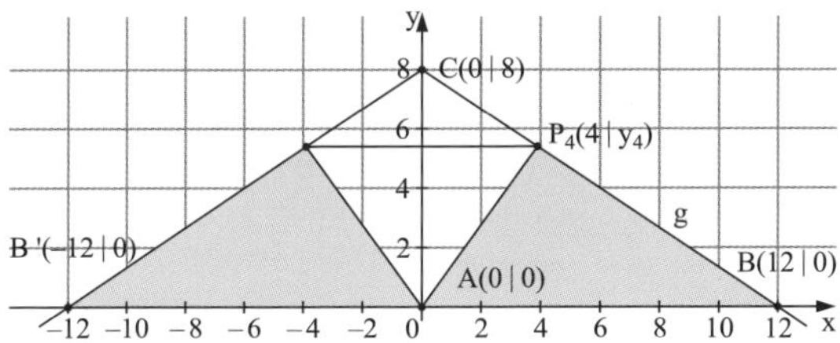

37.2 $x_n = 0$: $P_n \equiv C$

Der Rotationskörper ist ein Kreiskegel mit Grundkreisradius r = 12 LE und der Höhe h = 8 LE.
Der Axialschnitt ist das gleichschenklige Dreieck B'BC.

$0 < x_n < 12$:

Der Rotationskörper ist ein Kegelstumpf mit dem Grundkreisradius $r_1 = 12$ LE und dem Deckkreisradius $r_2 = x_n$ LE sowie der Höhe $h = y_n$ LE, aus dem der Kreiskegel mit Radius $r = x_n$ LE und der Höhe $h = y_n$ LE herausgelöst ist.
Der Axialschnitt des Rotationskörpers wird von dem Dreieck ABP_n und dessen Spiegelbild $B'AP_n'$ bezüglich der y-Achse gebildet.

37.3 Das Volumen des Rotationskörpers erhält man, indem man aus dem großen Kegel (B'BC) den Doppelkegel (AP_nCP_n') herauslöst.

$$V = V_K - (V_{K_1} + V_{K_2})$$

$$V(x_n) = \left[\frac{1}{3}\cdot\pi\cdot 12^2\cdot 8 - \left(\frac{1}{3}\pi\cdot x_n^2\cdot y_n + \frac{1}{3}\pi\cdot x_n^2\cdot(8-y_n)\right)\right]\ \text{VE}$$

$$V(x_n) = \left[384\pi - \frac{1}{3}\pi\cdot x_n^2\cdot(y_n + 8 - y_n)\right]\ \text{VE}$$

$$V(x_n) = \left[384\pi - \frac{8}{3}\pi\cdot x_n^2\right]\ \text{VE}$$

$$V(x_n) = \frac{8\pi}{3}\cdot(144 - x_n^2)\ \text{VE}$$

38.1 Axialschnitt des Kreiskegels:

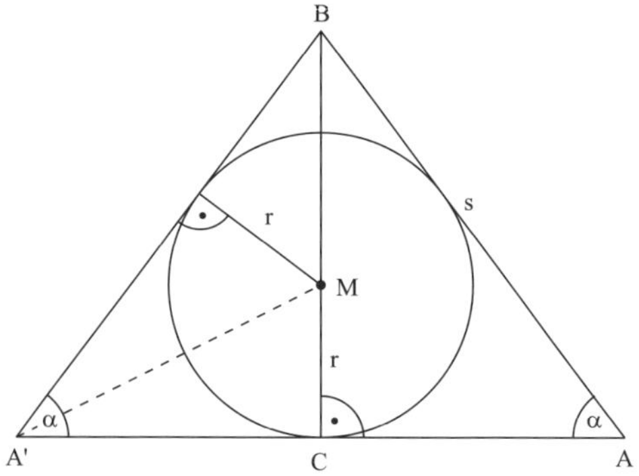

(verkleinerte Darstellung im Maßstab 1 : 2)

Mantellinie:

$$s^2 = \overline{AC}^2 + \overline{BC}^2$$
$$s^2 = 36\ \text{cm}^2 + 64\ \text{cm}^2$$
$$s = 10\ \text{cm}$$

Volumen:

$$V = \frac{1}{3}\cdot\pi\cdot\overline{AC}^2\cdot\overline{BC}$$
$$V = \frac{1}{3}\cdot\pi\cdot(6\ \text{cm})^2\cdot 8\ \text{cm}$$
$$V = 96\pi\ \text{cm}^3 \quad (301{,}59\ \text{cm}^3)$$

Mantelfläche:

$$M = \pi\cdot\overline{AC}\cdot\overline{AB}$$
$$M = \pi\cdot 6\ \text{cm}\cdot 10\ \text{cm}$$
$$M = 60\pi\ \text{cm}^2 \quad (188{,}50\ \text{cm}^2)$$

38.2 Der Kreis (Axialschnitt der Kugel) ist der Inkreis des Dreiecks A'AB (Axialschnitt des Kegels). Der Schnittpunkt der Winkelhalbierenden im Dreieck A'AB ist Mittelpunkt M des Inkreises. Somit gilt:

$$\tan\alpha = \frac{\overline{BC}}{\overline{A'C}}$$

$$\tan\alpha = \frac{8\text{ cm}}{6\text{ cm}}$$

$$\tan\alpha = 53{,}13°$$

$$\tan\frac{\alpha}{2} = \frac{r}{\overline{A'C}}$$

$$r = 6\text{ cm}\cdot\tan\frac{53{,}13°}{2}$$

$$r = 3\text{ cm}$$

39.1 $r = 10\text{ m}$ | $r' = 10{,}1\text{ m}$

$$V = \frac{4}{3}\pi\cdot(10\text{ m})^3 \qquad V' = \frac{4}{3}\pi\cdot(10{,}1\text{ m})^3 \qquad \Delta V = 126{,}92\text{ m}^3$$

$$V = 4\,188{,}79\text{ m}^3 \qquad V' = 4\,315{,}71\text{ m}^3 \qquad \frac{\Delta V}{V}\cdot 100\,\% = 3{,}03\,\%$$

$$O = 4\pi\cdot(10\text{ m})^2 \qquad O' = 4\pi\cdot(10{,}1\text{ m})^2 \qquad \Delta O = 25{,}26\text{ m}^2$$

$$O = 1\,256{,}64\text{ m}^2 \qquad O' = 1\,281{,}90\text{ m}^2 \qquad \frac{\Delta O}{O}\cdot 100\,\% = 2{,}01\,\%$$

39.2 Radius der einbeschriebenen Kugel: $\frac{a}{2}$
Radius der umbeschriebenen Kugel: $\frac{a}{2}\sqrt{3}$

$$V_{ein} = \frac{4}{3}\pi\left(\frac{a}{2}\right)^3$$

$$V_{um} = \frac{4}{3}\pi\left(\frac{a}{2}\sqrt{3}\right)^3$$

$$\frac{V_{um}}{V_{ein}} = \frac{\frac{3\sqrt{3}}{8}\cdot a^3}{\frac{1}{8}\cdot a^3}$$

$$\frac{V_{um}}{V_{ein}} = 3\sqrt{3}$$

39.3 Skizze:

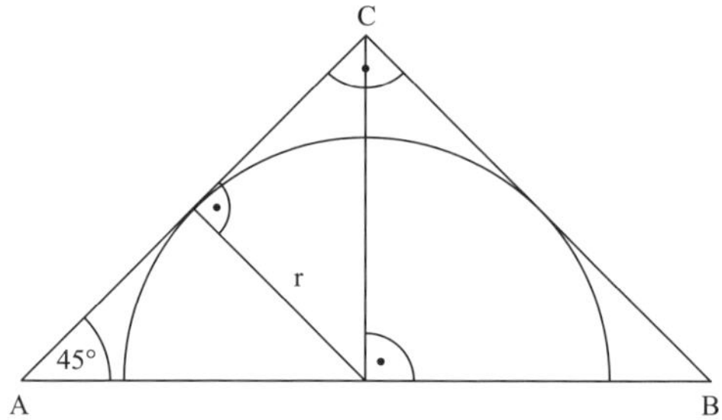

Radius des Halbkreises bzw. der einbeschriebenen Halbkugel:

$$r^2 + r^2 = \left(\frac{\overline{AB}}{2}\right)^2$$

$$2r^2 = 36\ \text{cm}^2$$

$$r = 3\sqrt{2}\ \text{cm}$$

Volumen der Halbkugel: V_{HK}

$$V_{HK} = \frac{1}{2} \cdot \frac{4}{3}\pi \cdot r^3$$

$$V_{HK} = \frac{2}{3}\pi \cdot (3\sqrt{2}\ \text{cm})^3$$

$$V_{HK} = 36\sqrt{2}\pi\ \text{cm}^3$$

Volumen des Restkörpers: V_{RK}

$$V_{RK} = V_{Kegel} - V_{HK}$$

$$V_{RK} = \frac{1}{3}\pi \cdot (6\ \text{cm})^2 \cdot 6\ \text{cm} - 36\sqrt{2}\pi\ \text{cm}^3$$

$$V_{RK} = (72\pi - 36\sqrt{2}\pi)\ \text{cm}^3$$

$$V_{RK} = 36\pi(2 - \sqrt{2})\ \text{cm}^3 \quad (66{,}25\ \text{cm}^3)$$

39.4 Skizze:

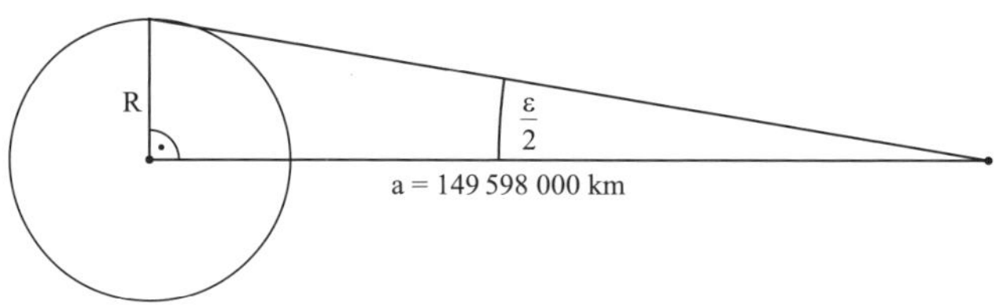

$$\tan\frac{\varepsilon}{2} = \frac{R}{a}$$

$$R = a \cdot \tan\frac{\varepsilon}{2}$$

$$R = 149\,598\,000 \text{ km} \cdot \tan 0{,}2666°$$

$$R = 6{,}96 \cdot 10^5 \text{ km}$$

$$V = \frac{4}{3}\pi \cdot R^3$$

$$V = 1{,}41 \cdot 10^{18} \text{ km}^3$$

$$O = 4\pi \cdot R^2$$

$$O = 6{,}09 \cdot 10^{12} \text{ km}^2$$

39.5 Skizze:

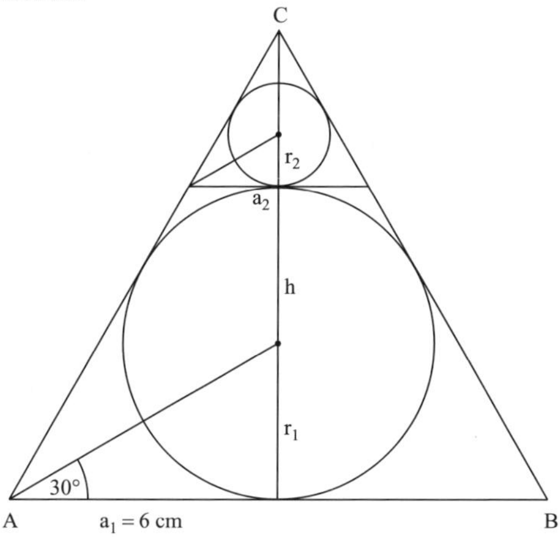

$$h = a_1 \cdot \sqrt{3}$$

$$h - 6\sqrt{3} \text{ cm}$$

$$\tan 30° = \frac{r_1}{a_1}$$

$$r_1 = 6 \text{ cm} \cdot \tan 30°$$

$$r_1 = 2\sqrt{3} \text{ cm}$$

$$V_1 = \frac{4}{3}\pi \cdot (2\sqrt{3} \text{ cm})^3$$

$$V_1 = 32\sqrt{3}\pi \text{ cm}^3$$

$$O_1 = 4\pi \cdot (2\sqrt{3}\text{ cm})^2$$
$$O_1 = 48\pi\text{ cm}^2$$

Um r_2 zu erhalten, wird zunächst a_2 bestimmt.
Vierstreckensatz:

$$\frac{a_2}{a_1} = \frac{h - 2r_1}{h}$$
$$a_2 = 6\text{ cm} \cdot \frac{(6\sqrt{3} - 2 \cdot 2\sqrt{3})\text{ cm}}{6\sqrt{3}\text{ cm}}$$

$$a_2 = 6\text{ cm} \cdot \frac{2\sqrt{3}}{6\sqrt{3}}$$
$$a_2 = 2\text{ cm}$$
$$a_2 = \frac{1}{3} \cdot a_1$$

$$r_2 = a_2 \cdot \tan 30°$$
$$r_2 = 2\text{ cm} \cdot \tan 30°$$
$$r_2 = \frac{2}{3}\sqrt{3}\text{ cm}$$
$$r_2 = \frac{1}{3} \cdot r_1$$

$$V_2 = \frac{4}{3}\pi \cdot \left(\frac{2}{3}\sqrt{3}\text{ cm}\right)^3$$
$$V_2 = \frac{32}{27}\sqrt{3}\pi\text{ cm}^3$$

$$O_2 = 4\pi \cdot \left(\frac{2}{3}\sqrt{3}\text{ cm}\right)^2$$
$$O_2 = \frac{16}{3}\pi\text{ cm}^2$$

$$\frac{V_1}{V_2} = \frac{32\sqrt{3}\pi\text{ cm}^3}{\frac{32}{27}\sqrt{3}\pi\text{ cm}^3}$$
$$\frac{V_1}{V_2} = 27$$

$$\left(\begin{array}{l} \dfrac{O_1}{O_2} = \dfrac{48\pi\text{ cm}^2}{\frac{16}{3}\pi\text{ cm}^2} \\[2ex] \dfrac{O_1}{O_2} = 9 \end{array}\right)$$

Zusatz:
Man kann auf die zweite Kugel noch eine dritte einbeschriebene Kugel, auf diese eine vierte setzen, usw.

Frage:
Kann man das Gesamtvolumen der Kugeln, d. h. die Summe der Volumina aller dieser unendlich vielen, dem Kegel einbeschriebenen Kugeln bestimmen?
Man kann!

Wir verallgemeinern das Problem noch dahingehend, dass wir als Axialschnitt des Kegels ein gleichseitiges Dreieck mit der Seitenlänge a_1 annehmen.

Zur Analyse des Problems stellen wir zunächst die uns bekannten Informationen zusammen:

1. Das gesuchte Gesamtvolumen muss endlich sein. Es muss kleiner als das Volumen des Kegels sein, dem alle unendlich vielen Kugeln einbeschrieben sind.
   Das Volumen des Kegels ist:
   $$V_{Kegel} = \frac{1}{3} \cdot \pi \cdot \left(\frac{a_1}{2}\right)^2 \cdot \frac{a_1}{2} \cdot \sqrt{3} = \frac{\sqrt{3} \cdot \pi}{24} \cdot a_1^3$$
2. Der Radius einer jeden Kugel ist dreimal so groß wie der Radius der folgenden darüberliegenden Kugel, oder:
   $$r_{n+1} = \frac{1}{3} \cdot r_n$$
   (siehe Aufgabe 39.5)
3. Deshalb ist das Volumen einer jeden Kugel 3^3-mal (= 27-mal) so groß wie das der folgenden, darüberliegenden Kugel, oder:
   $$V_{n+1} = \frac{1}{27} \cdot V_n$$
4. Der Grundkreisradius eines jeden Kegelstumpfes ist dreimal so groß wie der Grundkreisradius des folgenden, darüberliegenden Kegelstumpfes, oder:
   $$\left(\frac{a_{n+1}}{2}\right) = \frac{1}{3} \cdot \left(\frac{a_n}{2}\right)$$

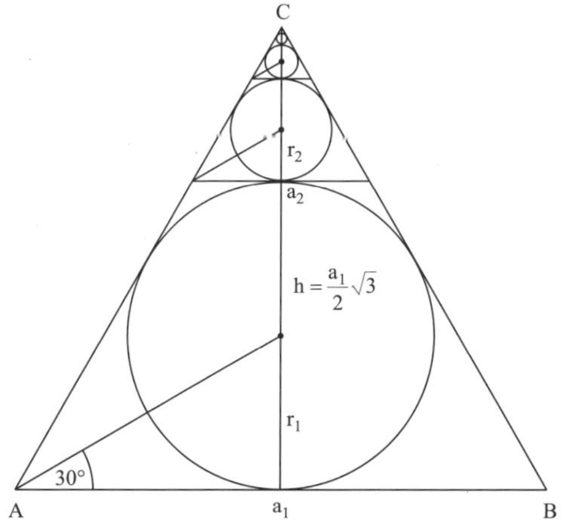

Wir bestimmen das Verhältnis aus dem Volumen V_{KST} des ersten Kegelstumpfes und dem Volumen V_K der ersten Kugel:

$$\frac{V_{KST}}{V_K} = \frac{\frac{1}{3} \cdot \pi \cdot \left[\left(\frac{a_1}{2}\right)^2 \cdot \frac{a_1}{2} \cdot \sqrt{3} - \left(\frac{a_1}{6}\right)^2 \cdot \left(\frac{a_1}{2} \cdot \sqrt{3} - \frac{a_1}{3} \cdot \sqrt{3}\right) \right]}{\frac{\sqrt{3} \cdot \pi}{54} \cdot a_1^3}$$

$$\frac{V_{KST}}{V_K} = \frac{\frac{26 \cdot \sqrt{3} \cdot \pi}{3 \cdot 216} \cdot a_1^3}{\frac{\sqrt{3} \cdot \pi}{54} \cdot a_1^3}$$

$$\frac{V_{KST}}{V_K} = \frac{13}{6}$$

Dieses Verhältnis hat für jeden Kegelstumpf mit der zugehörigen, einbeschriebenen Kugel den gleichen Wert.

Daraus folgt:
Auch das Verhältnis aus dem Volumen des Kegels und dem Gesamtvolumen aller Kugeln hat diesen Wert $\frac{13}{6}$.

Somit erhalten wir:

$$\frac{V_{Gesamt}}{V_{Kegel}} = \frac{6}{13}$$

$$V_{Gesamt} = \frac{6}{13} \cdot \frac{\sqrt{3} \cdot \pi}{24} \cdot a_1^3$$

$$V_{Gesamt} = \frac{\sqrt{3} \cdot \pi}{52} \cdot a_1^3$$

Dies ist die Summe der Volumina aller, unendlich vieler, dem Kegel einbeschriebener Kugeln.

Speziell für $a_1 = 12$ cm erhält man:

$$V_{Gesamt} = \frac{432 \cdot \sqrt{3} \cdot \pi}{13} \text{ cm}^3$$

Abschlussprüfungsaufgaben

Abschlussprüfung an Realschulen 2015 – Mathematik II/III
Teil A

Aufgabe A 1

A 1.0 Die Skizze zeigt den Grundriss eines Hafenbeckens. Ein Schiff befindet sich an der Position S.

Es gilt:

$\sphericalangle BAC = 58°$; $\sphericalangle ACB = 16°$; $\sphericalangle SBA = 68°$;

$\overline{AB} = 182\ \text{m}$; $\overline{AC} = 635\ \text{m}$; $\overline{BS} = 353\ \text{m}$.

Runden Sie im Folgenden auf ganze Meter.

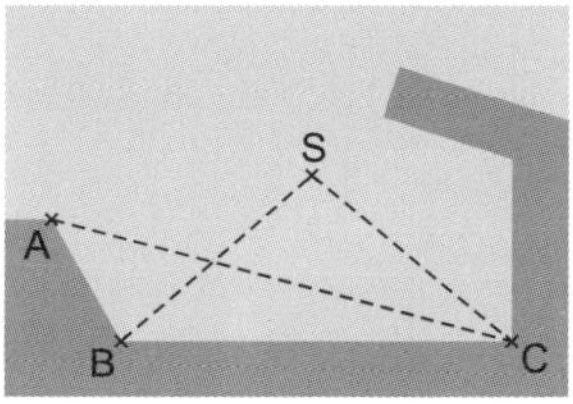

A 1.1 Berechnen Sie die Länge der Strecke [BC].
[Ergebnis: $\overline{BC} = 560\ \text{m}$] 1

A 1.2 Bestimmen Sie durch Rechnung, wie weit die Position S vom Punkt C entfernt ist.
[Teilergebnis: $\sphericalangle CBS = 38°$; Ergebnis: $\overline{SC} = 356\ \text{m}$] 2

A 1.3 Das Schiff entfernt sich von C, bis es die Position P erreicht. P liegt auf der Halbgeraden [CS und hat die kleinstmögliche Entfernung zum Punkt A. Berechnen Sie die Länge der Strecke [AP]. 2

Aufgabe A 2

A 2.0 Gegeben sind die Parabel p mit $y = -0,25(x-3)^2 - 2,5$ und die Gerade g mit $y = -0,5x + 4$ ($\mathbb{G} = \mathbb{R} \times \mathbb{R}$).

A 2.1 Zeigen Sie durch Rechnung, dass sich die Gleichung der Parabel p auf die Form $y = -0,25x^2 + 1,5x - 4,75$ bringen lässt und zeichnen Sie die Parabel p für $x \in [-1; 7]$ und die Gerade g in das Koordinatensystem ein. 3

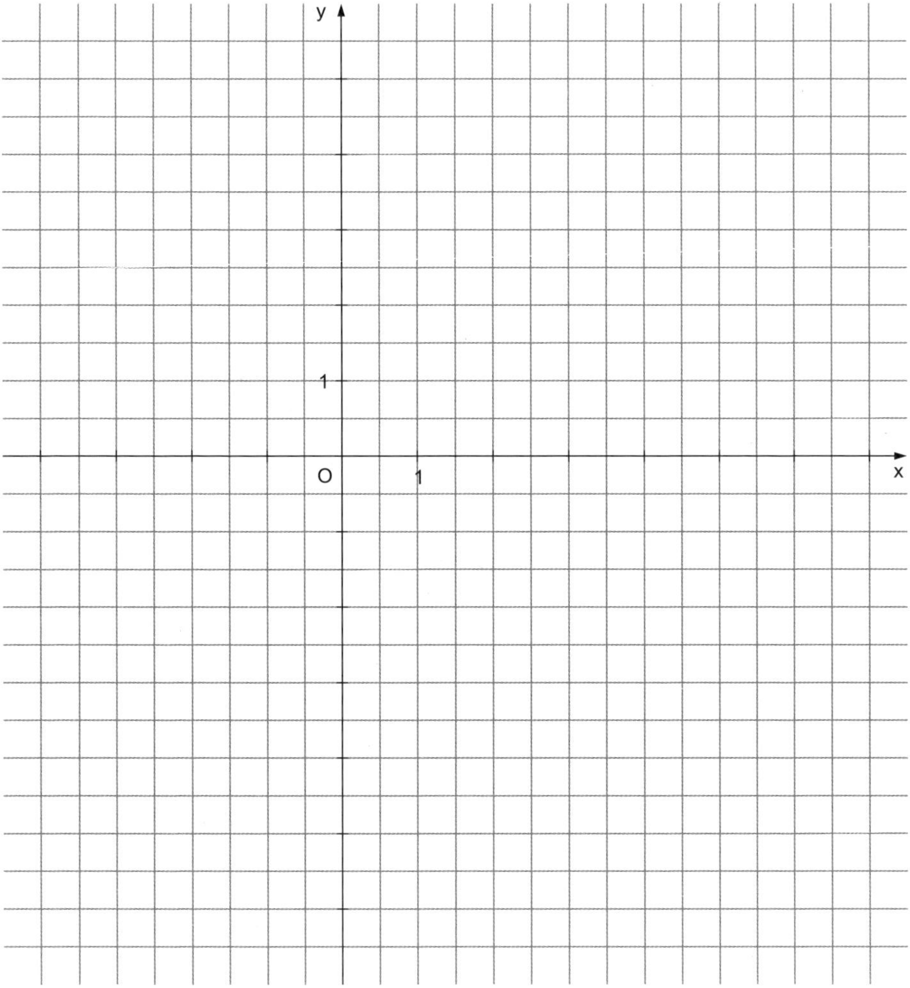

A 2.2 Punkte $A_n(x \mid -0{,}5x+4)$ auf der Geraden g und Punkte $D_n(x \mid -0{,}25x^2+1{,}5x-4{,}75)$ auf der Parabel p haben dieselbe Abszisse x und sind Eckpunkte von Rechtecken $A_nB_nC_nD_n$ mit $\overline{A_nB_n} = 1{,}5 \cdot \overline{A_nD_n}$. Zeichnen Sie das Rechteck $A_1B_1C_1D_1$ für $x = 5$ in das Koordinatensystem zu A 2.1 ein. 1

A 2.3 Berechnen Sie die Länge der Seiten $[A_nD_n]$ der Rechtecke $A_nB_nC_nD_n$ in Abhängigkeit von der Abszisse x der Punkte A_n und ermitteln Sie sodann rechnerisch den Umfang u(x) der Rechtecke $A_nB_nC_nD_n$.
[Ergebnis: $u(x) = (1{,}25x^2 - 10x + 43{,}75)$ LE] 2

A 2.4 Die Rechtecke $A_2B_2C_2D_2$ und $A_3B_3C_3D_3$ haben einen Umfang von 28,75 LE. Berechnen Sie die zugehörigen Werte für x. 2

A 2.5 Um wie viel Prozent nimmt der Flächeninhalt A der Rechtecke $A_nB_nC_nD_n$ aus A 2.2 zu, wenn man die Seitenlänge $\overline{A_nD_n}$ verdoppelt?
Kreuzen Sie an.

☐ 100 % ☐ 150 % ☐ 200 % ☐ 300 % 1

Aufgabe A 3

A 3.0 Die nachfolgende Skizze zeigt den Axialschnitt eines Rotationskörpers mit der Rotationsachse ME und dient als Vorlage für eine Lampe, die aus einer Plexiglasscheibe und einem Lampenschirm besteht.
Es gilt: $\overline{AB} = 45$ cm; $\overline{BC} = 2$ cm; $\overline{KL} = 36$ cm; $\overline{ME} = 13{,}5$ cm; $\overline{MF} = 12$ cm.
Für den Durchmesser [GH] des Halbkreisbogens $\overset{\frown}{HG}$ gilt: $\overline{GH} = 9$ cm.
Runden Sie im Folgenden auf zwei Stellen nach dem Komma.

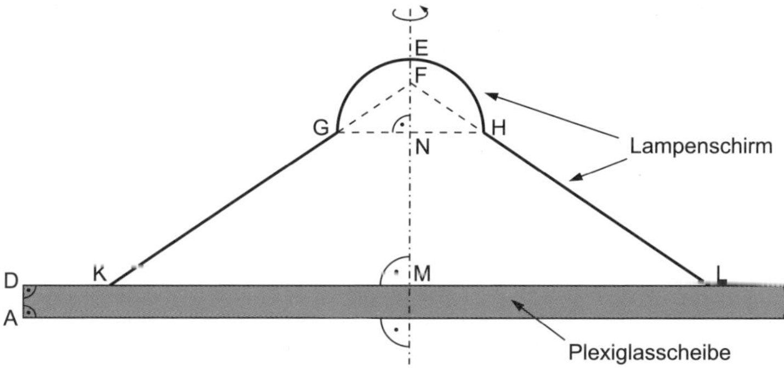

A 3.1 Berechnen Sie das Volumen V der Plexiglasscheibe. 1

A 3.2 Ermitteln Sie rechnerisch den Inhalt A der Außenfläche des Lampenschirms. 4

19

Lösung

Aufgabe A 1

A 1.1 Berechnung von $\overline{BC}$ mithilfe des Sinussatzes im Dreieck ABC:

$$\frac{\overline{BC}}{\sin \sphericalangle BAC} = \frac{\overline{AB}}{\sin \sphericalangle ACB}$$

$$\frac{\overline{BC}}{\sin 58°} = \frac{182\text{ m}}{\sin 16°} \qquad |\cdot \sin 58°$$

$$\overline{BC} = \frac{182\text{ m}}{\sin 16°} \cdot \sin 58°$$

$$\overline{BC} = 560\text{ m}$$

oder:
Berechnung von $\overline{BC}$ mithilfe des Kosinussatzes im Dreieck ABC:

$$\overline{BC}^2 = \overline{AB}^2 + \overline{AC}^2 - 2 \cdot \overline{AB} \cdot \overline{AC} \cdot \cos \sphericalangle BAC \qquad |\sqrt{}$$

$$\overline{BC} = \sqrt{182^2 + 635^2 - 2 \cdot 182 \cdot 635 \cdot \cos 58°}\text{ m}$$

$$\overline{BC} = 560\text{ m}$$

A 1.2 Um $\overline{SC}$ mithilfe des Kosinussatzes im Dreieck BCS zu berechnen, benötigt man das Maß des Winkels CBS und hierzu wiederum das Maß des Winkels CBA.

Berechnung des Winkelmaßes $\sphericalangle CBA$ im Dreieck ABC:

$$\sphericalangle CBA = 180° - \sphericalangle BAC - \sphericalangle ACB$$

$$\sphericalangle CBA = 180° - 58° - 16°$$

$$\sphericalangle CBA = 106°$$

Berechnung des Winkelmaßes $\sphericalangle CBS$:

$$\sphericalangle CBS = \sphericalangle CBA - \sphericalangle SBA$$

$$\sphericalangle CBS = 106° - 68°$$

$$\sphericalangle CBS = 38°$$

Berechnung von $\overline{SC}$ mithilfe des Kosinussatzes im Dreieck BCS:

$$\overline{SC}^2 = \overline{BS}^2 + \overline{BC}^2 - 2 \cdot \overline{BS} \cdot \overline{BC} \cdot \cos \sphericalangle CBS \qquad |\sqrt{}$$

$$\overline{SC} = \sqrt{353^2 + 560^2 - 2 \cdot 353 \cdot 560 \cdot \cos 38°}\text{ m}$$

$$\overline{SC} = 356\text{ m}$$

A 1.3 Das Schiff hat dann den kleinsten Abstand zum Punkt A, wenn gilt: $\sphericalangle APC = 90°$.
Um $\overline{AP}$ im rechtwinkligen Dreieck ACP bestimmen zu können, benötigt man das Maß des Winkels PCA. Zur Berechnung dieses Winkelmaßes ermittelt man das Maß des Winkels SCB mithilfe des Sinussatzes im Dreieck BCS.

Berechnung des Winkelmaßes $\sphericalangle$SCB mithilfe des Sinussatzes im Dreieck BCS:

$$\frac{\sin \sphericalangle SCB}{\overline{BS}} = \frac{\sin \sphericalangle CBS}{\overline{SC}}$$

$$\frac{\sin \sphericalangle SCB}{353\text{ m}} = \frac{\sin 38°}{356\text{ m}} \qquad |\cdot 353\text{ m}$$

$$\sin \sphericalangle SCB = \frac{353\text{ m}}{356\text{ m}} \cdot \sin 38°$$

$$\sphericalangle SCB = 37{,}62°$$

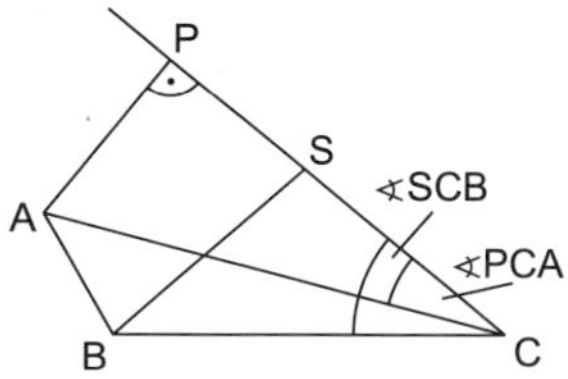

Berechnung des Winkelmaßes $\sphericalangle$PCA:

$$\sphericalangle PCA = \sphericalangle SCB - \sphericalangle ACB$$

$$\sphericalangle PCA = 37{,}62° - 16°$$

$$\sphericalangle PCA = 21{,}62°$$

Berechnung von $\overline{AP}$ im rechtwinkligen Dreieck ACP:

$$\sin \sphericalangle PCA = \frac{\overline{AP}}{\overline{AC}} \qquad |\cdot \overline{AC}$$

$$\overline{AP} = \overline{AC} \cdot \sin \sphericalangle PCA$$

$$\overline{AP} = 635\text{ m} \cdot \sin 21{,}62°$$

$$\overline{AP} = 234\text{ m}$$

Aufgabe A 2

A 2.1 $y = -0{,}25(x-3)^2 - 2{,}5$ $\qquad \mathbb{G} = \mathbb{R} \times \mathbb{R}$

$$y = -0{,}25(x^2 - 6x + 9) - 2{,}5$$

$$y = -0{,}25x^2 + 1{,}5x - 2{,}25 - 2{,}5$$

$$y = -0{,}25x^2 + 1{,}5x - 4{,}75$$

Einzeichnen der Geraden g:
Die Gerade g hat den y-Achsenabschnitt 4 und die Steigung –0,5.

Einzeichnen der Parabel p z. B. mithilfe folgender Wertetabelle:

x	–1	0	1	2	3	4	5	6	7
$y = -0{,}25(x-3)^2 - 2{,}5$	–6,5	–4,75	–3,5	–2,75	–2,5	–2,75	–3,5	–4,75	–6,5

oder:

Man zeichnet die Parabel mithilfe folgender Informationen ein: Die Parabel p hat den Scheitel S(3 | –2,5), ist nach unten geöffnet und mit dem Faktor 0,25 gestaucht.

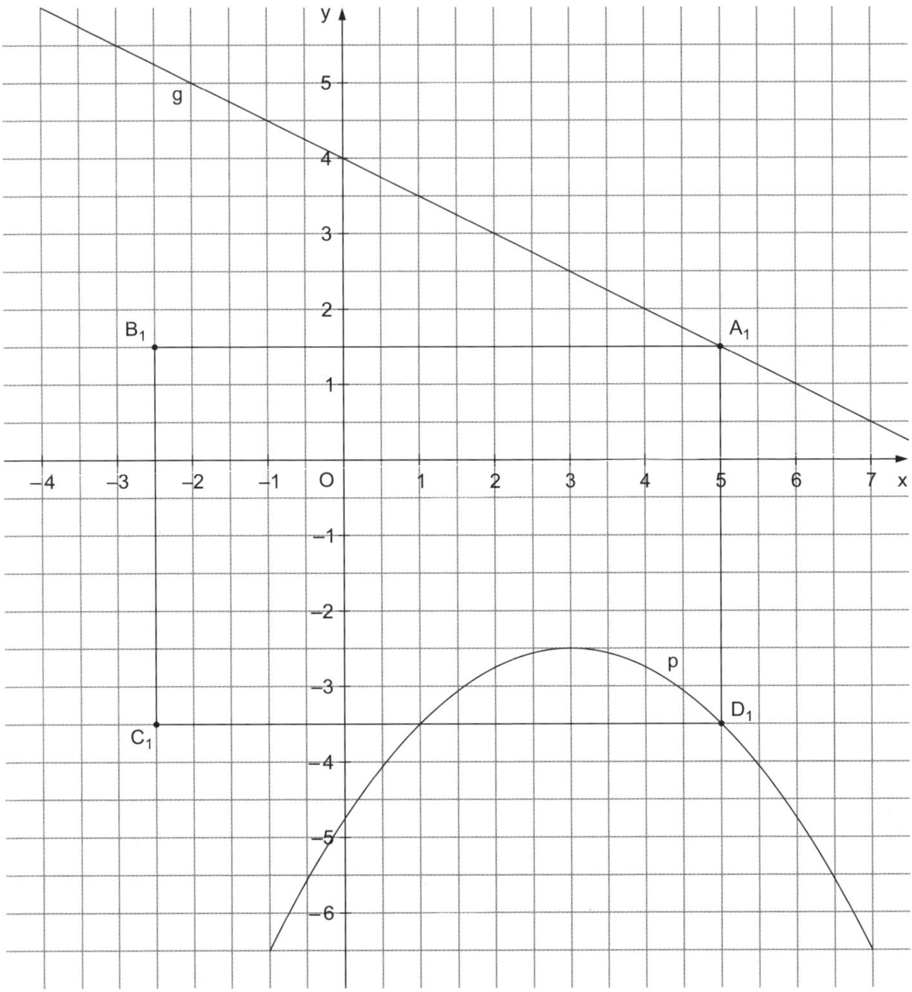

A 2.2 Einzeichnen des Rechtecks $A_1B_1C_1D_1$ für $x = 5$

- A_1 liegt auf der Geraden g und hat die x-Koordinate 5, also $A_1(5\,|\,1{,}5)$.
- D_1 liegt auf der Parabel p und hat ebenfalls die x-Koordinate 5, also $D_1(5\,|\,-3{,}5)$.
- Es gilt: $\overline{A_1B_1} = 1{,}5 \cdot \overline{A_1D_1}$. Da die beiden Punkte A_1 und D_1 dieselbe x-Koordinate haben, gilt $\overline{A_1D_1} = (1{,}5 - (-3{,}5))$ LE $= 5$ LE. Es folgt $\overline{A_1B_1} = 1{,}5 \cdot 5$ LE $= 7{,}5$ LE und damit auch $\overline{D_1C_1} = 7{,}5$ LE. B_1 bzw. C_1 hat somit eine um 7,5 kleinere x-Koordinate als A_1 bzw. D_1. Also gilt $B_1(-2{,}5\,|\,1{,}5)$ und $C_1(-2{,}5\,|\,-3{,}5)$.

A 2.3 Die Punkte A_n und D_n haben jeweils dieselbe x-Koordinate, somit gilt für die Länge der Seite $[A_nD_n]$: $\overline{A_nD_n} = (y_{A_n} - y_{D_n})$ LE

Berechnung von $\overline{A_nD_n}$ in Abhängigkeit von x:

$$\overline{A_nD_n} = (y_{A_n} - y_{D_n})\ \text{LE}$$

$$\overline{A_nD_n}(x) = [-0{,}5x + 4 - (-0{,}25x^2 + 1{,}5x - 4{,}75)]\ \text{LE} \qquad x \in \mathbb{R}$$

$$\overline{A_nD_n}(x) = (0{,}25x^2 - 2x + 8{,}75)\ \text{LE}$$

Berechnung des Umfangs des Rechtecks $A_nB_nC_nD_n$ in Abhängigkeit von x:

$$u = 2 \cdot (\overline{A_nD_n} + \overline{A_nB_n})$$

$$u = 2 \cdot (\overline{A_nD_n} + 1{,}5 \cdot \overline{A_nD_n})$$

$$u = 2 \cdot \overline{A_nD_n} + 3 \cdot \overline{A_nD_n}$$

$$u = 5 \cdot \overline{A_nD_n}$$

$$u(x) = 5 \cdot (0{,}25x^2 - 2x + 8{,}75)\ \text{LE} \qquad x \in \mathbb{R}$$

$$u(x) = (1{,}25x^2 - 10x + 43{,}75)\ \text{LE}$$

A 2.4

$$u(x) = 28{,}75\ \text{LE} \qquad x \in \mathbb{R}$$

$$\Leftrightarrow\ 1{,}25x^2 - 10x + 43{,}75 = 28{,}75 \qquad |-28{,}75$$

$$\Leftrightarrow\ 1{,}25x^2 - 10x + 15 = 0$$

$$\Leftrightarrow\ x = \frac{10 - \sqrt{10^2 - 4 \cdot 1{,}25 \cdot 15}}{2 \cdot 1{,}25} \quad \vee \quad x = \frac{10 + \sqrt{10^2 - 4 \cdot 1{,}25 \cdot 15}}{2 \cdot 1{,}25}$$

$$\Leftrightarrow\ x = 2 \quad \vee \quad x = 6$$

$$\mathbb{L} = \{2; 6\}$$

A 2.5 Für den Flächeninhalt der Rechtecke $A_nB_nC_nD_n$ gilt:

$$A = \overline{A_nD_n} \cdot \overline{A_nB_n} = \overline{A_nD_n} \cdot 1{,}5 \cdot \overline{A_nD_n} = 1{,}5 \cdot \overline{A_nD_n}^2$$

Verdoppelt man die Seitenlänge $[A_nD_n]$, so erhält man:

$$A_{neu} = 1{,}5 \cdot (2 \cdot \overline{A_nD_n})^2 = 6 \cdot \overline{A_nD_n}^2$$

Damit gilt:

$$\frac{A_{neu}}{A} = \frac{6 \cdot \overline{A_nD_n}^2}{1{,}5 \cdot \overline{A_nD_n}^2} = 4$$

Das neue Rechteck ist also viermal so groß wie das ursprüngliche Rechteck. Die Zunahme beträgt somit 3 „ursprüngliche Flächeninhalte“, also 300 %.

☒ 300 %

Aufgabe A 3

A 3.1 Die Plexiglasscheibe ist ein Zylinder mit dem Radius $\frac{1}{2} \cdot \overline{AB}$ und der Höhe $\overline{BC}$.

$$V = \left(\frac{1}{2} \cdot \overline{AB}\right)^2 \cdot \pi \cdot \overline{BC}$$

$$V = \left(\frac{1}{2} \cdot 45\right)^2 \cdot \pi \cdot 2 \text{ cm}^3$$

$$V = 3\,180{,}86 \text{ cm}^3$$

A 3.2 Die Außenfläche des Lampenschirms setzt sich zusammen aus der Oberfläche einer Halbkugel mit dem Radius $\overline{NH}$ und der Mantelfläche eines Kegelstumpfes, für die gilt: $M_{\text{Kegelstumpf}} = M_{\text{Kegel groß}} - M_{\text{Kegel klein}}$.
Der große Kegel hat die Seitenkantenlänge $\overline{FL}$ und den Radius $\overline{ML}$. Der kleine Kegel hat die Seitenkantenlänge $\overline{FH}$ und den Radius $\overline{NH}$.

Berechnung der Streckenlängen $\overline{ML}$ und $\overline{NH}$:

$$\overline{ML} = \frac{1}{2} \cdot \overline{KL} \qquad \text{und} \qquad \overline{NH} = \frac{1}{2} \cdot \overline{GH}$$

$$\overline{ML} = \frac{1}{2} \cdot 36 \text{ cm} \qquad \overline{NH} = \frac{1}{2} \cdot 9 \text{ cm}$$

$$\overline{ML} = 18 \text{ cm} \qquad \overline{NH} = 4{,}5 \text{ cm}$$

Berechnung von $\overline{FL}$ mit dem Satz des Pythagoras im rechtwinkligen Dreieck MLF:

$$\overline{FL}^2 = \overline{MF}^2 + \overline{ML}^2 \qquad |\sqrt{}$$

$$\overline{FL} = \sqrt{\overline{MF}^2 + \overline{ML}^2}$$

$$\overline{FL} = \sqrt{12^2 + 18^2} \text{ cm}$$

$$\overline{FL} = 21{,}63 \text{ cm}$$

Berechnung von $\overline{FH}$ mit dem Vierstreckensatz:

$$\frac{\overline{FH}}{\overline{FL}} = \frac{\overline{NH}}{\overline{ML}}$$

$$\frac{\overline{FH}}{21{,}63 \text{ cm}} = \frac{4{,}5 \text{ cm}}{18 \text{ cm}} \qquad | \cdot 21{,}63 \text{ cm}$$

$$\overline{FH} = \frac{4{,}5 \text{ cm}}{18 \text{ cm}} \cdot 21{,}63 \text{ cm}$$

$$\overline{FH} = 5{,}41 \text{ cm}$$

oder:

Berechnung der Streckenlänge $\overline{NF}$:

$\overline{NF} = \overline{NE} - \overline{EF}$

$\overline{NF} = \overline{NE} - (\overline{ME} - \overline{MF})$ mit $\overline{NE} = \overline{NH} = 4{,}5\text{ cm}$

$\overline{NF} = (4{,}5 - (13{,}5 - 12))\text{ cm}$

$\overline{NF} = 3\text{ cm}$

Berechnung von $\overline{FH}$ mit dem Satz des Pythagoras im rechtwinkligen Dreieck FNH:

$\overline{FH}^2 = \overline{NH}^2 + \overline{NF}^2 \qquad |\sqrt{}$

$\overline{FH} = \sqrt{\overline{NH}^2 + \overline{NF}^2}$

$\overline{FH} = \sqrt{4{,}5^2 + 3^2}\text{ cm}$

$\overline{FH} = 5{,}41\text{ cm}$

Berechnung des Inhalts der Außenfläche des Lampenschirms:

$$A = M_{\text{Kegel groß}} - M_{\text{Kegel klein}} + \frac{1}{2} \cdot O_{\text{Kugel}}$$

$$A = \overline{ML} \cdot \pi \cdot \overline{FL} - \overline{NH} \cdot \pi \cdot \overline{FH} + \frac{1}{2} \cdot 4 \cdot \overline{NH}^2 \cdot \pi$$

$$A = \left(18 \cdot \pi \cdot 21{,}63 - 4{,}5 \cdot \pi \cdot 5{,}41 + \frac{1}{2} \cdot 4 \cdot 4{,}5^2 \cdot \pi\right)\text{cm}^2$$

$$A = 1\,273{,}90\text{ cm}^2$$

Abschlussprüfung an Realschulen 2015 – Mathematik II/III
Teil B

Aufgabe B 1

B 1.0 Die Skizze zeigt das Fünfeck ABCDE, das den Grundriss eines Badezimmers darstellt.

Es gilt:

$\overline{AC} = 6{,}00$ m; $\overline{AE} = 2{,}25$ m; $\overline{CD} = 3{,}60$ m;

$\sphericalangle CBA = 90°$; $\sphericalangle BAE = 85°$;

$\sphericalangle BAC = \sphericalangle DCA = 36{,}87°$.

Runden Sie im Folgenden auf zwei Stellen nach dem Komma.

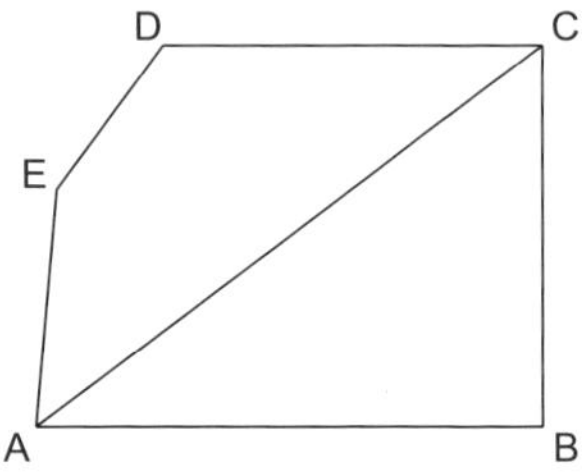

B 1.1 Berechnen Sie jeweils die Länge der Strecken [AB] und [BC].
[Ergebnisse: $\overline{AB} = 4{,}80$ m; $\overline{BC} = 3{,}60$ m] 2

B 1.2 Zeichnen Sie den Grundriss des Badezimmers im Maßstab 1:50 und begründen Sie, dass die Geraden AB und CD parallel zueinander sind. 3

B 1.3 Ermitteln Sie rechnerisch jeweils die Länge der Strecken [EC] und [ED].
[Teilergebnis: $\sphericalangle DCE = 16{,}44°$; Ergebnisse: $\overline{EC} = 4{,}80$ m; $\overline{ED} = 1{,}69$ m] 4

B 1.4 Der Kreis um D mit dem Radius $\overline{DE}$ schneidet die Strecke [DC] im Punkt F.
Zeichnen Sie den zugehörigen Kreisbogen $\overset{\frown}{EF}$ in die Zeichnung zu B 1.2 ein und berechnen Sie sodann das Maß des Winkels EDF.
[Ergebnis: $\sphericalangle EDF = 126{,}42°$] 2

B 1.5 Im Bereich, der durch die Strecken [FD] und [DE] sowie durch den Kreisbogen $\overset{\frown}{EF}$ begrenzt ist, wird eine Dusche errichtet. Die restliche Bodenfläche wird gefliest.
Ermitteln Sie den Flächeninhalt A des zu fliesenden Bodens. 4

B 1.6 Der Punkt P mit $P \in [EF]$ kennzeichnet die Lage des Abflusses der Dusche. Dabei hat P die minimale Entfernung zum Punkt D.
Zeichnen Sie die Strecke [EF] und den Punkt P in die Zeichnung zu B 1.2 ein und bestimmen Sie sodann durch Rechnung die Länge der Strecke [PD]. 2

17

Aufgabe B 2

B 2.0 Die nebenstehende Skizze zeigt ein Schrägbild der Pyramide ABCDS, deren Grundfläche das Quadrat ABCD ist.

Die Spitze S der Pyramide liegt senkrecht über dem Mittelpunkt M der Strecke [AD].

N ist Mittelpunkt der Strecke [BC].

Es gilt: $\overline{AB} = 8$ cm; $\sphericalangle SNM = 55°$.

Runden Sie im Folgenden auf zwei Stellen nach dem Komma.

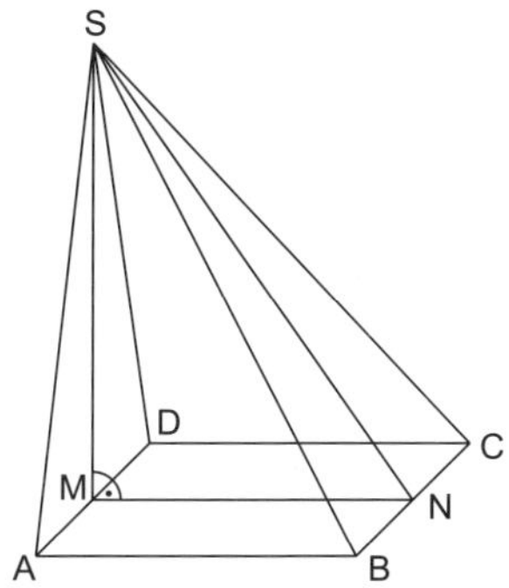

B 2.1 Zeichnen Sie das Schrägbild der Pyramide ABCDS, wobei die Strecke [MN] auf der Schrägbildachse und der Punkt M links vom Punkt N liegen soll.

Für die Zeichnung gilt: $q = \frac{1}{2}$; $\omega = 45°$.

Berechnen Sie sodann die Höhe [MS] der Pyramide ABCDS und die Länge der Strecke [SN].

[Ergebnisse: $\overline{MS} = 11{,}43$ cm; $\overline{SN} = 13{,}95$ cm] 4

B 2.2 Punkte P_n auf der Strecke [SN] mit $\overline{P_nS}(x) = x$ cm mit $x \in \mathbb{R}$ und $x \in]0; 13{,}95[$ sind die Spitzen von Pyramiden $BCMP_n$. Punkte F_n sind die Fußpunkte der Pyramidenhöhen $[P_nF_n]$.
Zeichnen Sie für x = 5 die Pyramide $BCMP_1$ zusammen mit ihrer Höhe $[P_1F_1]$ in das Schrägbild zu B 2.1 ein. Berechnen Sie sodann das Maß des Winkels $\sphericalangle SP_1M$.

[Teilergebnis: $\overline{MP_1} = 7{,}88$ cm] 4

B 2.3 Zeigen Sie, dass für das Volumen V der Pyramiden $BCMP_n$ in Abhängigkeit von x gilt: $V(x) = (-8{,}75x + 121{,}92)$ cm^3. 3

B 2.4 Ermitteln Sie rechnerisch, für welche Werte von x das zugehörige Volumen der Pyramiden $BCMP_n$ mehr als 34 % des Volumens der Pyramide ABCDS beträgt. 3

B 2.5 Unter den Punkten P_n hat der Punkt P_2 die kürzeste Entfernung zu M.
Zeichnen Sie die Pyramide $BCMP_2$ in das Schrägbild zu B 2.1 ein.
Berechnen Sie sodann die Länge der Strecke $[MP_2]$ sowie den zugehörigen Wert für x. 3

17

Lösung

Aufgabe B 1

B 1.1 Im rechtwinkligen Dreieck ABC gilt:

$$\cos \sphericalangle BAC = \frac{\overline{AB}}{\overline{AC}} \qquad | \cdot \overline{AC}$$

$$\overline{AB} = \overline{AC} \cdot \cos \sphericalangle BAC$$

$$\overline{AB} = 6{,}00 \text{ m} \cdot \cos 36{,}87°$$

$$\overline{AB} = 4{,}80 \text{ m}$$

$$\sin \sphericalangle BAC = \frac{\overline{BC}}{\overline{AC}} \qquad | \cdot \overline{AC}$$

$$\overline{BC} = \overline{AC} \cdot \sin \sphericalangle BAC$$

$$\overline{BC} = 6{,}00 \text{ m} \cdot \sin 36{,}87°$$

$$\overline{BC} = 3{,}60 \text{ m}$$

oder:
Berechnung von $\overline{BC}$ mit dem Satz des Pythagoras im rechtwinkligen Dreieck ABC:

$$\overline{AC}^2 = \overline{AB}^2 + \overline{BC}^2 \qquad | -\overline{AB}^2$$

$$\overline{BC}^2 = \overline{AC}^2 - \overline{AB}^2 \qquad | \sqrt{}$$

$$\overline{BC} = \sqrt{\overline{AC}^2 - \overline{AB}^2}$$

$$\overline{BC} = \sqrt{6{,}00^2 - 4{,}80^2} \text{ m}$$

$$\overline{BC} = 3{,}60 \text{ m}$$

B 1.2 Maßstab 1 : 50, d. h., 50 cm in der Realität entsprechen 1 cm in der Zeichnung.

Zeichnen des Grundrisses im Maßstab 1 : 50

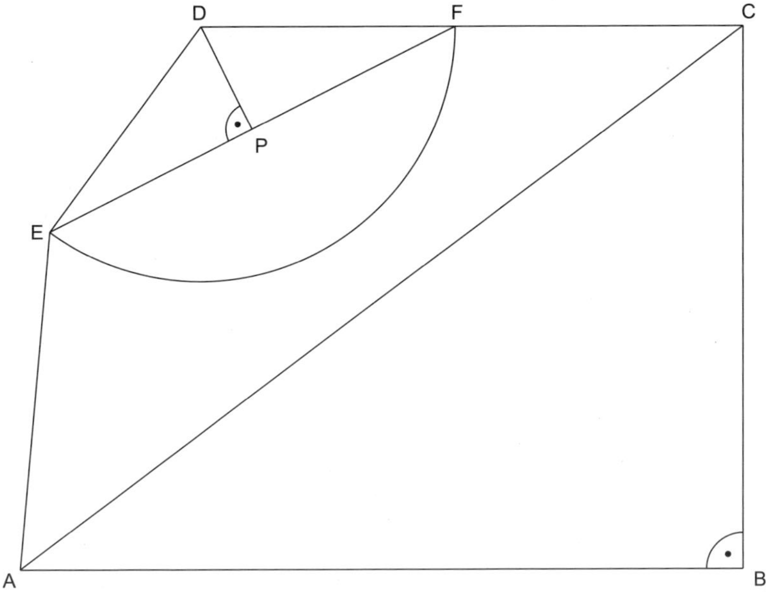

Begründung, dass die Geraden AB und CD parallel sind:

$\sphericalangle BAC = \sphericalangle DCA \quad \Rightarrow \quad AB \parallel CD$ (Wechselwinkel an parallelen Geraden)

oder:

$\sphericalangle ACB = 180° - \sphericalangle CBA - \sphericalangle BAC$

$\sphericalangle ACB = 180° - 90° - 36{,}87°$

$\sphericalangle ACB = 53{,}13°$

$\sphericalangle DCB = \sphericalangle DCA + \sphericalangle ACB = 36{,}87° + 53{,}13° = 90°$

$\sphericalangle CBA = \sphericalangle DCB = 90° \quad \Rightarrow \quad AB \parallel CD$

B 1.3 Die Streckenlänge $\overline{EC}$ kann mithilfe des Kosinussatzes im Dreieck ACE berechnet werden. Hierzu benötigt man das Maß des Winkels CAE.

Berechnung des Winkelmaßes $\sphericalangle CAE$:

$\sphericalangle CAE = \sphericalangle BAE - \sphericalangle BAC$

$\sphericalangle CAE = 85° - 36{,}87°$

$\sphericalangle CAE = 48{,}13°$

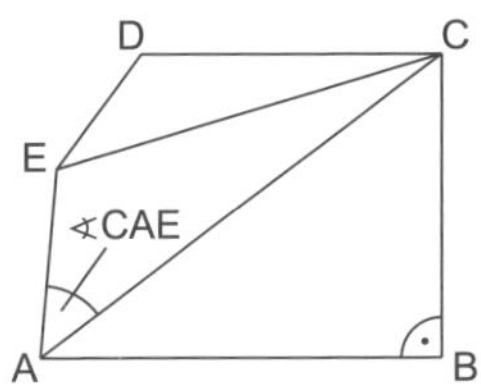

Berechnung der Streckenlänge $\overline{EC}$ mithilfe des Kosinussatzes im Dreieck ACE:

$$\overline{EC}^2 = \overline{AE}^2 + \overline{AC}^2 - 2 \cdot \overline{AE} \cdot \overline{AC} \cdot \cos\sphericalangle CAE \qquad |\sqrt{\ }$$

$$\overline{EC} = \sqrt{2,25^2 + 6,00^2 - 2 \cdot 2,25 \cdot 6,00 \cdot \cos 48,13°}\ \text{m}$$

$$\overline{EC} = 4,80\ \text{m}$$

Um die Streckenlänge $\overline{ED}$ mithilfe des Kosinussatzes im Dreieck ECD berechnen zu können, benötigt man das Maß des Winkels DCE. Um dieses zu bestimmen, kann man mithilfe des Sinussatzes im Dreieck ACE das Maß des Winkels ECA berechnen.

Berechnung des Winkelmaßes $\sphericalangle$ECA mit dem Sinussatz im Dreieck ACE:

$$\frac{\sin\sphericalangle ECA}{\overline{AE}} = \frac{\sin\sphericalangle CAE}{\overline{EC}}$$

$$\frac{\sin\sphericalangle ECA}{2,25\ \text{m}} = \frac{\sin 48,13°}{4,80\ \text{m}} \qquad |\cdot 2,25\ \text{m}$$

$$\sin\sphericalangle ECA = \frac{2,25\ \text{m}}{4,80\ \text{m}} \cdot \sin 48,13°$$

$$\sphericalangle ECA = 20,43°$$

Berechnung des Winkelmaßes $\sphericalangle$DCE:

$$\sphericalangle DCE = \sphericalangle DCA - \sphericalangle ECA$$

$$\sphericalangle DCE = 36,87° - 20,43°$$

$$\sphericalangle DCE = 16,44°$$

Berechnung der Streckenlänge $\overline{ED}$ mithilfe des Kosinussatzes im Dreieck ECD:

$$\overline{ED}^2 = \overline{EC}^2 + \overline{CD}^2 - 2 \cdot \overline{EC} \cdot \overline{CD} \cdot \cos\sphericalangle DCE \qquad |\sqrt{\ }$$

$$\overline{ED} = \sqrt{4,80^2 + 3,60^2 - 2 \cdot 4,80 \cdot 3,60 \cdot \cos 16,44°}\ \text{m}$$

$$\overline{ED} = 1,69\ \text{m}$$

B 1.4 Einzeichnen des Kreisbogens $\overset{\frown}{EF}$

Berechnung des Winkelmaßes $\sphericalangle$EDF mithilfe des Kosinussatzes im Dreieck ECD:

$$\overline{EC}^2 = \overline{ED}^2 + \overline{CD}^2 - 2 \cdot \overline{ED} \cdot \overline{CD} \cdot \cos\sphericalangle EDF$$

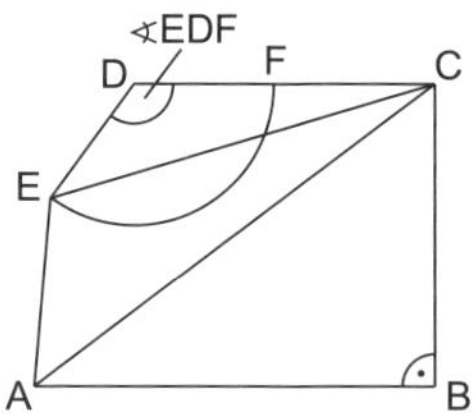

$$\cos\sphericalangle EDF = \frac{\overline{ED}^2 + \overline{CD}^2 - \overline{EC}^2}{2 \cdot \overline{ED} \cdot \overline{CD}}$$

$$\cos\sphericalangle EDF = \frac{1,69^2 + 3,60^2 - 4,80^2}{2 \cdot 1,69 \cdot 3,60}$$

$$\sphericalangle EDF = 126,42°$$

oder:
Berechnung des Winkelmaßes $\sphericalangle EDF$ mithilfe des Sinussatzes im Dreieck ECD:

$$\frac{\sin\sphericalangle EDF}{\overline{EC}} = \frac{\sin\sphericalangle DCE}{\overline{ED}}$$

$$\frac{\sin\sphericalangle EDF}{4{,}80\text{ m}} = \frac{\sin 16{,}44^\circ}{1{,}69\text{ m}} \qquad \vert \cdot 4{,}80\text{ m}$$

$$\sin\sphericalangle EDF = \frac{4{,}80\text{ m}}{1{,}69\text{ m}} \cdot \sin 16{,}44^\circ$$

$$(\sphericalangle EDF = 53{,}50^\circ) \quad \vee \quad \sphericalangle EDF = 126{,}50^\circ$$

Bei diesem Lösungsweg erhält man zwei Lösungen. $\sphericalangle EDF = 53{,}50^\circ$ kann aufgrund der Anschauung nicht stimmen. $\sphericalangle EDF$ muss größer als 90° sein.

Bemerkung: Die Abweichung im Ergebnis bei der Berechnung mit dem Sinussatz kommt durch Rundungsungenauigkeiten zustande. Im Folgenden sollten Sie mit dem angegebenen Ergebnis $\sphericalangle EDF = 126{,}42^\circ$ weiterrechnen.

B 1.5 Die zu fliesende Fläche besteht aus der Fläche des Fünfecks ABCDE ohne die Fläche des Sektors DEF.
Die Fläche des Fünfecks kann durch Zerlegung in die Dreiecke ABC, ACE und ECD berechnet werden.

$\sphericalangle CAE = 48{,}13^\circ$ (vgl. Teilaufgabe B 1.3)

Berechnung des Flächeninhalts des Fünfecks A_{ABCDE}:

$$A_{ABCDE} = A_{\Delta ABC} + A_{\Delta ACE} + A_{\Delta ECD}$$

$$A_{ABCDE} = \frac{1}{2} \cdot \overline{AB} \cdot \overline{BC} + \frac{1}{2} \cdot \overline{AC} \cdot \overline{AE} \cdot \sin\sphericalangle CAE + \frac{1}{2} \cdot \overline{ED} \cdot \overline{CD} \cdot \sin\sphericalangle EDF$$

$$A_{ABCDE} = \frac{1}{2} \cdot (4{,}80 \cdot 3{,}60 + 6 \cdot 2{,}25 \cdot \sin 48{,}13^\circ + 1{,}69 \cdot 3{,}60 \cdot \sin 126{,}42^\circ)\text{ m}^2$$

$$A_{ABCDE} = 16{,}11\text{ m}^2$$

Berechnung des Flächeninhalts des Sektors EDF:

$$A_{\text{Sektor EDF}} = \frac{\sphericalangle EDF}{360^\circ} \cdot \overline{ED}^2 \cdot \pi$$

$$A_{\text{Sektor EDF}} = \frac{126{,}42^\circ}{360^\circ} \cdot 1{,}69^2 \cdot \pi\text{ m}^2$$

$$A_{\text{Sektor EDF}} = 3{,}15\text{ m}^2$$

Berechnung des Flächeninhalts des zu fließenden Bodens:

$$A = A_{ABCDE} - A_{\text{Sektor EDF}}$$

$$A = (16{,}11 - 3{,}15)\text{ m}^2$$

$$A = 12{,}96\text{ m}^2$$

B 1.6 Der Punkt P hat dann die minimale Entfernung zum Punkt D, wenn gilt: $\sphericalangle DPE = 90°$

Einzeichnen der Strecke [EF] und des Punktes P

Im gleichschenkligen Dreieck EFD wird der Winkel EDF durch die Höhe [PD] halbiert.

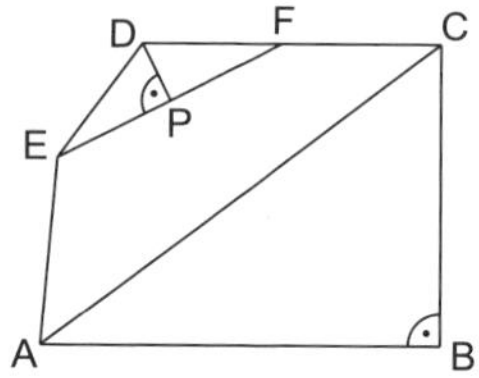

$\sphericalangle EDP = \frac{1}{2} \cdot \sphericalangle EDF = 63{,}21°$

Im rechtwinkligen Dreieck EPD gilt:

$$\cos \sphericalangle EDP = \frac{\overline{PD}}{\overline{ED}} \qquad | \cdot \overline{ED}$$

$$\overline{PD} = \overline{ED} \cdot \cos \sphericalangle EDP$$

$$\overline{PD} = 1{,}69 \text{ m} \cdot \cos 63{,}21°$$

$$\overline{PD} = 0{,}76 \text{ m}$$

oder:
Im gleichschenkligen Dreieck EFD gilt:

$$2 \cdot \sphericalangle PED = 180° - \sphericalangle EDF$$

$$2 \cdot \sphericalangle PED = 180° - 126{,}42°$$

$$2 \cdot \sphericalangle PED = 53{,}58° \qquad |:2$$

$$\sphericalangle PED = 26{,}79°$$

Im rechtwinkligen Dreieck EPD gilt:

$$\sin \sphericalangle PED = \frac{\overline{PD}}{\overline{ED}} \qquad | \cdot \overline{ED}$$

$$\overline{PD} = \overline{ED} \cdot \sin \sphericalangle PED$$

$$\overline{PD} = 1{,}69 \text{ m} \cdot \sin 26{,}79°$$

$$\overline{PD} = 0{,}76 \text{ m}$$

Aufgabe B 2

B 2.1 Zeichnen des Schrägbilds der Pyramide ABCDS

- N ist der Mittelpunkt der Strecke [BC] und M ist der Mittelpunkt der Strecke [AD]. Es gilt: $\overline{MN} = \overline{AB} = 8$ cm.
- Da [MN] auf der Schrägbildachse liegt, wird [MN] in wahrer Länge angetragen.
- Da der Winkel $\sphericalangle SNM$ in der Zeichenebene liegt, wird auch dieser in wahrer Größe angetragen. Der Punkt S liegt senkrecht über M.
- Da [BC] und [AD] senkrecht zur Zeichenebene verlaufen, schließen diese mit der Schrägbildachse den Winkel $\omega = 45°$ ein und ihre Längen werden um den Faktor $q = \frac{1}{2}$ verkürzt. (Es gilt: $\overline{BC} = \overline{AD} = \overline{AB} = 8$ cm.)

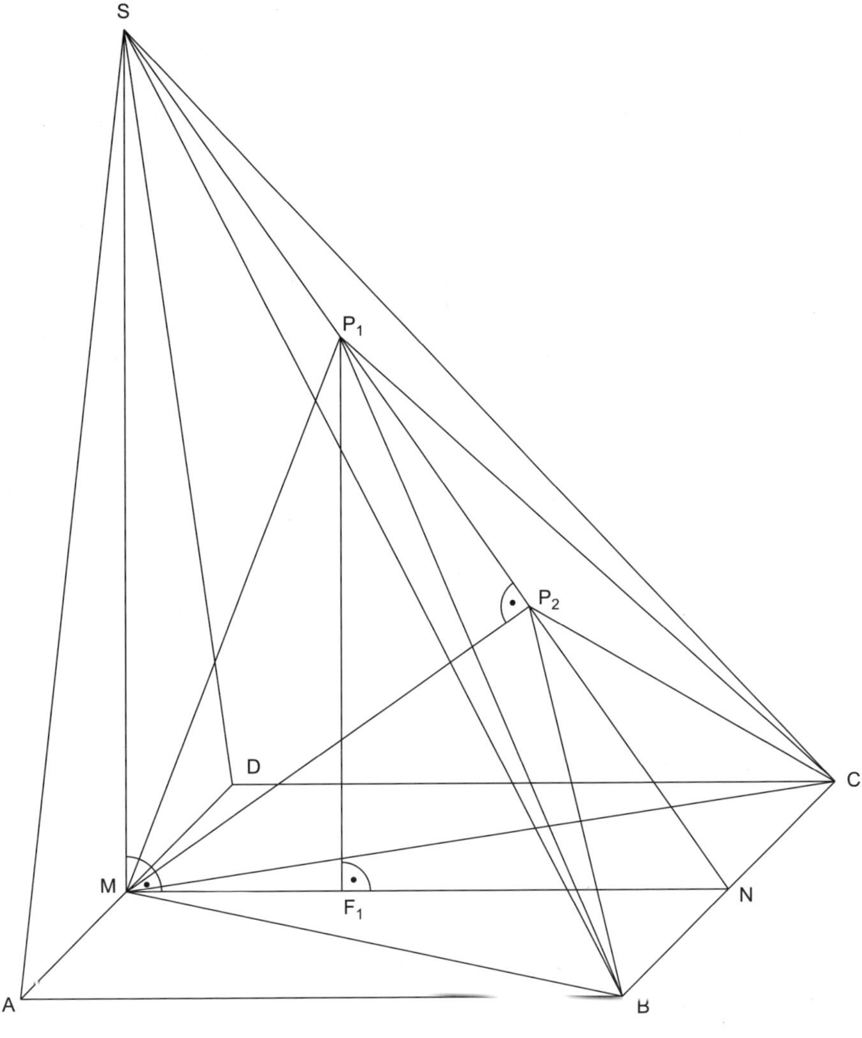

Im rechtwinkligen Dreieck MNS gilt:

$\tan \sphericalangle SNM = \frac{\overline{MS}}{\overline{MN}} \qquad \Big| \cdot \overline{MN}$

$\overline{MS} = \overline{MN} \cdot \tan \sphericalangle SNM \qquad$ mit $\overline{MN} = \overline{AB} = 8\text{ cm}$

$\overline{MS} = 8\text{ cm} \cdot \tan 55°$

$\overline{MS} = 11{,}43\text{ cm}$

$\cos \sphericalangle SNM = \frac{\overline{MN}}{\overline{SN}}$ $\quad \Big| \cdot \frac{\overline{SN}}{\cos \sphericalangle SNM}$

$\overline{SN} = \frac{\overline{MN}}{\cos \sphericalangle SNM}$ $\quad$ mit $\overline{MN} = \overline{AB} = 8\text{ cm}$

$\overline{SN} = \frac{8\text{ cm}}{\cos 55°}$

$\overline{SN} = 13{,}95\text{ cm}$

oder:

Berechnung von $\overline{SN}$ mit dem Satz des Pythagoras im rechtwinkligen Dreieck MNS:

$\overline{SN}^2 = \overline{MS}^2 + \overline{MN}^2$ $\quad |\sqrt{\ }$

$\overline{SN} = \sqrt{\overline{MS}^2 + \overline{MN}^2}$ $\quad$ mit $\overline{MN} = \overline{AB} = 8\text{ cm}$

$\overline{SN} = \sqrt{11{,}43^2 + 8^2}\text{ cm}$

$\overline{SN} = 13{,}95\text{ cm}$

B 2.2 Einzeichnen der Pyramide $BCMP_1$

- P_1 liegt auf [SN] und es gilt $\overline{P_1S} = 5\text{ cm}$.
- F_1 ist der Fußpunkt der Pyramidenhöhe $[P_1F_1]$.

- Um das Maß des Winkels SP_1M mithilfe des Kosinussatzes im Dreieck MP_1S berechnen zu können, benötigt man noch die Streckenlänge $\overline{MP_1}$.

Berechnung des Winkelmaßes $\sphericalangle MSN$ im Dreieck MNS:

$\sphericalangle MSN = 180° - \sphericalangle NMS - \sphericalangle SNM$

$\sphericalangle MSN = 180° - 90° - 55°$

$\sphericalangle MSN = 35°$

Berechnung der Streckenlänge $\overline{MP_1}$ mithilfe des Kosinussatzes im Dreieck MP_1S:

$\overline{MP_1}^2 = \overline{MS}^2 + \overline{P_1S}^2 - 2 \cdot \overline{MS} \cdot \overline{P_1S} \cdot \cos \sphericalangle MSN$ $\quad |\sqrt{\ }$

$\overline{MP_1} = \sqrt{11{,}43^2 + 5^2 - 2 \cdot 11{,}43 \cdot 5 \cdot \cos 35°}\text{ cm}$

$\overline{MP_1} = 7{,}88\text{ cm}$

oder:

- Um die Streckenlänge $\overline{MP_1}$ mithilfe des Kosinussatzes im Dreieck MNP_1 berechnen zu können, benötigt man die Länge der Strecke $[NP_1]$.

Berechnung der Streckenlänge $\overline{NP_1}$:

$\overline{NP_1} = \overline{SN} - \overline{P_1S}$

$\overline{NP_1} = (13{,}95 - 5)\text{ cm}$

$\overline{NP_1} = 8{,}95\text{ cm}$

Berechnung der Streckenlänge $\overline{MP_1}$ mithilfe des Kosinussatzes im Dreieck MNP_1:

$$\overline{MP_1}^2 = \overline{MN}^2 + \overline{NP_1}^2 - 2 \cdot \overline{MN} \cdot \overline{NP_1} \cdot \cos \sphericalangle SNM \qquad |\sqrt{\ }$$

$$\overline{MP_1} = \sqrt{8^2 + 8{,}95^2 - 2 \cdot 8 \cdot 8{,}95 \cdot \cos 55^\circ} \text{ cm}$$

$$\overline{MP_1} = 7{,}87 \text{ cm}$$

Berechnung des Winkelmaßes SP_1M mithilfe des Kosinussatzes im Dreieck MP_1S:

$$\overline{MS}^2 = \overline{MP_1}^2 + \overline{P_1S}^2 - 2 \cdot \overline{MP_1} \cdot \overline{P_1S} \cdot \cos \sphericalangle SP_1M$$

$$\cos \sphericalangle SP_1M = \frac{\overline{MP_1}^2 + \overline{P_1S}^2 - \overline{MS}^2}{2 \cdot \overline{MP_1} \cdot \overline{P_1S}}$$

$$\cos \sphericalangle SP_1M = \frac{7{,}88^2 + 5^2 - 11{,}43^2}{2 \cdot 7{,}88 \cdot 5}$$

$$\sphericalangle SP_1M = 123{,}55^\circ$$

Bemerkung: Rechnet man mit dem Zwischenergebnis $\overline{MP_1} = 7{,}87$ cm aus der Alternative, erhält man den Winkel $\sphericalangle SP_1M = 123{,}74^\circ$.

B 2.3 Zur Bestimmung des Volumens der Pyramiden $BCMP_n$ in Abhängigkeit von x benötigt man die Pyramidenhöhe $\overline{P_nF_n}(x)$. Um diese berechnen zu können, ist die Länge der Strecke $[NP_n]$ in Abhängigkeit von x zu bestimmen.

Bestimmung von $\overline{NP_n}$ in Abhängigkeit von x:

$$\overline{NP_n}(x) = \overline{SN} - x \qquad x \in \mathbb{R};\ x \in \,]0; 13{,}95[$$

$$\overline{NP_n}(x) = (13{,}95 - x) \text{ cm}$$

Berechnung von $\overline{P_nF_n}$ in Abhängigkeit von x im rechtwinkligen Dreieck F_nNP_n:

$$\sin \sphericalangle P_nNF_n = \frac{\overline{P_nF_n}}{\overline{NP_n}} \qquad | \cdot \overline{NP_n}$$

$$\overline{P_nF_n} = \overline{NP_n} \cdot \sin \sphericalangle P_nNF_n \qquad \text{mit } \sphericalangle P_nNF_n = \sphericalangle SNM = 55^\circ$$

$$\overline{P_nF_n}(x) = (13{,}95 - x) \text{ cm} \cdot \sin 55^\circ \qquad x \in \mathbb{R};\ x \in \,]0; 13{,}95[$$

$$\overline{P_nF_n}(x) = (-0{,}82x + 11{,}43) \text{ cm}$$

oder:

Berechnung von $\overline{P_nF_n}$ in Abhängigkeit von x mit dem Vierstreckensatz:

$$\frac{\overline{P_nF_n}}{\overline{MS}} = \frac{\overline{NP_n}}{\overline{SN}} \qquad | \cdot \overline{MS}$$

$$\overline{P_nF_n} = \frac{\overline{NP_n}}{\overline{SN}} \cdot \overline{MS}$$

$$\overline{P_nF_n}(x) = \frac{(13{,}95 - x) \text{ cm}}{13{,}95 \text{ cm}} \cdot 11{,}43 \text{ cm} \qquad x \in \mathbb{R};\ x \in \,]0; 13{,}95[$$

$$\overline{P_nF_n}(x) = (-0{,}82x + 11{,}43) \text{ cm}$$

Berechnung des Volumens der Pyramiden $BCMP_n$ in Abhängigkeit von x:

$$V = \frac{1}{3} \cdot \left(\frac{1}{2} \cdot \overline{AB}^2\right) \cdot \overline{P_nF_n}$$

$$V(x) = \frac{1}{3} \cdot \frac{1}{2} \cdot 8^2 \cdot (-0{,}82x + 11{,}43)\ \text{cm}^3 \qquad x \in \mathbb{R};\ x \in]0;\ 13{,}95[$$

$$V(x) = (-8{,}75x + 121{,}92)\ \text{cm}^3$$

B 2.4 Berechnung des Volumens der Pyramide ABCDS:

$$V_{ABCDS} = \frac{1}{3} \cdot \overline{AB}^2 \cdot \overline{MS}$$

$$V_{ABCDS} = \frac{1}{3} \cdot 8^2 \cdot 11{,}43\ \text{cm}^3$$

$$V_{ABCDS} = 243{,}84\ \text{cm}^3$$

$$V(x) > 0{,}34 \cdot V_{ABCDS}$$

$$\Leftrightarrow \quad V(x) > 0{,}34 \cdot 243{,}84\ \text{cm}^3$$

$$\Leftrightarrow \quad -8{,}75x + 121{,}92 > 82{,}91 \qquad |-121{,}92 \qquad x \in \mathbb{R};\ x \in]0;\ 13{,}95[$$

$$\Leftrightarrow \quad -8{,}75x > -39{,}01 \qquad |:(-8{,}75)$$

$$\Leftrightarrow \quad x < 4{,}46$$

$$\mathbb{L} = \{x \mid x < 4{,}46\}$$

B 2.5 Der Punkt P_2 hat dann die kürzeste Entfernung zu M, wenn gilt: $\sphericalangle MP_2N = 90°$.

Einzeichnen der Pyramide $BCMP_2$

Im rechtwinkligen Dreieck MNP_2 gilt:

$$\sin \sphericalangle P_2NM = \frac{\overline{MP_2}}{\overline{MN}} \qquad |\cdot \overline{MN}$$

$$\overline{MP_2} = \overline{MN} \cdot \sin \sphericalangle P_2NM \qquad \text{mit } \sphericalangle P_2NM = \sphericalangle SNM = 55°$$

$$\overline{MP_2} = 8\ \text{cm} \cdot \sin 55°$$

$$\overline{MP_2} = 6{,}55\ \text{cm}$$

$\overline{NP_n}(x) = (13{,}95 - x)$ cm (vgl. Teilaufgabe B 2.3)

Im rechtwinkligen Dreieck MNP_2 gilt:

$$\cos \sphericalangle P_2NM = \frac{\overline{NP_2}}{\overline{MN}} \qquad \text{mit } \sphericalangle P_2NM = \sphericalangle SNM = 55°$$

$$\Leftrightarrow \quad \cos 55° = \frac{13{,}95 - x}{8} \qquad |\cdot 8 \qquad x \in \mathbb{R};\ x \in]0;\ 13{,}95[$$

$$\Leftrightarrow \quad 8 \cdot \cos 55° = 13{,}95 - x \qquad |+x - 8 \cdot \cos 55°$$

$$\Leftrightarrow \quad x = 13{,}95 - 8 \cdot \cos 55°$$

$$\Leftrightarrow \quad x = 9{,}36$$

$$\mathbb{L} = \{9{,}36\}$$

oder:
Berechnung von $\overline{NP_2}$ mit dem Satz des Pythagoras im rechtwinkligen Dreieck MNP_2:

$$\overline{MN}^2 = \overline{MP_2}^2 + \overline{NP_2}^2 \qquad \left| -\overline{MP_2}^2 \right.$$

$$\overline{NP_2}^2 = \overline{MN}^2 - \overline{MP_2}^2 \qquad \left| \sqrt{} \right.$$

$$\overline{NP_2} = \sqrt{\overline{MN}^2 - \overline{MP_2}^2} \qquad \text{mit } \overline{MN} = \overline{AB} = 8\text{ cm}$$

$$\overline{NP_2} = \sqrt{8^2 - 6{,}55^2}\text{ cm}$$

$$\overline{NP_2} = 4{,}59\text{ cm}$$

Berechnung des zugehörigen Wertes für x:

$$\overline{NP_n}(x) = \overline{NP_2}$$

$$\Leftrightarrow \quad 13{,}95 - x = 4{,}59 \qquad \left| + x - 4{,}59 \right. \qquad x \in \mathbb{R};\ x \in\ ]0;\ 13{,}95[$$

$$\Leftrightarrow \quad x = 13{,}95 - 4{,}59$$

$$\Leftrightarrow \quad x = 9{,}36$$

$\mathbb{L} = \{9{,}36\}$

oder:
Berechnung von $\overline{MP_2}$ wie oben.
$\sphericalangle MSP_2 = \sphericalangle MSN = 35°$ (vgl. Teilaufgabe B 2.2)
Im rechtwinkligen Dreieck MP_2S gilt:

$$\tan \sphericalangle MSP_2 = \frac{\overline{MP_2}}{x\text{ cm}} \qquad \left| \cdot \frac{x\text{ cm}}{\tan \sphericalangle MSP_2} \right. \qquad x \in \mathbb{R};\ x \in\ ]0;\ 13{,}95[$$

$$x\text{ cm} = \frac{\overline{MP_2}}{\tan \sphericalangle MSP_2}$$

$$x\text{ cm} = \frac{6{,}55\text{ cm}}{\tan 35°}$$

$$x\text{ cm} = 9{,}35\text{ cm}$$

$\mathbb{L} = \{9{,}35\}$

Abschlussprüfung an Realschulen 2016 – Mathematik II/III
Teil A

Aufgabe A 1

A 1.0 Der Wertverlust verschiedener E-Bike-Modelle liegt zwischen 14 und 33 Prozent jährlich. Der Restwert y Euro des E-Bikes „Blitz“ (Neupreis 3 500 Euro) nach x Jahren lässt sich näherungsweise durch die Funktion f: $y = 3\,500 \cdot 0{,}85^x$ $(\mathbb{G} = \mathbb{R}_0^+ \times \mathbb{R}^+)$ bestimmen.

A 1.1 Ergänzen Sie die Wertetabelle auf Ganze gerundet und zeichnen Sie sodann den Graphen der Funktion f in das Koordinatensystem. 2

x	0	1	2	3	4	5	6	7	8
$3\,500 \cdot 0{,}85^x$									

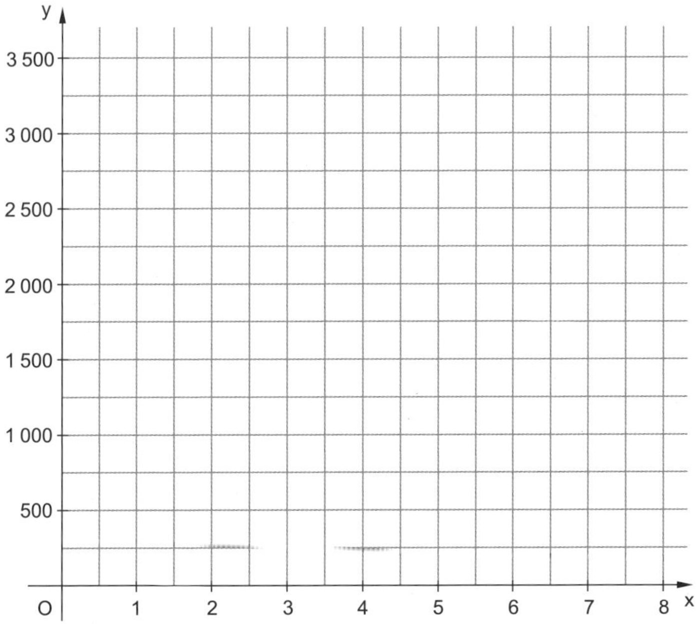

A 1.2 Berechnen Sie den Wertverlust des E-Bikes „Blitz“ in Euro nach den ersten drei Jahren. 1

A 1.3 Ermitteln Sie mithilfe des Graphen der Funktion f, nach welcher Zeit sich der Wert des E-Bikes „Blitz“ halbiert hat. 2

Aufgabe A 2

A 2.0 Die Zeichnung zeigt das Trapez ABCD mit $[AB] \parallel [CD]$.
Es gilt: $\overline{AB} = 9$ cm; $\overline{CD} = 4{,}5$ cm; $\overline{AL} = 3$ cm; $\overline{DL} = 4$ cm.

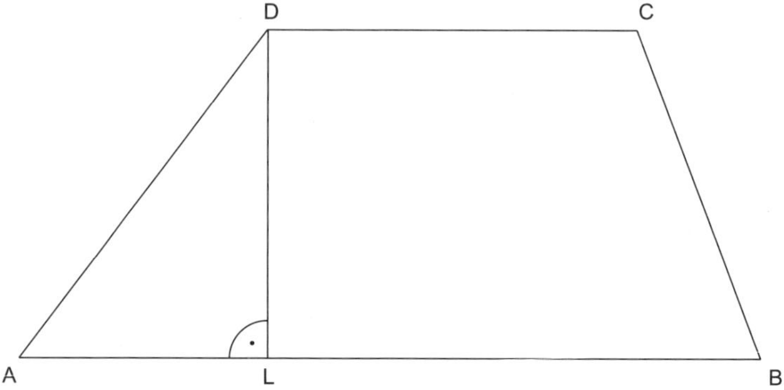

Runden Sie im Folgenden auf zwei Stellen nach dem Komma.

A 2.1 Berechnen Sie das Maß δ des Winkels ADC. 2

A 2.2 Verlängert man die Seite [AB] über B hinaus um x cm und verkürzt gleichzeitig die Strecke [DL] von D aus um x cm, so entstehen für $x \in \mathbb{R}$; $x \in]0; 4[$ Trapeze $AB_nC_nD_n$ mit $[AB_n] \parallel [C_nD_n]$ und $\overline{C_nD_n} = 4{,}5$ cm.
Zeichnen Sie das Trapez $AB_1C_1D_1$ für $x = 2$ in die Zeichnung zu A 2.0 ein. 1

A 2.3 Geben Sie den Wert für x an, für den man das gleichschenklige Trapez $AB_2C_2D_2$ erhält. 1

A 2.4 Berechnen Sie den Flächeninhalt A der Trapeze $AB_nC_nD_n$ in Abhängigkeit von x.
[Ergebnis: $A(x) = (-0{,}5x^2 - 4{,}75x + 27)$ cm²] 2

A 2.5 Begründen Sie durch Rechnung, dass es unter den Trapezen $AB_nC_nD_n$ für $x \in]0; 4[$ kein Trapez mit einem Flächeninhalt von 28 cm² gibt. 3

Aufgabe A 3

A 3.0 Eine Schreinerei stellt Spielzeugkreisel aus Holz her. Die nebenstehende Zeichnung des Axialschnitts eines Rotationskörpers mit der Rotationsachse BM dient als Vorlage für solche Spielzeugkreisel.

Es gilt:

$\overline{AC} = 5\text{ cm}$; $\overline{BM} = 4{,}5\text{ cm}$;

$\overline{AN} = \overline{BN}$; $\sphericalangle BFE = 77°$.

Runden Sie im Folgenden auf zwei Stellen nach dem Komma.

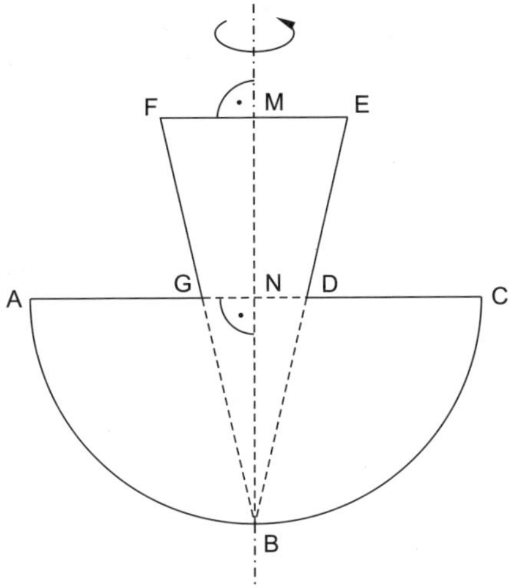

A 3.1 Berechnen Sie die Länge der Strecke [FM] und die Länge der Strecke [GN].
[Ergebnisse: $\overline{FM} = 1{,}04\text{ cm}$; $\overline{GN} = 0{,}58\text{ cm}$] 2

A 3.2 Berechnen Sie das Volumen V eines solchen Spielzeugkreisels. 3

19

Lösung

Aufgabe A 1

A 1.1 Einzeichnen des Graphen zu f mithilfe der Wertetabelle:

x	0	1	2	3	4	5	6	7	8
$3\,500 \cdot 0{,}85^x$	3 500	2 975	2 529	2 149	1 827	1 553	1 320	1 122	954

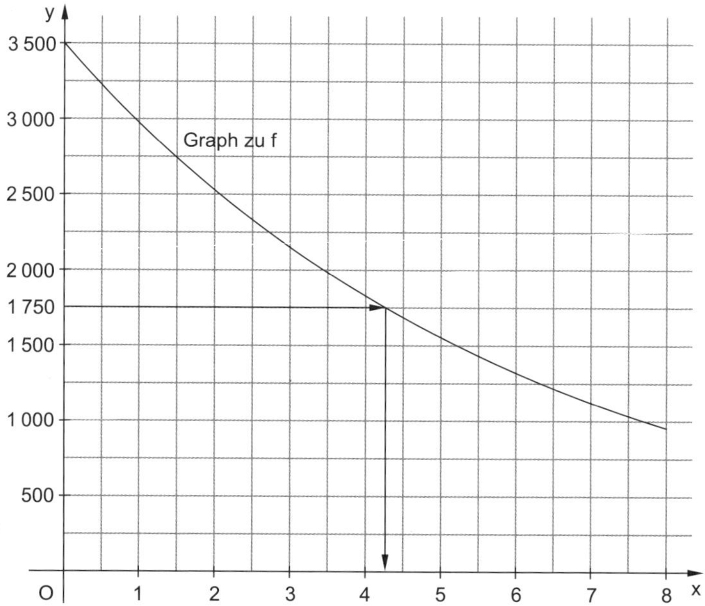

A 1.2 Restwert nach drei Jahren: 2 149 €
Wertverlust: (3 500 – 2 149) € = 1 351 €

A 1.3 Im Rahmen der Zeichengenauigkeit: nach 4,3 Jahren

Aufgabe A 2

A 2.1 Bestimmen Sie zunächst $\sphericalangle$ ADL. Berechnen Sie dann $\delta = \sphericalangle ADL + 90°$.

Im rechtwinkligen Dreieck ALD gilt:

$$\tan \sphericalangle ADL = \frac{\overline{AL}}{\overline{DL}}$$

$$\tan \sphericalangle ADL = \frac{3\text{ cm}}{4\text{ cm}}$$

$$\sphericalangle ADL = 36{,}87°$$

Also gilt:

$\delta = \sphericalangle ADL + 90°$

$\delta = 36{,}87° + 90°$

$\delta = 126{,}87°$

A 2.2 Zeichnen des Trapezes $AB_1C_1D_1$

- B_1 erhält man durch Verlängerung von [AB] über B hinaus um 2 cm, also $\overline{AB_1} = 11\,\text{cm}$.
- D_1 erhält man durch Verkürzung von [DL] von D aus um 2 cm, also $\overline{D_1L} = 2\,\text{cm}$.
- $[C_1D_1]$ ist parallel zu [CD] und genauso lang wie [CD].

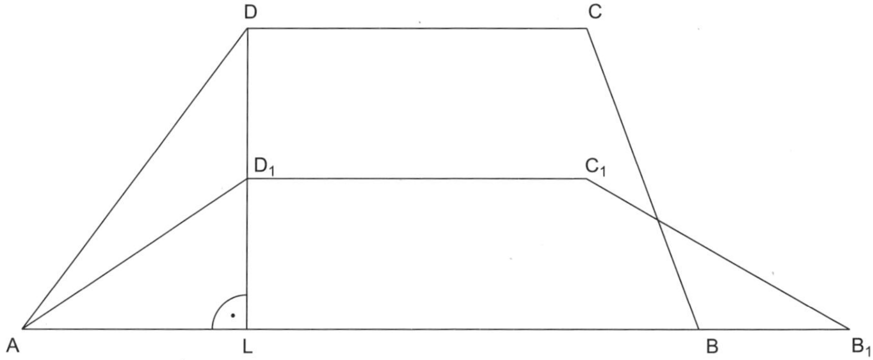

A 2.3 Es sei F der Fußpunkt des Lotes von C auf AB (siehe Skizze unten).
Das Trapez $AB_2C_2D_2$ ist gleichschenklig, wenn gilt:

$\overline{FB_2} = \overline{AL} = 3\,\text{cm}$

Zudem gilt:

$\overline{FB_2} = \overline{FB} + x\text{ cm}$ mit $\overline{FB} = \overline{AB} - \overline{AL} - \overline{CD}$ $x \in \mathbb{R};\ x \in]0;4[$

$\overline{FB_2} = \overline{AB} - \overline{AL} - \overline{CD} + x\text{ cm}$

$\overline{FB_2} = (9 - 3 - 4{,}5 + x)\text{ cm}$

$\overline{FB_2} = (1{,}5 + x)\text{ cm}$

Gleichsetzen der beiden Ausdrücke für $\overline{FB_2}$ liefert:

$1{,}5 + x = 3 \quad |-1{,}5$ $x \in \mathbb{R};\ x \in]0;4[$

$x = 1{,}5$

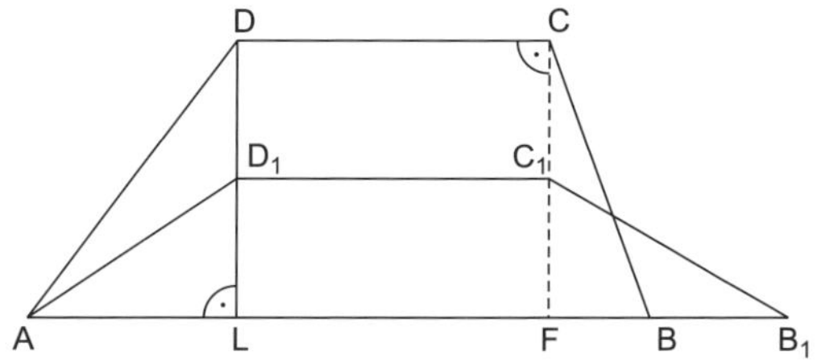

A 2.4 Berechnung des Flächeninhalts der Trapeze $AB_nC_nD_n$ in Abhängigkeit von x:

$$A = \frac{1}{2} \cdot (\overline{AB_n} + \overline{C_nD_n}) \cdot \overline{D_nL}$$

$$A(x) = \frac{1}{2} \cdot [(9 + x) + 4{,}5] \cdot (4 - x)\ \text{cm}^2 \qquad x \in \mathbb{R};\ x \in\ ]0;4[$$

$$A(x) = \frac{1}{2} \cdot (13{,}5 + x) \cdot (4 - x)\ \text{cm}^2$$

$$A(x) = \frac{1}{2} \cdot (54 - 13{,}5x + 4x - x^2)\ \text{cm}^2$$

$$A(x) = \frac{1}{2} \cdot (-x^2 - 9{,}5x + 54)\ \text{cm}^2$$

$$A(x) = (-0{,}5x^2 - 4{,}75x + 27)\ \text{cm}^2$$

A 2.5 Um zu überprüfen, ob es unter den Trapezen $AB_nC_nD_n$ eines mit dem Flächeninhalt 28 cm² gibt, löst man die Gleichung $A(x) = 28\ \text{cm}^2$.

$$A(x) = 28\ \text{cm}^2$$

$$\Leftrightarrow\ -0{,}5x^2 - 4{,}75x + 27 = 28 \qquad |-28 \qquad x \in \mathbb{R};\ x \in\ ]0;4[$$

$$\Leftrightarrow\ -0{,}5x^2 - 4{,}75x - 1 = 0 \qquad |\cdot(-1)$$

$$\Leftrightarrow\ 0{,}5x^2 + 4{,}75x + 1 = 0$$

$$\Leftrightarrow\ x = \frac{-4{,}75 + \sqrt{4{,}75^2 - 4 \cdot 0{,}5 \cdot 1}}{2 \cdot 0{,}5} \ \vee\ x = \frac{-4{,}75 - \sqrt{4{,}75^2 - 4 \cdot 0{,}5 \cdot 1}}{2 \cdot 0{,}5}$$

$$\Leftrightarrow\ x = -0{,}22 \ \vee\ x = -9{,}28$$

$$\mathbb{L} = \varnothing$$

Unter den Trapezen $AB_nC_nD_n$ gibt es für $x \in\ ]0; 4[$ keines mit dem Flächeninhalt $A = 28\ \text{cm}^2$.

Aufgabe A 3

A 3.1 Berechnung von $\overline{FM}$ im rechtwinkligen Dreieck BMF:

$$\tan \sphericalangle BFE = \frac{\overline{BM}}{\overline{FM}}$$

$$\tan 77° = \frac{4{,}5\ \text{cm}}{\overline{FM}} \qquad \left|\cdot \frac{\overline{FM}}{\tan 77°}\right.$$

$$\overline{FM} = \frac{4{,}5\ \text{cm}}{\tan 77°}$$

$$\overline{FM} = 1{,}04\ \text{cm}$$

Berechnung von $\overline{GN}$ im rechtwinkligen Dreieck BNG:

$$\tan \sphericalangle BGN = \frac{\overline{BN}}{\overline{GN}} \qquad \text{mit } \overline{BN} = \frac{\overline{AC}}{2} = 2{,}5\text{ cm} \text{ und } \sphericalangle BGN = \sphericalangle BFE = 77°$$

$$\tan 77° = \frac{2{,}5\text{ cm}}{\overline{GN}} \qquad \left|\cdot \frac{\overline{GN}}{\tan 77°}\right.$$

$$\overline{GN} = \frac{2{,}5\text{ cm}}{\tan 77°}$$

$$\overline{GN} = 0{,}58\text{ cm}$$

oder:

Berechnung von $\overline{GN}$ mithilfe des Vierstreckensatzes:

$$\frac{\overline{GN}}{\overline{FM}} = \frac{\overline{BN}}{\overline{BM}}$$

$$\frac{\overline{GN}}{1{,}04\text{ cm}} = \frac{2{,}5\text{ cm}}{4{,}5\text{ cm}} \qquad |\cdot 1{,}04\text{ cm}$$

$$\overline{GN} = 0{,}58\text{ cm}$$

A 3.2 Der Spielzeugkreisel setzt sich zusammen aus einer Halbkugel und einem Kegelstumpf. Das Volumen des Kegelstumpfes berechnet man, indem man vom Volumen des großen Kegels das Volumen des kleinen Kegels abzieht.

Berechnung des Volumens des Spielzeugkreisels:

$$V = V_{\text{Halbkugel}} + V_{\text{Kegel groß}} - V_{\text{Kegel klein}}$$

$$V = \frac{1}{2} \cdot \frac{4}{3} \cdot \left(\frac{\overline{AC}}{2}\right)^3 \cdot \pi + \frac{1}{3} \cdot \overline{FM}^2 \cdot \pi \cdot \overline{BM} - \frac{1}{3} \cdot \overline{GN}^2 \cdot \pi \cdot \frac{\overline{AC}}{2}$$

$$V = \left(\frac{1}{2} \cdot \frac{4}{3} \cdot 2{,}5^3 \cdot \pi + \frac{1}{3} \cdot 1{,}04^2 \cdot \pi \cdot 4{,}5 - \frac{1}{3} \cdot 0{,}58^2 \cdot \pi \cdot 2{,}5\right)\text{cm}^3$$

$$V = (32{,}72 + 5{,}10 - 0{,}88)\text{ cm}^3$$

$$V = 36{,}94\text{ cm}^3$$

Abschlussprüfung an Realschulen 2016 – Mathematik II/III
Teil B

Aufgabe B 1

B 1.0 Die Parabel p mit dem Scheitel $S(4|-2)$ hat eine Gleichung der Form $y = 0{,}25x^2 + bx + c$ mit $\mathbb{G} = \mathbb{R} \times \mathbb{R}$ und $b, c \in \mathbb{R}$.
Die Gerade g hat die Gleichung $y = 0{,}5x + 2$ mit $\mathbb{G} = \mathbb{R} \times \mathbb{R}$.

B 1.1 Zeigen Sie durch Rechnung, dass die Parabel p die Gleichung $y = 0{,}25x^2 - 2x + 2$ hat.
Zeichnen Sie sodann die Parabel p sowie die Gerade g für $x \in [-1; 11]$ in ein Koordinatensystem ein.
Für die Zeichnung: Längeneinheit 1 cm; $-1 \leqq x \leqq 11$; $-3 \leqq y \leqq 11$ 3

B 1.2 Die Punkte $A(0|2)$ und $C(10|7)$ sind die Schnittpunkte der Parabel p mit der Geraden g. Sie sind zusammen mit Punkten $B_n(x|0{,}25x^2 - 2x + 2)$ auf der Parabel p Eckpunkte von Drachenvierecken AB_nCD_n mit der Geraden g als Symmetrieachse.
Zeichnen Sie das Drachenviereck AB_1CD_1 für $x = 6$ in das Koordinatensystem zu B 1.1 ein und geben Sie das Intervall für x an, für das es Drachenvierecke AB_nCD_n gibt. 2

B 1.3 Zeigen Sie rechnerisch, dass das Drachenviereck AB_1CD_1 bei B_1 rechtwinklig ist. 3

B 1.4 Unter den Drachenvierecken AB_nCD_n gibt es die Drachenvierecke AB_2CD_2 und AB_3CD_3, bei denen die Eckpunkte B_2 und B_3 auf der x-Achse liegen.
Bestimmen Sie rechnerisch die Koordinaten der Punkte B_2 und B_3. 2

B 1.5 Bestätigen Sie durch Rechnung, dass für den Flächeninhalt A der Drachenvierecke AB_nCD_n in Abhängigkeit von der Abszisse x der Punkte B_n gilt:
$A(x) = (-2{,}5x^2 + 25x)$ FE. 3

B 1.6 Unter den Drachenvierecken AB_nCD_n gibt es die Raute AB_4CD_4.
Zeichnen Sie die Raute AB_4CD_4 mit dem Diagonalenschnittpunkt M in das Koordinatensystem zu B 1.1 ein.
Ermitteln Sie sodann rechnerisch die Gleichung der Geraden MB_4.
[Teilergebnis: $M(5|4{,}5)$] 4

17

Aufgabe B 2

B 2.0 Das rechtwinklige Dreieck ABC mit der Hypotenuse [BC] ist die Grundfläche der Pyramide ABCS (siehe Skizze).
Die Spitze S liegt senkrecht über dem Punkt A.

Es gilt: $\overline{AC} = 10$ cm;
$\overline{AB} = 7$ cm;
$\overline{AS} = 9$ cm.

Runden Sie im Folgenden auf zwei Stellen nach dem Komma.

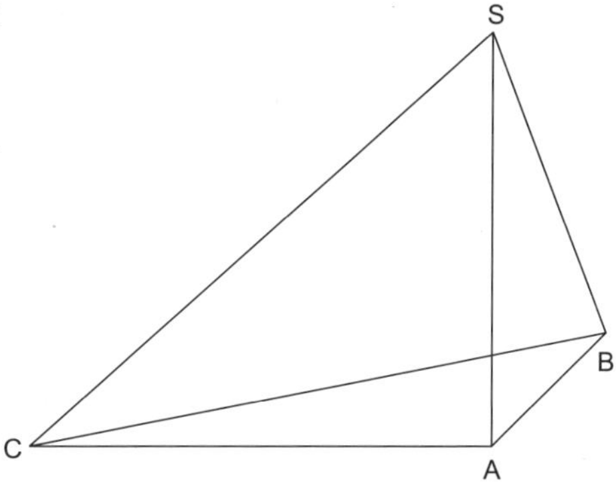

B 2.1 Zeichnen Sie das Schrägbild der Pyramide ABCS, wobei die Strecke [AC] auf der Schrägbildachse und der Punkt C links vom Punkt A liegen soll.
Für die Zeichnung gilt: $q = 0{,}5$; $\omega = 45°$.
Bestimmen Sie sodann rechnerisch die Länge der Strecke [CS] und das Maß ε des Winkels ACS.
[Ergebnisse: $\overline{CS} = 13{,}45$ cm; $\varepsilon = 41{,}99°$] 4

B 2.2 Für Punkte F_n auf der Strecke [AC] gilt: $\overline{AF_n}(x) = x$ cm mit $x \in \mathbb{R}$ und $0 < x < 10$. Die Punkte F_n sind Eckpunkte von Rechtecken $AD_nE_nF_n$ mit $D_n \in [AB]$ und $E_n \in [BC]$.
Zeichnen Sie das Rechteck $AD_1E_1F_1$ für $x = 4$ in das Schrägbild zu B 2.1 ein.
Berechnen Sie sodann die Länge der Strecken $[E_nF_n]$ in Abhängigkeit von x und ermitteln Sie rechnerisch den Wert für x, für den man das Quadrat $AD_0E_0F_0$ erhält.
[Ergebnis: $\overline{E_nF_n}(x) = (-0{,}7x + 7)$ cm] 4

B 2.3 Berechnen Sie den Flächeninhalt A der Rechtecke $AD_nE_nF_n$ in Abhängigkeit von x.
Bestimmen Sie sodann den Wert für x, für den der Flächeninhalt der Rechtecke $AD_nE_nF_n$ maximal wird. 2

B 2.4 Der Punkt T liegt auf der Strecke [CS] mit $\overline{TS} = 2$ cm. T ist die Spitze von Pyramiden $AD_nE_nF_nT$ mit den Rechtecken $AD_nE_nF_n$ als Grundflächen und der Höhe h.
Zeichnen Sie die Pyramide $AD_1E_1F_1T$ und die Höhe h in das Schrägbild zu B 2.1 ein. Zeigen Sie sodann, dass gilt: $h = 7{,}66$ cm. 3

B 2.5 Begründen Sie, dass für das Maß α der Winkel TF_nC gilt: $\alpha < 138{,}01°$.
Berechnen Sie anschließend die untere Intervallgrenze für α.
[Teilergebnis: $\overline{AT} = 7{,}80$ cm] 4

17

Lösung

Aufgabe B 1

B 1.1 $S(4|-2)$ ist der Scheitel der gestauchten Parabel p mit Formfaktor $a = 0{,}25$.

Einsetzen in die Scheitelform:

$$y = 0{,}25(x-4)^2 - 2 \qquad \mathbb{G} = \mathbb{R} \times \mathbb{R}$$
$$\Leftrightarrow \; y = 0{,}25(x^2 - 8x + 16) - 2$$
$$\Leftrightarrow \; y = 0{,}25x^2 - 2x + 4 - 2$$
$$\Leftrightarrow \; y = 0{,}25x^2 - 2x + 2$$
$$p: \; y = 0{,}25x^2 - 2x + 2$$

Einzeichnen der Geraden g mit dem y-Achsenabschnitt 2 und der Steigung 0,5.

Einzeichnen der Parabel p, z. B. mithilfe folgender Wertetabelle:

x	–1	0	1	2	3	4	5	6	7	8	9	10	11
$0{,}25x^2 - 2x + 2$	4,25	2	0,25	–1	–1,75	–2	–1,75	–1	0,25	2	4,25	7	10,25

oder:

Man zeichnet die Parabel mithilfe folgender Informationen ein: Die Parabel p hat den Scheitel $S(4|-2)$, ist nach oben geöffnet und mit dem Faktor 0,25 gestaucht.

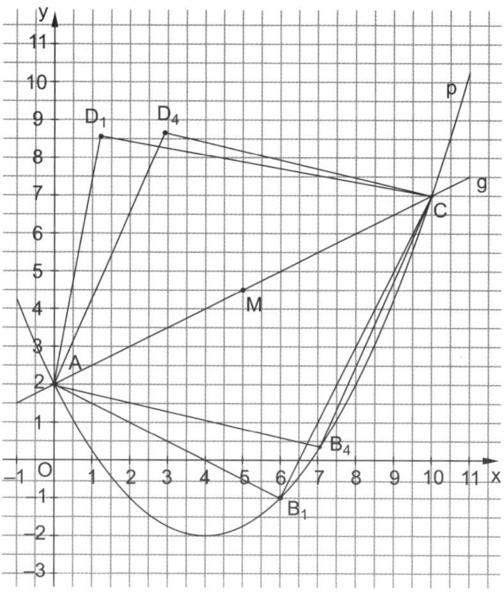

(Darstellung im Maßstab 1 : 2)

B 1.2 Einzeichnen des Drachenvierecks AB_1CD_1

- $A(0|2)$ und $C(10|7)$ sind fest.
- B_1 liegt auf der Parabel p und hat die x-Koordinate 6, also $B_1(6|-1)$.
- D_1 erhält man durch Spiegelung von B_1 an der Spiegelachse g.

Drachenvierecke AB_nCD_n gibt es für $x \in]0; 10[$.

B 1.3 Das Drachenviereck AB_1CD_1 ist rechtwinklig bei B_1, wenn für die Steigung m_{AB_1} der Geraden AB_1 und für die Steigung m_{B_1C} der Geraden B_1C gilt: $m_{AB_1} \cdot m_{B_1C} = -1$.

$A(0|2)$; $C(10|7)$; $B_1(6|-1)$

Steigung der Geraden AB_1:

$$m_{AB_1} = \frac{-1-2}{6-0}$$

$$m_{AB_1} = -\frac{1}{2}$$

Steigung der Geraden B_1C:

$$m_{B_1C} = \frac{7-(-1)}{10-6}$$

$$m_{B_1C} = 2$$

Somit gilt:

$$m_{AB_1} \cdot m_{B_1C} = -\frac{1}{2} \cdot 2 = -1$$

Damit ist gezeigt, dass gilt: $AB_1 \perp B_1C$.

Das Drachenviereck AB_1CD_1 ist also bei B_1 rechtwinklig.

oder:

Man berechnet die Seitenlängen $\overline{AB_1}$, $\overline{B_1C}$ und $\overline{AC}$ und überprüft die Rechtwinkligkeit durch Einsetzen in den Satz des Pythagoras. Erhält man eine wahre Aussage, ist das Dreieck AB_1C rechtwinklig.

Bestimmung der Seitenlänge $\overline{AB_1}$:

$$\overrightarrow{AB_1} = \begin{pmatrix} 6-0 \\ -1-2 \end{pmatrix} = \begin{pmatrix} 6 \\ 3 \end{pmatrix}$$

$$\overline{AB_1} = \sqrt{6^2 + (-3)^2} \text{ LE}$$

$$\overline{AB_1} = \sqrt{45} \text{ LE}$$

Bestimmung der Seitenlänge $\overline{B_1C}$:

$$\overrightarrow{B_1C} = \begin{pmatrix} 10-6 \\ 7-(-1) \end{pmatrix} = \begin{pmatrix} 4 \\ 8 \end{pmatrix}$$

$$\overline{B_1C} = \sqrt{4^2 + 8^2} \text{ LE}$$

$$\overline{B_1C} = \sqrt{80} \text{ LE}$$

Bestimmung der Seitenlänge $\overline{AC}$:

$$\overrightarrow{AC} = \begin{pmatrix} 10-0 \\ 7-2 \end{pmatrix} = \begin{pmatrix} 10 \\ 5 \end{pmatrix}$$

$$\overline{AC} = \sqrt{10^2 + 5^2}\ \text{LE}$$

$$\overline{AC} = \sqrt{125}\ \text{LE}$$

Einsetzen in den Satz des Pythagoras:

$$\overline{AC}^2 = \overline{AB_1}^2 + \overline{B_1C}^2 \qquad ?$$

$$125 = 45 + 80 \qquad \text{(wahr)}$$

Das Dreieck AB_1C ist rechtwinklig.

oder:

Der Winkel CB_1A kann im Dreieck AB_1C mithilfe des Kosinussatzes berechnet werden.

Kosinussatz im Dreieck AB_1C:

$$\overline{AC}^2 = \overline{AB_1}^2 + \overline{B_1C}^2 - 2 \cdot \overline{AB_1} \cdot \overline{B_1C} \cdot \cos\sphericalangle CB_1A$$

$$\cos\sphericalangle CB_1A = \frac{\overline{AB_1}^2 + \overline{B_1C}^2 - \overline{AC}^2}{2 \cdot \overline{AB_1} \cdot \overline{B_1C}}$$

$$\cos\sphericalangle CB_1A = \frac{45 + 80 - 125}{\sqrt{45} \cdot \sqrt{80}}$$

$$\cos\sphericalangle CB_1A = 0$$

$$\sphericalangle CB_1A = 90°$$

B 1.4 Die Punkte B_2 und B_3 liegen auf der Parabel p und auf der x-Achse. B_2 und B_3 sind also die Schnittpunkte der Parabel p mit der x-Achse.

Bestimmung der Koordinaten der Punkte B_2 und B_3:

$$0 = 0{,}25x^2 - 2x + 2 \qquad x \in \mathbb{R};\ x \in \,]0;\ 10[$$

$$\Leftrightarrow\ x = \frac{2 - \sqrt{4 - 4 \cdot 0{,}25 \cdot 2}}{2 \cdot 0{,}25} \quad \vee \quad x = \frac{2 + \sqrt{4 - 4 \cdot 0{,}25 \cdot 2}}{2 \cdot 0{,}25}$$

$$\Leftrightarrow\ x = 1{,}17 \quad \vee \quad x = 6{,}83$$

$B_2(1{,}17\,|\,0)$; $B_3(6{,}83\,|\,0)$

B 1.5 Für den Flächeninhalt der Drachenvierecke AB_nCD_n gilt:
$A = 2 \cdot A_{AB_nC} = 2 \cdot \frac{1}{2} \cdot \left| \overrightarrow{AB_n} \quad \overrightarrow{AC} \right|$ FE.
Berechnen Sie also zunächst $\overrightarrow{AB_n}(x)$ und $\overrightarrow{AC}$.

$$\overrightarrow{AB_n}(x) = \begin{pmatrix} x-0 \\ 0,25x^2 - 2x + 2 - 2 \end{pmatrix} = \begin{pmatrix} x \\ 0,25x^2 - 2x \end{pmatrix} \qquad x \in \mathbb{R};\, x \in \,]0;\, 10[$$

$$\overrightarrow{AC} = \begin{pmatrix} 10-0 \\ 7-2 \end{pmatrix} = \begin{pmatrix} 10 \\ 5 \end{pmatrix}$$

Berechnung des Flächeninhalts der Drachenvierecke AB_nCD_n:

$$A = 2 \cdot \frac{1}{2} \cdot \left| \overrightarrow{AB_n} \quad \overrightarrow{AC} \right| \text{FE}$$

$$A(x) = \begin{vmatrix} x & 10 \\ 0,25x^2 - 2x & 5 \end{vmatrix} \text{FE} \qquad x \in \mathbb{R};\, x \in \,]0;\, 10[$$

$$A(x) = [x \cdot 5 - (0,25x^2 - 2x) \cdot 10]\ \text{FE}$$

$$A(x) = [5x - (2,5x^2 - 20x)]\ \text{FE}$$

$$A(x) = (-2,5x^2 + 25x)\ \text{FE}$$

B 1.6 Bei Rauten halbieren sich die Diagonalen gegenseitig und stehen aufeinander senkrecht. Die Diagonale $[B_4D_4]$ geht also durch den Mittelpunkt M der Diagonalen [AC] und verläuft zu dieser senkrecht. B_4 ist somit der Schnittpunkt der Senkrechten zu AC durch den Mittelpunkt M mit der Parabel p.

Einzeichnen der Raute AB_4CD_4 und des Diagonalenschnittpunkts M

Zur Bestimmung der Gleichung der Geraden MB_4 benutzen Sie die Punkt-Steigungs-Form. Bestimmen Sie dazu die Koordinaten des Punkts M, durch den die Geraden MB_4 und g verlaufen.

Bestimmung der Koordinaten des Punkts M:

$$M\left(\frac{0+10}{2} \,\middle|\, \frac{2+7}{2}\right)$$

$$M(5 \mid 4,5)$$

Die Gerade MB_4 steht senkrecht zur Geraden g mit der Steigung $m_g = 0,5$.

Bestimmung der Steigung der Geraden MB_4:

$$m_{MB_4} = -\frac{1}{m_g} = -\frac{1}{0,5} = -2$$

Gleichung der Geraden MB_4:

$$y = -m_{MB_4}(x - x_M) + y_M \qquad \mathbb{G} = \mathbb{R} \times \mathbb{R}$$

$$y = -2(x-5) + 4,5$$

$$y = -2x + 14,5$$

Aufgabe B 2

B 2.1 Zeichnen des Schrägbildes der Pyramide ABCS

- Da [AC] auf der Schrägbildachse liegt, wird [AC] in wahrer Länge gezeichnet, wobei C links von A liegt.
- Da [AS] in der Zeichenebene liegt, wird auch [AS] in wahrer Länge gezeichnet und es gilt: $\sphericalangle SAC = 90°$.
- Da [AB] senkrecht zur Zeichenebene verläuft, schließt [AB] den Winkel $\omega = 45°$ mit der Schrägbildachse ein und $\overline{AB}$ wird um den Faktor $q = 0{,}5$ verkürzt.

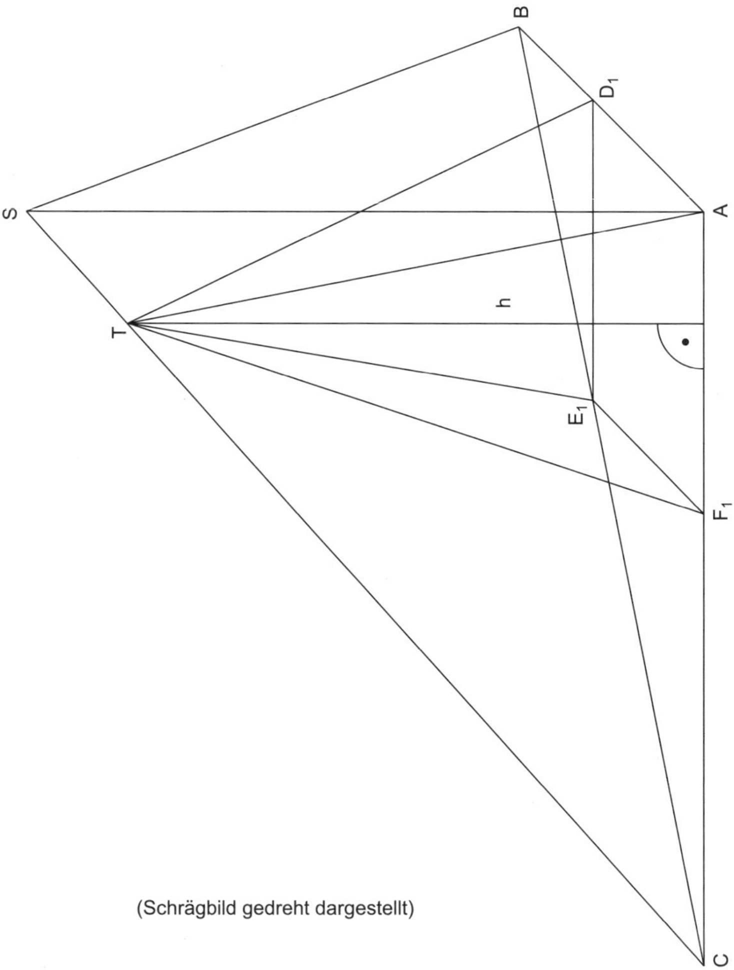

(Schrägbild gedreht dargestellt)

Berechnung von $\overline{CS}$ mithilfe des Satzes von Pythagoras im rechtwinkligen Dreieck ASC:

$$\overline{CS}^2 = \overline{AC}^2 + \overline{AS}^2 \qquad |\sqrt{\ }$$

$$\overline{CS} = \sqrt{\overline{AC}^2 + \overline{AS}^2}$$

$$\overline{CS} = \sqrt{10^2 + 9^2}\ \text{cm}$$

$$\overline{CS} = 13{,}45\ \text{cm}$$

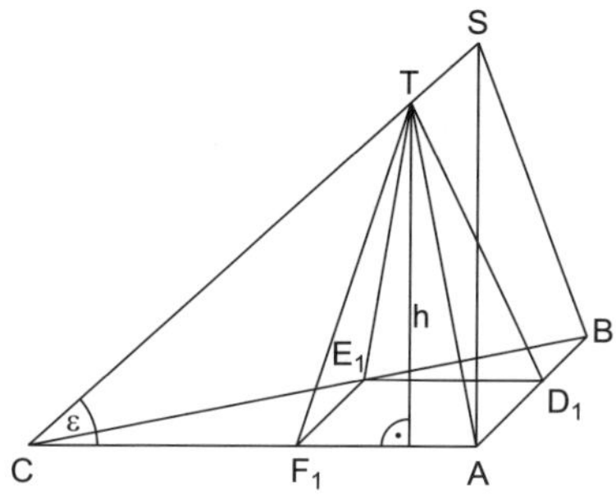

Bestimmung von ε im rechtwinkligen Dreieck ASC:

$$\tan\varepsilon = \frac{\overline{AS}}{\overline{AC}}$$

$$\tan\varepsilon = \frac{9\ \text{cm}}{10\ \text{cm}}$$

$$\varepsilon = 41{,}99°$$

B 2.2 Einzeichnen des Rechtecks $AD_1E_1F_1$

- F_1 liegt auf [AC] und ist 4 cm von A entfernt.
- Für E_1 gilt: $E_1 \in [BC]$ und $\sphericalangle AF_1E_1 = 90°$, $[F_1E_1]$ verläuft also parallel zu [AB].
- Für D_1 gilt: $D_1 \in [AB]$ und $[E_1D_1]$ verläuft parallel zu [AC].

Bestimmung von $\overline{E_nF_n}(x)$ mithilfe des Vierstreckensatzes:

$$\frac{\overline{E_nF_n}}{\overline{AB}} = \frac{\overline{CF_n}}{\overline{AC}} \qquad \text{mit } \overline{CF_n} = \overline{AC} - x\ \text{cm}$$

$$\frac{\overline{E_nF_n}(x)}{7\ \text{cm}} = \frac{(10-x)\ \text{cm}}{10\ \text{cm}} \qquad |\cdot 7\ \text{cm} \qquad x \in \mathbb{R};\ 0 < x < 10$$

$$\overline{E_nF_n}(x) = (-0{,}7x + 7)\ \text{cm}$$

oder:

Im rechtwinkligen Dreieck ABC gilt:

$$\tan\sphericalangle ACB = \frac{\overline{AB}}{\overline{AC}}$$

$$\tan\sphericalangle ACB = \frac{7\ \text{cm}}{10\ \text{cm}}$$

$$\tan\sphericalangle ACB = 0{,}7$$

Im rechtwinkligen Dreieck CF_nE_n gilt:

$$\tan \sphericalangle ACB = \frac{\overline{E_nF_n}}{\overline{CF_n}} \qquad \Big| \cdot \overline{CF_n}$$

$$\overline{E_nF_n} = \overline{CF_n} \cdot \tan \sphericalangle ACB \qquad \text{mit } \overline{CF_n} = \overline{AC} - x \text{ cm}$$

$$\overline{E_nF_n}(x) = (10 - x) \cdot 0{,}7 \text{ cm} \qquad x \in \mathbb{R}; 0 < x < 10$$

$$\overline{E_nF_n}(x) = (-0{,}7x + 7) \text{ cm}$$

Ein Quadrat ist ein Rechteck mit gleich langen Seiten, also $\overline{AF_0} = \overline{E_0F_0}$.

Bestimmung des Wertes für x, für den man das Quadrat $AD_0E_0F_0$ erhält:

Für das Quadrat $AD_0E_0F_0$ gilt:

$$\overline{AF_0} = \overline{E_0F_0}$$

$$\Leftrightarrow \quad x = -0{,}7x + 7 \qquad \Big| + 0{,}7x \qquad \mathbb{G} = \mathbb{R}; 0 < x < 10$$

$$\Leftrightarrow \quad 1{,}7x = 7 \qquad \Big| : 1{,}7$$

$$\Leftrightarrow \quad x = 4{,}12$$

$$\mathbb{L} = \{4{,}12\}$$

B 2.3 Für den Flächeninhalt der Rechtecke $AD_nE_nF_n$ gilt:

$$A = \overline{AF_n} \cdot \overline{E_nF_n}$$

$$A(x) = x \cdot (-0{,}7x + 7) \text{ cm}^2 \qquad x \in \mathbb{R}; 0 < x < 10$$

$$A(x) = (-0{,}7x^2 + 7x) \text{ cm}^2$$

Der Graph der Funktion für den Flächeninhalt ist eine nach unten geöffnete Parabel. Die Maximalstelle einer nach unten geöffneten Parabel ist die Abszisse ihres Scheitelpunkts. Bestimmen Sie also die Scheitelform der Parabel durch quadratische Ergänzung.

Ermittlung des Wertes für x, für den der Flächeninhalt maximal wird:

$$A(x) = -0{,}7 \cdot (x^2 - 10x) \text{ cm}^2$$

$$A(x) = -0{,}7 \cdot (x^2 - 10x + 5^2 - 5^2) \text{ cm}^2$$

$$A(x) = [-0{,}7(x - 5)^2 + 0{,}7 \cdot 25] \text{ cm}^2$$

Der Flächeninhalt wird maximal für $x = 5$.

B 2.4 Einzeichnen der Pyramide $AD_1E_1F_1T$ und der zugehörigen Höhe h

- T liegt auf [CS] und ist 2 cm von S entfernt.
- Verbinden Sie A, D_1, E_1 und F_1 mit T.
- h steht senkrecht auf [AF_1].

Sei L der Fußpunkt des Lotes von T auf [AC].
Im rechtwinkligen Dreieck CLT gilt:

$$\sin\varepsilon = \frac{h}{\overline{CT}} \qquad |\cdot \overline{CT}$$

$$h = \overline{CT}\cdot\sin\varepsilon \qquad \text{mit } \overline{CT} = \overline{CS} - \overline{TS}$$

$$h = (\overline{CS} - \overline{TS})\cdot\sin\varepsilon$$

$$h = (13{,}45 - 2)\cdot\sin 41{,}99^\circ \text{ cm}$$

$$h = 7{,}66 \text{ cm}$$

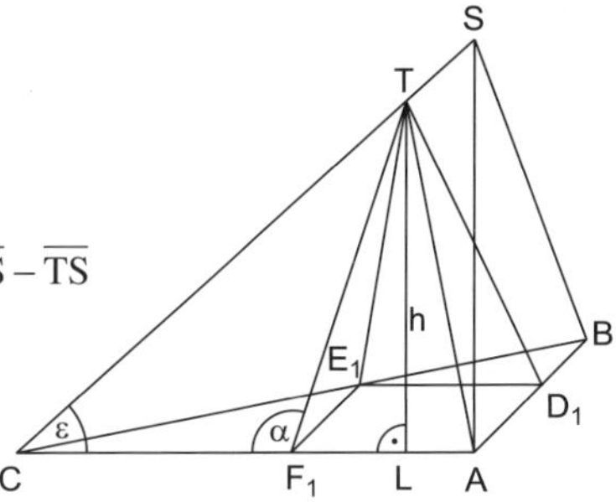

B 2.5 Bewegt sich der Punkt F_n auf [AC] in Richtung C, wird der Winkel α größer.
Bewegt sich F_n in Richtung A, wird α kleiner.
Im Dreieck TF_nC wird α maximal, wenn F_n möglichst nahe an C liegt, und minimal, wenn F_n möglichst nahe an A liegt.

Begründung für die obere Intervallgrenze für α:

$$\alpha + \varepsilon < 180^\circ \qquad (\text{Innenwinkelsumme})$$

$$\alpha + 41{,}99^\circ < 180^\circ \qquad |-41{,}99^\circ$$

$$\alpha < 138{,}01^\circ$$

Die untere Intervallgrenze ergibt sich für $F_n = A$, d. h., die untere Intervallgrenze ist das Maß des Winkels TAC.

Zur Berechnung des Winkels TAC bestimmen Sie zunächst $\overline{AT}$.

Berechnung von $\overline{AT}$ mithilfe des Kosinussatzes im Dreieck CAT:

$$\overline{AT}^2 = \overline{AC}^2 + \overline{CT}^2 - 2\cdot\overline{AC}\cdot\overline{CT}\cdot\cos\varepsilon \qquad |\sqrt{\ }$$

$$\overline{AT} = \sqrt{\overline{AC}^2 + \overline{CT}^2 - 2\cdot\overline{AC}\cdot\overline{CT}\cdot\cos\varepsilon}$$

$$\overline{AT} = \sqrt{10^2 + (13{,}45-2)^2 - 2\cdot 10\cdot(13{,}45-2)\cdot\cos 41{,}99^\circ} \text{ cm}$$

$$\overline{AT} = 7{,}80 \text{ cm}$$

Berechnung des Maßes des Winkels TAC mithilfe des Sinussatzes im Dreieck CAT:

$$\frac{\sin\sphericalangle TAC}{\overline{CT}} = \frac{\sin\sphericalangle ACT}{\overline{AT}} \qquad |\cdot\overline{CT} \qquad 0^\circ < \sphericalangle TAC < 90^\circ$$

$$\sin\sphericalangle TAC = \frac{\overline{CT}}{\overline{AT}}\cdot\sin\varepsilon$$

$$\sin\sphericalangle TAC = \frac{11{,}45 \text{ cm}}{7{,}80 \text{ cm}}\cdot\sin 41{,}99^\circ$$

$$\sphericalangle TAC = 79{,}13^\circ$$

Die untere Intervallgrenze für α ist 79,13°.

oder:

Sei L der Fußpunkt des Lotes von T auf [AC].
Im rechtwinkligen Dreieck LAT gilt:

$\sin\sphericalangle TAC = \frac{\overline{TL}}{\overline{AT}}$ mit $\overline{TL} = h$

$\sin\sphericalangle TAC = \frac{h}{\overline{AT}}$

$\sin\sphericalangle TAC = \frac{7{,}66\text{ cm}}{7{,}80\text{ cm}}$

$\sphericalangle TAC = 79{,}13°$

oder:

Sei L der Fußpunkt des Lotes von T auf [AC].

Zunächst wird $\overline{AL}$ mithilfe des Vierstreckensatzes berechnet, um dann das Maß des Winkels TAC im rechtwinkligen Dreieck LAT zu bestimmen.

Berechnung von $\overline{CL}$ mithilfe des Vierstreckensatzes:

$\frac{\overline{CL}}{\overline{AC}} = \frac{\overline{LT}}{\overline{AS}}$ $\quad | \cdot \overline{AC}$ mit $\overline{LT} = h$

$\overline{CL} = \frac{h}{\overline{AS}} \cdot \overline{AC}$

$\overline{CL} = \frac{7{,}66}{9} \cdot 10\text{ cm}$

$\overline{CL} = 8{,}51\text{ cm}$

Berechnung von $\overline{AL}$:

$\overline{AL} = \overline{AC} - \overline{CL}$

$\overline{AL} = 10\text{ cm} - 8{,}51\text{ cm}$

$\overline{AL} = 1{,}49\text{ cm}$

Im rechtwinkligen Dreieck LAT gilt:

$\tan\sphericalangle TAC = \frac{\overline{LT}}{\overline{AL}}$ mit $\overline{LT} = h$

$\tan\sphericalangle TAC = \frac{h}{\overline{AL}}$

$\tan\sphericalangle TAC = \frac{7{,}66}{1{,}49}$

$\sphericalangle TAC = 78{,}99°$

Bemerkung: Dieses Ergebnis weicht durch andere Rundungen vom obigen Ergebnis ab.

Abschlussprüfung an Realschulen 2017 – Mathematik II/III
Teil A

Aufgabe A 1

A 1.0 Ein 90 °C heißes Getränk wird zur Abkühlung ins Freie gestellt. Nach x Minuten beträgt die Temperatur des Getränks y °C. Die Funktion f mit der Gleichung $y = 90 \cdot 0{,}94^x$ mit $\mathbb{G} = \mathbb{R}_0^+ \times \mathbb{R}^+$ beschreibt näherungsweise den Abkühlvorgang in den ersten 20 Minuten.

A 1.1 Ergänzen Sie die Wertetabelle auf Ganze gerundet und zeichnen Sie sodann den Graphen zu f in das Koordinatensystem ein. 2

x	0	5	10	15	20
$90 \cdot 0{,}94^x$					

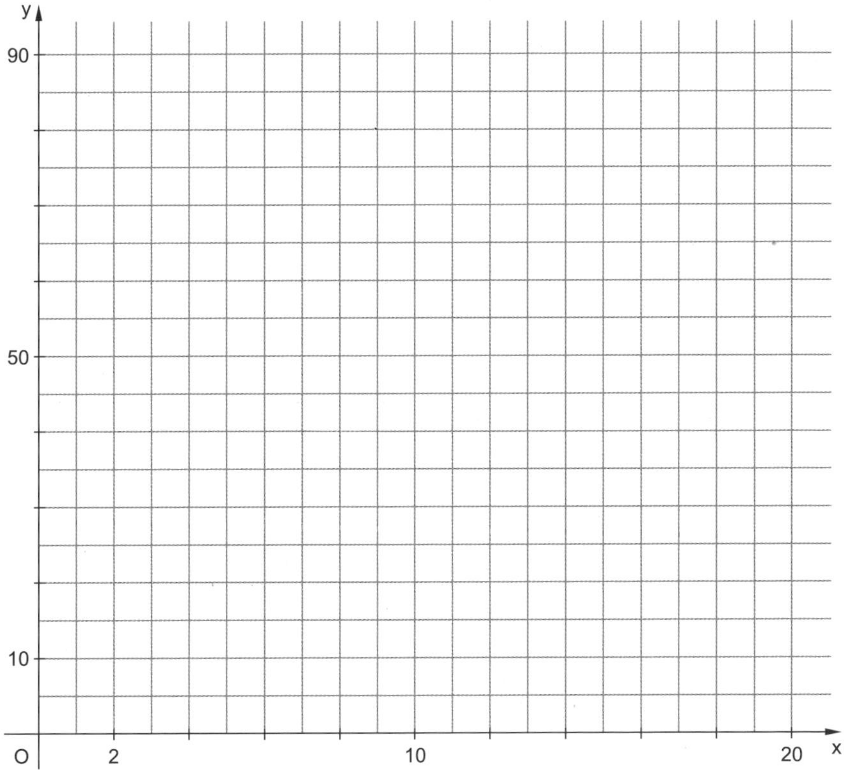

A 1.2 Geben Sie an, um wie viel Prozent das Getränk pro Minute kälter wird. 1

A 1.3 Ermitteln Sie mithilfe des Graphen zu f, nach wie vielen Minuten die Temperatur des Getränkes noch 40 °C beträgt. 1

A 1.4 Um wie viel Prozent ist die Temperatur des Getränkes nach sechs Minuten insgesamt gesunken? Kreuzen Sie den zutreffenden Wert an.

☐ 31 % ☐ 36 % ☐ 41 % ☐ 69 % 1

Aufgabe A 2

A 2.0 Das Rechteck ABCD mit $\overline{AB} = 12$ cm und $\overline{BC} = 7$ cm ist die Grundfläche der Pyramide ABCDS (siehe Zeichnung nächste Seite). Die Spitze S liegt senkrecht über dem Mittelpunkt E der Strecke [AD] mit $\overline{ES} = 7$ cm. Der Punkt F ist der Mittelpunkt der Strecke [BC].

Runden Sie im Folgenden auf zwei Stellen nach dem Komma.

A 2.1 Berechnen Sie das Maß φ des Winkels SFE sowie die Länge der Strecke [FS].

[Ergebnisse: $\varphi = 30{,}26°$; $\overline{FS} = 13{,}89$ cm] 2

A 2.2 Der Punkt P liegt auf der Strecke [EF] mit $\overline{EP} = 5$ cm. Für Punkte M_n auf der Strecke [FS] gilt: $\overline{FM_n}(x) = x$ cm mit $x < 13{,}89$ und $x \in \mathbb{R}^+$. Die Punkte M_n sind die Mittelpunkte von Strecken $[Q_nR_n]$ mit $R_n \in [CS]$, $Q_n \in [BS]$ und $[Q_nR_n] \parallel [BC]$.

Die Punkte P, R_n und Q_n sind die Eckpunkte von Dreiecken PR_nQ_n.

Zeichnen Sie das Dreieck PR_1Q_1 für $x = 3$ in das Schrägbild zu A 2.0 ein. 1

A 2.3 Der Punkt M_2 auf der Strecke [FS] liegt senkrecht über dem Punkt P. Zeichnen Sie M_2 und das Dreieck PR_2Q_2 in das Schrägbild zu A 2.0 ein.

Bestimmen Sie sodann durch Rechnung den zugehörigen Wert für x und die Länge der Strecke $[R_2Q_2]$.

[Ergebnis: $\overline{R_2Q_2} = 2{,}92$ cm] 3

A 2.4 Das Dreieck PR_2Q_2 ist die Grundfläche der Pyramide PR_2Q_2F.

Ermitteln Sie rechnerisch den prozentualen Anteil des Volumens der Pyramide PR_2Q_2F am Volumen der Pyramide ABCDS. 3

Abbildung zu A 2.0

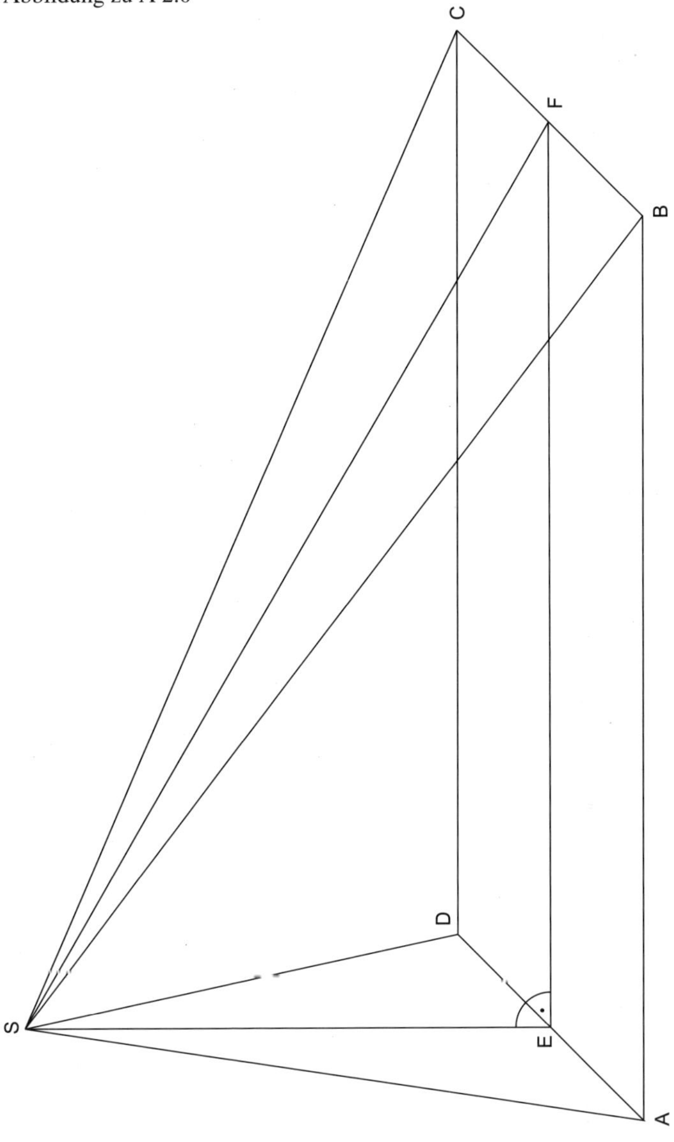

(Schrägbild gedreht dargestellt)

Aufgabe A 3

A 3.0 Die Figur ABCD dient als Schnittvorlage für eine Glasscheibe (siehe Skizze).

Der Kreisbogen $\overset{\frown}{CD}$ hat den Punkt B als Mittelpunkt und den Radius $r = \overline{BC}$.

Es gilt:

$\overline{AB} = 50{,}0 \text{ cm}$;

$\overline{BC} = 60{,}0 \text{ cm}$;

$\sphericalangle CBA = 90°$;

$\sphericalangle BAD = 120°$.

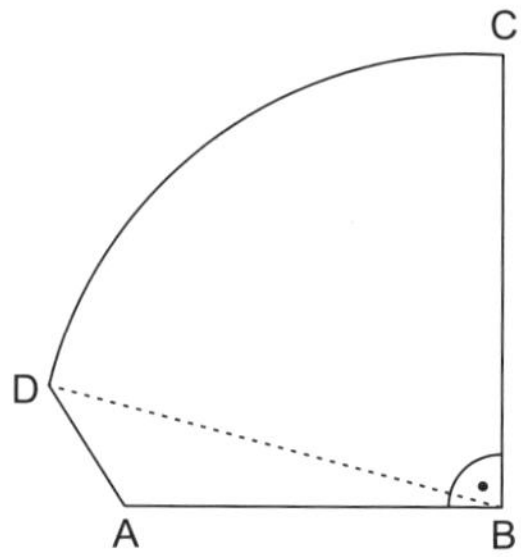

Runden Sie im Folgenden auf eine Stelle nach dem Komma.

A 3.1 Berechnen Sie die Länge der Strecke [DA].

[Teilergebnis: $\sphericalangle DBA = 13{,}8°$; Ergebnis: $\overline{DA} = 16{,}5 \text{ cm}$] 3

A 3.2 Die Glasscheibe wird aus einer quadratischen Glasplatte herausgeschnitten. Dazu bewegt sich ein Laserschneider mit einer Geschwindigkeit von 30 cm pro Sekunde entlang des Kreisbogens $\overset{\frown}{CD}$ und der Strecke [DA]. Berechnen Sie die hierfür benötigte Zeit. 2

19

Lösung

Aufgabe A 1

A 1.1 Einzeichnen des Graphen zu f mithilfe der Wertetabelle:

x	0	5	10	15	20
$90 \cdot 0{,}94^x$	90	66	48	36	26

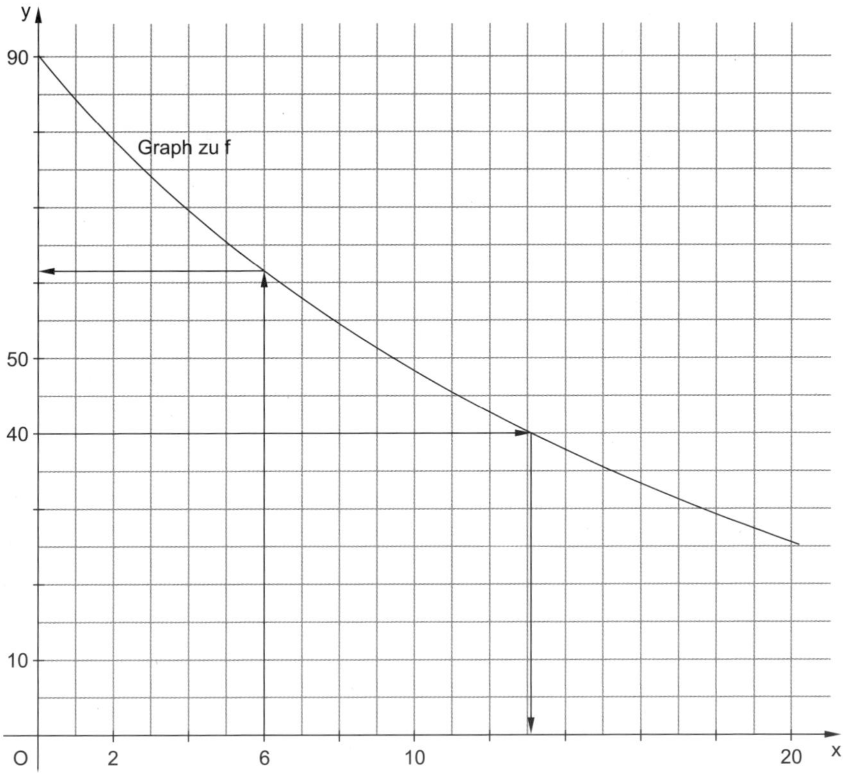

A 1.2 Jede Minute sinkt die Temperatur auf 94 % der vorhergehenden Temperatur. Das Getränk kühlt also pro Minute um 6 % ab.

A 1.3 Im Rahmen der Zeichengenauigkeit: nach 13 Minuten

A 1.4 Aus dem Graphen zu f ergibt sich für $x=6$ eine Temperatur von ca. 62 °C, d. h., das Getränk ist in 6 Minuten um ca. 28 °C abgekühlt.

$$p=\frac{28}{90}\cdot 100\ \%$$

$$p=31\ \%$$

oder:

$x=6$ in die Gleichung $y=90\cdot 0{,}94^{x}$ eingesetzt:
$y=90\cdot 0{,}94^{6} \Leftrightarrow y=62$

D. h., das Getränk ist in 6 Minuten um ca. 28 °C abgekühlt.
Berechnung des Prozentsatzes wie oben.

oder:

Pro Minute nimmt die Temperatur um 6 % ab. Bei einer linearen Abnahme würde die Abnahme in 6 Minuten also 36 % betragen. Bei einer exponentiellen Abnahme beziehen sich die 6 % aber immer auf die „aktuelle" Temperatur. Die Gesamtabnahme der Temperatur in 6 Minuten muss daher kleiner als 36 % sein. Somit bleibt als richtige Antwort nur 31 %.

oder:

Nach 6 Minuten ist die Temperatur auf $0{,}94^{6}=69\ \%$ der Ausgangstemperatur gefallen. Sie ist also insgesamt um 31 % gefallen.

☒ 31 %

Aufgabe A 2

A 2.1 Im rechtwinkligen Dreieck SEF gilt:

$$\tan\varphi=\frac{\overline{ES}}{\overline{EF}} \qquad \text{mit } \overline{EF}=\overline{AB}=12\text{ cm}$$

$$\tan\varphi=\frac{7\text{ cm}}{12\text{ cm}}$$

$$\varphi=30{,}26°$$

Berechnung von $\overline{FS}$ mit dem Satz des Pythagoras im rechtwinkligen Dreieck SEF:

$$\overline{FS}^2=\overline{ES}^2+\overline{EF}^2 \qquad |\sqrt{\ }$$

$$\overline{FS}=\sqrt{7^2+12^2}\text{ cm}$$

$$\overline{FS}=13{,}89\text{ cm}$$

oder:

Im rechtwinkligen Dreieck SEF gilt:

$$\cos\varphi=\frac{\overline{EF}}{\overline{FS}} \qquad \left|\cdot\frac{\overline{FS}}{\cos\varphi}\right.$$

$$\overline{FS}=\frac{\overline{EF}}{\cos\varphi}$$

$$\overline{FS} = \frac{12\text{ cm}}{\cos 30,26°}$$

$$\overline{FS} = 13,89\text{ cm}$$

oder:

Analoge Berechnung im rechtwinkligen Dreieck SEF mithilfe von $\sin\varphi$.

A 2.2 Einzeichnen des Dreiecks PR_1Q_1

- P liegt auf [EF] und ist 5 cm von E entfernt.
- M_1 liegt auf [FS] und ist 3 cm von F entfernt.
- Die Parallele zu [BC] durch M_1 schneidet [BS] in Q_1 und [CS] in R_1.

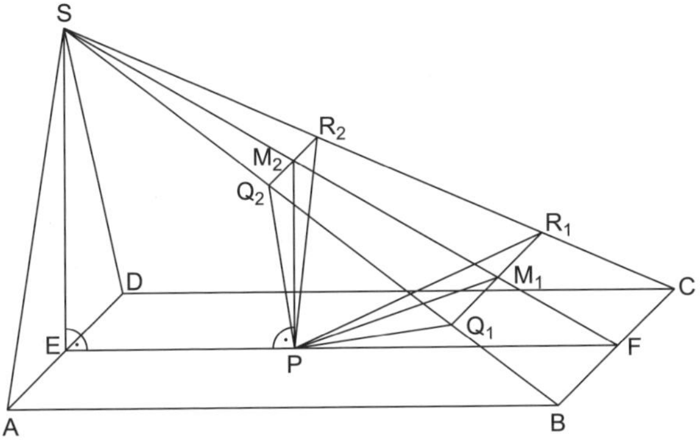

(Darstellung im Maßstab 1 : 2)

A 2.3 Einzeichnen des Punktes M_2 und des Dreiecks PR_2Q_2

- M_2 liegt auf [FS] und senkrecht über dem Punkt P (also $[M_2P] \perp [PF]$).
- Die Parallele zu [BC] durch M_2 schneidet [BS] in Q_2 und [CS] in R_2.

Bestimmung des zugehörigen Wertes für x:

Im rechtwinkligen Dreieck M_2PF gilt:

$$\cos\varphi = \frac{\overline{PF}}{\overline{FM_2}} \qquad \left| \cdot \frac{\overline{FM_2}}{\cos\varphi} \right.$$

$$\overline{FM_2} = \frac{\overline{PF}}{\cos\varphi} \qquad \text{mit } \overline{PF} = \overline{EF} - \overline{EP} = \overline{AB} - \overline{EP}$$

$$\overline{FM_2} = \frac{(12-5)\text{ cm}}{\cos 30,26°}$$

$$\overline{FM_2} = 8,10\text{ cm}$$

Also: $x = 8,10$

oder:

Vierstreckensatz:

$$\frac{\overline{FM_2}}{\overline{FS}} = \frac{\overline{PF}}{\overline{EF}} \qquad \Big|\cdot \overline{FS}$$

$$\overline{FM_2} = \frac{\overline{PF}}{\overline{EF}} \cdot \overline{FS}$$

$$\overline{FM_2} = \frac{(12-5)\text{ cm}}{12\text{ cm}} \cdot 13{,}89\text{ cm}$$

$$\overline{FM_2} = 8{,}10\text{ cm}$$

Also: $x = 8{,}10$

Berechnung von $\overline{R_2Q_2}$:

Vierstreckensatz:

$$\frac{\overline{R_2M_2}}{\overline{CF}} = \frac{\overline{SM_2}}{\overline{FS}} \qquad \Big|\cdot \overline{CF}$$

$$\overline{R_2M_2} = \frac{\overline{SM_2}}{\overline{FS}} \cdot \overline{CF} \qquad \text{mit } \overline{SM_2} = \overline{FS} - \overline{FM_2} \text{ und } \overline{CF} = \frac{1}{2} \cdot \overline{BC}$$

$$\overline{R_2M_2} = \frac{(13{,}89 - 8{,}10)\text{ cm}}{13{,}89\text{ cm}} \cdot 3{,}5\text{ cm}$$

$$\overline{R_2M_2} = 1{,}46\text{ cm}$$

Also: $\overline{R_2Q_2} = 2 \cdot \overline{R_2M_2} = 2{,}92\text{ cm}$

oder:

Man berechnet zunächst das Winkelmaß $\frac{\sphericalangle BSC}{2}$ im rechtwinkligen Dreieck SBF und bestimmt dann $\overline{Q_2M_2}$ im rechtwinkligen Dreieck SQ_2M_2.

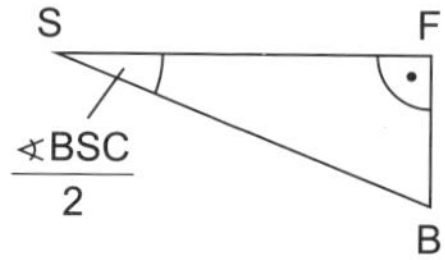

Im rechtwinkligen Dreieck SBF gilt:

$$\tan\frac{\sphericalangle BSC}{2} = \frac{\overline{BF}}{\overline{FS}} \qquad \text{mit } \overline{BF} = \frac{\overline{BC}}{2}$$

$$\tan\frac{\sphericalangle BSC}{2} = \frac{3{,}5}{13{,}89}$$

$$\frac{\sphericalangle BSC}{2} = 14{,}14°$$

Im rechtwinkligen Dreieck SQ_2M_2 gilt:

$$\tan\frac{\sphericalangle BSC}{2}=\frac{\overline{Q_2M_2}}{\overline{SM_2}} \qquad | \cdot \overline{SM_2}$$

$$\overline{Q_2M_2}=\overline{SM_2}\cdot\tan\frac{\sphericalangle BSC}{2}$$

$$\overline{Q_2M_2}=(13{,}89-8{,}10)\cdot\tan 14{,}14°\text{ cm}$$

$$\overline{Q_2M_2}=1{,}46\text{ cm}$$

Also: $\overline{R_2Q_2}=2\cdot\overline{Q_2M_2}=2{,}92\text{ cm}$

A 2.4 Man berechnet zunächst $\overline{PM_2}$, um das Volumen der Pyramide PR_2Q_2F zu ermitteln, bestimmt dann das Volumen der Pyramide ABCDS und schließlich den prozentualen Anteil des Volumens der Pyramide PR_2Q_2F am Volumen der Pyramide ABCDS.

Berechnung von $\overline{PM_2}$ im rechtwinkligen Dreieck M_2PF mit dem Satz des Pythagoras:

$$\overline{PM_2}^2+\overline{PF}^2=\overline{FM_2}^2 \qquad |-\overline{PF}^2$$

$$\overline{PM_2}^2=\overline{FM_2}^2-\overline{PF}^2 \qquad |\sqrt{\ }$$

$$\overline{PM_2}=\sqrt{\overline{FM_2}^2-\overline{PF}^2} \qquad \text{mit } \overline{PF}=\overline{EF}-\overline{EP}=\overline{AB}-\overline{EP}=7\text{ cm}$$

$$\overline{PM_2}=\sqrt{8{,}10^2-7^2}\text{ cm}$$

$$\overline{PM_2}=4{,}08\text{ cm}$$

Berechnung des Volumens der Pyramide PR_2Q_2F:

$$V_{PR_2Q_2F}=\frac{1}{3}\cdot\frac{1}{2}\cdot\overline{R_2Q_2}\cdot\overline{PM_2}\cdot\overline{PF}$$

$$V_{PR_2Q_2F}=\frac{1}{3}\cdot\frac{1}{2}\cdot 2{,}92\cdot 4{,}08\cdot 7\text{ cm}^3$$

$$V_{PR_2Q_2F}=13{,}90\text{ cm}^3$$

Berechnung des Volumens der Pyramide ABCDS:

$$V_{ABCDS}=\frac{1}{3}\cdot\overline{AB}\cdot\overline{BC}\cdot\overline{ES}$$

$$V_{ABCDS}=\frac{1}{3}\cdot 12\cdot 7\cdot 7\text{ cm}^3$$

$$V_{ABCDS}=196\text{ cm}^3$$

Berechnung des prozentualen Anteils:

$$\frac{V_{PR_2Q_2F}}{V_{ABCDS}}=\frac{13{,}90\text{ cm}^3}{196\text{ cm}^3}=0{,}0709$$

Der prozentuale Anteil beträgt 7,09 %.

Aufgabe A 3

A 3.1 Um $\overline{DA}$ mithilfe des Kosinussatzes im Dreieck ABD berechnen zu können, benötigt man das Winkelmaß $\sphericalangle DBA$, wozu man zunächst das Maß des Winkels ADB berechnet.

Berechnung des Winkelmaßes $\sphericalangle ADB$ mit dem Sinussatz im Dreieck ABD:

$$\frac{\sin\sphericalangle ADB}{\overline{AB}} = \frac{\sin\sphericalangle BAD}{\overline{BD}} \qquad |\cdot \overline{AB}$$

$$\sin\sphericalangle ADB = \frac{\overline{AB}}{\overline{BD}}\cdot \sin\sphericalangle BAD \qquad \text{mit } \overline{BD} = \overline{BC} = 60\text{ cm}$$

$$\sin\sphericalangle ADB = \frac{50\text{ cm}}{60\text{ cm}}\cdot \sin 120°$$

$$\sphericalangle ADB = 46{,}2° \quad (\vee \ \sphericalangle ADB = 133{,}8°)$$

$\sphericalangle ADB = 133{,}8°$ kann nicht stimmen, da $\sphericalangle ADB$ kleiner als 60° sein muss.

Bestimmung des Winkelmaßes $\sphericalangle DBA$ mithilfe der Winkelsumme im Dreieck ABD:

$$\sphericalangle DBA = 180° - 120° - 46{,}2°$$

$$\sphericalangle DBA = 13{,}8°$$

Berechnung von $\overline{DA}$ mithilfe des Kosinussatzes im Dreieck ABD:

$$\overline{DA}^2 = \overline{AB}^2 + \overline{BD}^2 - 2\cdot \overline{AB}\cdot \overline{BD}\cdot \cos\sphericalangle DBA \qquad |\sqrt{\ }$$

$$\overline{DA} = \sqrt{50^2 + 60^2 - 2\cdot 50\cdot 60\cdot \cos 13{,}8°}\text{ cm}$$

$$\overline{DA} = 16{,}5\text{ cm}$$

A 3.2 Um die benötigte Zeit zu ermitteln, bestimmen Sie zunächst die Länge b des Kreisbogens $\overset{\frown}{CD}$. Die Länge der Schnittkante ergibt sich dann als Summe aus b und $\overline{DA}$.

Berechnung der Länge b des Kreisbogens $\overset{\frown}{CD}$:

$$b = 2\cdot \overline{BC}\cdot \pi\cdot \frac{\sphericalangle CBD}{360°} \qquad \text{mit } \sphericalangle CBD = \sphericalangle CBA - \sphericalangle DBA$$

$$b = 2\cdot 60\text{ cm}\cdot \pi\cdot \frac{90° - 13{,}8°}{360°}$$

$$b = 79{,}8\text{ cm}$$

Berechnung der benötigten Zeit t:

$$t = \frac{b + \overline{DA}}{30}\text{ s}$$

$$t = \frac{79{,}8 + 16{,}5}{30}\text{ s}$$

$$t = 3{,}2\text{ s}$$

Der Laserschneider benötigt 3,2 Sekunden.

Aufgabe B 1

B 1.0 Die Parabel p verläuft durch die Punkte P(–3 | 0) und Q(5 | 0). Sie hat eine Gleichung der Form $y = a \cdot x^2 + 0{,}5x + c$ mit $\mathbb{G} = \mathbb{R} \times \mathbb{R}$ und $a \in \mathbb{R} \setminus \{0\}$, $c \in \mathbb{R}$.
Die Gerade g hat die Gleichung $y = -0{,}1x - 2$ mit $\mathbb{G} = \mathbb{R} \times \mathbb{R}$.

B 1.1 Zeigen Sie durch Berechnung der Werte für a und c, dass die Parabel p die Gleichung $y = -0{,}25x^2 + 0{,}5x + 3{,}75$ hat.
Zeichnen Sie sodann die Gerade g sowie die Parabel p für $x \in [-4; 7]$ in ein Koordinatensystem ein.
Für die Zeichnung: Längeneinheit 1 cm; $-5 \leqq x \leqq 8$; $-5 \leqq y \leqq 5$ 4

B 1.2 Punkte $A_n(x \,|\, -0{,}25x^2 + 0{,}5x + 3{,}75)$ auf der Parabel p und Punkte $B_n(x \,|\, -0{,}1x - 2)$ auf der Geraden g haben dieselbe Abszisse x.
Sie sind zusammen mit Punkten C_n und D_n für $x \in \,]-3{,}74; 6{,}14[$ die Eckpunkte von Parallelogrammen $A_nB_nC_nD_n$.
Die Punkte C_n liegen ebenfalls auf der Geraden g. Dabei ist die Abszisse x der Punkte C_n jeweils um 2 größer als die Abszisse x der Punkte B_n.
Zeichnen Sie die Parallelogramme $A_1B_1C_1D_1$ für $x = -2$ und $A_2B_2C_2D_2$ für $x = 3$ in das Koordinatensystem zu B 1.1 ein. 2

B 1.3 Berechnen Sie die Länge der Strecken $[A_nB_n]$ in Abhängigkeit von der Abszisse x der Punkte A_n.
[Ergebnis: $\overline{A_nB_n}(x) = (-0{,}25x^2 + 0{,}6x + 5{,}75)$ LE] 2

B 1.4 Überprüfen Sie rechnerisch, ob es unter den Parallelogrammen $A_nB_nC_nD_n$ ein Parallelogramm mit einem Flächeninhalt von 13 FE gibt. 3

B 1.5 Unter den Parallelogrammen $A_nB_nC_nD_n$ gibt es die Rauten $A_3B_3C_3D_3$ und $A_4B_4C_4D_4$.
Berechnen Sie die x-Koordinaten der Punkte A_3 und A_4 auf zwei Stellen nach dem Komma gerundet.
[Teilergebnis: $\overline{B_nC_n} = 2{,}01$ LE] 4

B 1.6 Begründen Sie, dass es unter den Parallelogrammen $A_nB_nC_nD_n$ kein Rechteck gibt. 2

17

Aufgabe B 2

B 2.0 Gegeben ist das Dreieck ABC mit $\overline{AB} = 10$ cm, $\overline{AC} = 8$ cm und $\overline{BC} = 9{,}5$ cm.

Der Punkt D ist der Fußpunkt des Lotes vom Eckpunkt A auf die Seite [BC] (siehe Skizze).

Runden Sie im Folgenden auf zwei Stellen nach dem Komma.

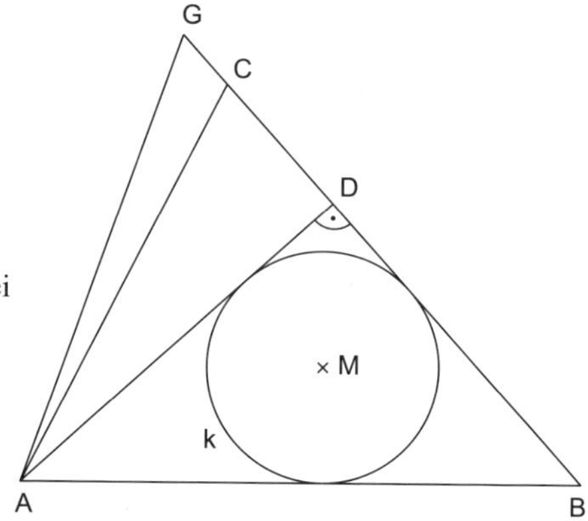

B 2.1 Zeichnen Sie das Dreieck ABC und die Strecke [AD]. 1

B 2.2 Berechnen Sie das Maß β des Winkels CBA, das Maß ε des Winkels BAD und die Länge der Strecke [AD].
[Ergebnisse: $\beta = 48{,}36°$; $\varepsilon = 41{,}64°$] 3

B 2.3 Der Punkt G auf der Verlängerung der Strecke [BC] über C hinaus ist ein Eckpunkt des Dreiecks ABG. Der Winkel BAG hat das Maß 70°.

Zeichnen Sie das Dreieck ABG und berechnen Sie die Länge der Strecke [CG]. 4

B 2.4 Im Dreieck ABD berührt der Inkreis k die Seite [AB] im Punkt E und die Seite [AD] im Punkt F.

Zeichnen Sie den Inkreis k mit seinem Mittelpunkt M und die Strecken [ME] und [MF] in die Zeichnung zu B 2.1 ein. 2

B 2.5 Berechnen Sie das Maß φ des Winkels AMB und den Inkreisradius $r = \overline{ME}$.
[Ergebnisse: $\varphi = 135°$; $r = 2{,}06$ cm] 3

B 2.6 Berechnen Sie den Flächeninhalt A des Flächenstücks AEF, das vom Kreisbogen $\overset{\frown}{FE}$ sowie von den Strecken [EA] und [AF] begrenzt wird. 4

17

Lösung

Aufgabe B 1

B 1.1 P(–3 | 0) und Q(5 | 0) ∈ p: $\quad a \in \mathbb{R} \setminus \{0\};\ c \in \mathbb{R}$

$$\begin{array}{ll} & 0 = a \cdot (-3)^2 + 0{,}5 \cdot (-3) + c \\ \wedge & 0 = a \cdot 5^2 + 0{,}5 \cdot 5 + c \end{array}$$

$$\Leftrightarrow \quad \begin{array}{ll} & 0 = 9a - 1{,}5 + c \\ \wedge & 0 = 25a + 2{,}5 + c \end{array}$$

$$\Leftrightarrow \quad \begin{array}{llll} & 0 = 9a - 1{,}5 + c & & |-9a + 1{,}5 \\ \wedge & 0 = -16a - 4 & (\mathrm{I} - \mathrm{II}) & |+16a \end{array}$$

$$\Leftrightarrow \quad \begin{array}{lll} & c = -9a + 1{,}5 & \\ \wedge & 16a = -4 & |:16 \end{array}$$

$$\Leftrightarrow \quad \begin{array}{ll} & c = (-9) \cdot (-0{,}25) + 1{,}5 \\ \wedge & a = -0{,}25 \end{array}$$

$$\Leftrightarrow \quad \begin{array}{ll} & c = 3{,}75 \\ \wedge & a = -0{,}25 \end{array}$$

$\mathbb{L}(a \mid c) = \{(-0{,}25 \mid 3{,}75)\}$

Gleichung der Parabel p:

$y = -0{,}25x^2 + 0{,}5x + 3{,}75 \qquad \mathbb{G} = \mathbb{R} \times \mathbb{R}$

Zeichnen der Geraden g

Die Gerade g hat die Steigung –0,1 und den y-Achsenabschnitt –2.

Zeichnen der Parabel p z. B. mit folgender Wertetabelle:

x	–4	–3	–2	–1	0	1	2	3	4	5	6	7
$y = -0{,}25x^2 + 0{,}5x + 3{,}75$	–2,25	0	1,75	3	3,75	4	3,75	3	1,75	0	–2,25	–5

oder:

Man bestimmt den Scheitel der Parabel und zeichnet eine nach unten geöffnete mit dem Faktor 0,25 gestauchte Parabel.

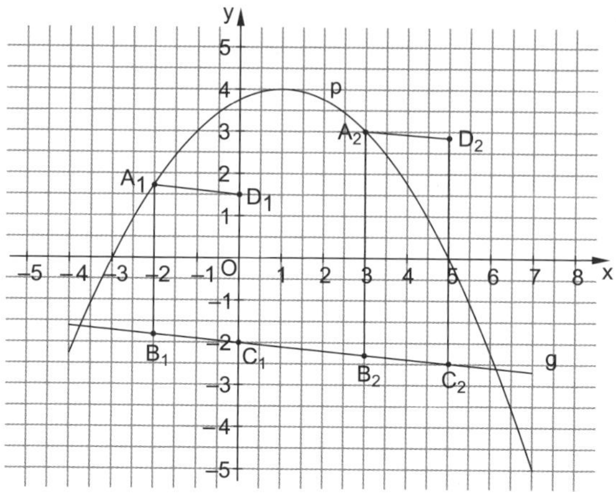

(Darstellung im Maßstab 1 : 2)

B 1.2 Einzeichnen des Parallelogramms $A_1B_1C_1D_1$ für $x = -2$

- A_1 liegt auf der Parabel p und hat die x-Koordinate -2, also $A_1(-2 \mid 1{,}75)$.
- B_1 liegt auf der Geraden g und hat ebenfalls die x-Koordinate -2, also $B_1(-2 \mid -1{,}8)$.
- C_1 liegt auf der Geraden g und hat eine um 2 größere x-Koordinate als B_1, also $C_1(0 \mid -2)$.
- Da es sich um ein Parallelogramm handelt, gilt: $\overrightarrow{C_1D_1} = \overrightarrow{B_1A_1}$

Einzeichnen des Parallelogramms $A_2B_2C_2D_2$ für $x = 3$

- A_2 liegt auf der Parabel p und hat die x-Koordinate 3, also $A_2(3 \mid 3)$.
- B_2 liegt auf der Geraden g und hat ebenfalls die x-Koordinate 3, also $B_2(3 \mid -2{,}3)$.
- C_2 liegt auf der Geraden g und hat eine um 2 größere x-Koordinate als B_2, also $C_2(5 \mid -2{,}5)$.
- Da es sich um ein Parallelogramm handelt, gilt: $\overrightarrow{C_2D_2} = \overrightarrow{B_2A_2}$

B 1.3 Da die Punkte A_n und B_n jeweils dieselbe Abszisse haben, gilt: $\overline{A_nB_n} = y_{A_n} - y_{B_n}$

$\overline{A_nB_n}(x) = [-0{,}25x^2 + 0{,}5x + 3{,}75 - (-0{,}1x - 2)]$ LE $\qquad x \in \mathbb{R};\ x \in]-3{,}74; 6{,}14[$

$\overline{A_nB_n}(x) = (-0{,}25x^2 + 0{,}5x + 3{,}75 + 0{,}1x + 2)$ LE

$\overline{A_nB_n}(x) = (-0{,}25x^2 + 0{,}6x + 5{,}75)$ LE

B 1.4 Bestimmung des Flächeninhalts der Parallelogramme $A_nB_nC_nD_n$ in Abhängigkeit von x:

Die Seiten $[A_nB_n]$ verlaufen parallel zur y-Achse und die Koordinaten der Punkte C_n haben jeweils eine um 2 größere Abszisse als B_n.

$A(x) = (-0{,}25x^2 + 0{,}6x + 5{,}75) \cdot 2$ FE $\qquad x \in \mathbb{R};\ x \in]-3{,}74; 6{,}14[$

$A(x) = (-0{,}5x^2 + 1{,}2x + 11{,}5)$ FE

oder:

$$\overrightarrow{B_nA_n} = \begin{pmatrix} 0 \\ -0,25x^2 + 0,6x + 5,75 \end{pmatrix}$$

Die Steigung der Geraden g ist –0,1. Der Steigungsvektor ist also $\begin{pmatrix} 1 \\ -0,1 \end{pmatrix}$.

$$\overrightarrow{B_nC_n} = \begin{pmatrix} 2 \\ -0,1 \cdot 2 \end{pmatrix}$$

$$\overrightarrow{B_nC_n} = \begin{pmatrix} 2 \\ -0,2 \end{pmatrix}$$

Bestimmung des Flächeninhalts der Parallelogramme $A_nB_nC_nD_n$ in Abhängigkeit von x:

$$A = \left| \overrightarrow{B_nC_n} \quad \overrightarrow{B_nA_n} \right| \text{FE}$$

$$A(x) = \begin{vmatrix} 2 & 0 \\ -0,2 & -0,25x^2 + 0,6x + 5,75 \end{vmatrix} \text{FE} \qquad x \in \mathbb{R};\ x \in \left]-3,74; 6,14\right[$$

$$A(x) = (-0,5x^2 + 1,2x + 11,5)\ \text{FE}$$

Überprüfung, ob es Parallelogramme mit einem Flächeninhalt von 13 FE gibt:

$$A(x) = 13\ \text{FE}$$

$$\Leftrightarrow \quad -0,5x^2 + 1,2x + 11,5 = 13 \qquad |-13 \qquad x \in \mathbb{R};\ x \in \left]-3,74; 6,14\right[$$

$$\Leftrightarrow \quad -0,5x^2 + 1,2x - 1,5 = 0$$

$$D = 1,2^2 - 4 \cdot (-0,5) \cdot (-1,5)$$

$$D = -1,56 < 0$$

$$\Rightarrow \quad \mathbb{L} = \varnothing$$

Unter den Parallelogrammen $A_nB_nC_nD_n$ gibt es keines mit dem Flächeninhalt 13 FE.

oder:

Man bestimmt die längste Seite unter den Seiten $\overline{A_nB_n}$ mithilfe quadratischer Ergänzung und dann den maximalen Flächeninhalt.

$$\overline{A_nB_n}(x) = (-0,25x^2 + 0,6x + 5,75)\ \text{LE}$$

$$\overline{A_nB_n}(x) = [-0,25(x^2 - 2,4x + 1,2^2 - 1,2^2) + 5,75]\ \text{LE}$$

$$\overline{A_nB_n}(x) = [-0,25(x - 1,2)^2 + 0,36 + 5,75]\ \text{LE}$$

$$\overline{A_nB_n}(x) = [-0,25(x - 1,2)^2 + 6,11]\ \text{LE}$$

Maximum für x = 1,2:

$$\overline{A_nB_n}_{max} = 6,11\ \text{LE}$$

Somit ist der maximale Flächeninhalt der Parallelogramme:

$$A_{max}(x) = \overline{A_nB_n}_{max} \cdot 2\ \text{LE} = 12,22\ \text{FE}$$

Unter den Parallelogrammen $A_nB_nC_nD_n$ gibt es keines mit dem Flächeninhalt 13 FE.

B 1.5 Für die Rauten muss gelten: $\overline{A_nB_n} = \overline{B_nC_n}$
Die Seiten $[B_nC_n]$ sind alle gleich lang.

Wegen $\overrightarrow{B_nC_n} = \begin{pmatrix} 2 \\ -0{,}2 \end{pmatrix}$ (vgl. Teilaufgabe B 1.4) gilt:

$\overline{B_nC_n} = \sqrt{2^2 + (-0{,}2)^2}$ LE
$\overline{B_nC_n} = 2{,}01$ LE

Bestimmen der x-Koordinaten der Punkte A_3 und A_4:

$$\overline{A_nB_n} = \overline{B_nC_n}$$

$\Leftrightarrow \quad -0{,}25x^2 + 0{,}6x + 5{,}75 = 2{,}01 \quad \vert -2{,}01 \qquad x \in \mathbb{R};\ x \in \left]-3{,}74; 6{,}14\right[$

$\Leftrightarrow \quad -0{,}25x^2 + 0{,}6x + 3{,}74 = 0$

$\Leftrightarrow \quad x = \dfrac{-0{,}6 + \sqrt{(0{,}6)^2 - 4 \cdot (-0{,}25) \cdot 3{,}74}}{2 \cdot (-0{,}25)} \quad \vee \quad x = \dfrac{-0{,}6 - \sqrt{(0{,}6)^2 - 4 \cdot (-0{,}25) \cdot 3{,}74}}{2 \cdot (-0{,}25)}$

$\Leftrightarrow \quad x = -2{,}85 \quad \vee \quad x = 5{,}25$

$\mathbb{L} = \{-2{,}85; 5{,}25\}$

B 1.6 Da die Geraden A_nB_n parallel zur y-Achse verlaufen und die Steigung der Geraden B_nC_n ungleich null ist, gilt:
$\sphericalangle C_nB_nA_n \neq 90°$
Daraus folgt, dass es unter den Parallelogrammen $A_nB_nC_nD_n$ kein Rechteck gibt.

oder:

Da die Seiten $[A_nB_n]$ parallel zur y-Achse verlaufen, müsste in einem Rechteck die Seite $[B_nC_n]$ parallel zur x-Achse verlaufen. Dies ist aber nicht der Fall, da die Seiten $[B_nC_n]$ auf der Geraden g, deren Steigung ungleich null ist, liegen.

Aufgabe B 2

B 2.1 Zeichnen des Dreiecks ABC und der Strecke [AD]

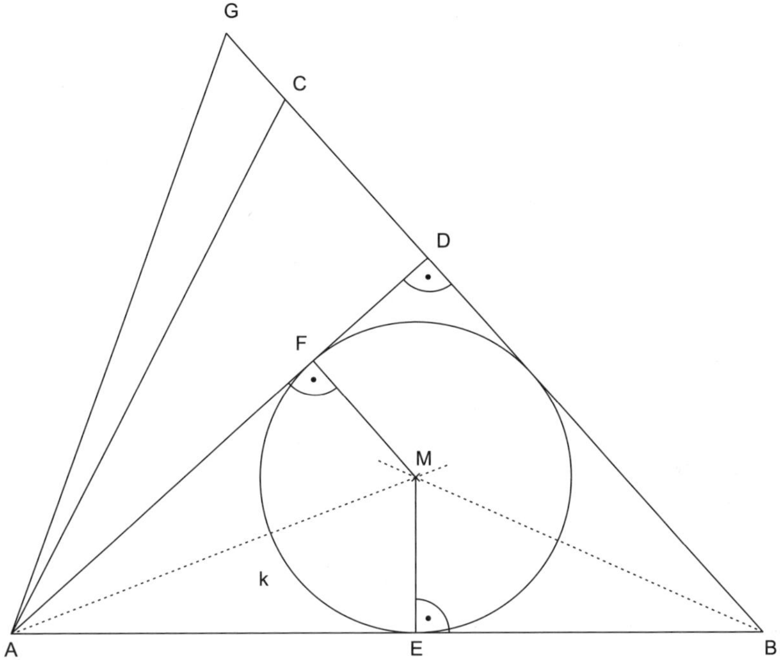

B 2.2 Berechnung des Winkelmaßes β mithilfe des Kosinussatzes im Dreieck ABC:

$$\overline{AC}^2 = \overline{AB}^2 + \overline{BC}^2 - 2 \cdot \overline{AB} \cdot \overline{BC} \cdot \cos\beta$$

$$\cos\beta = \frac{\overline{AB}^2 + \overline{BC}^2 - \overline{AC}^2}{2 \cdot \overline{AB} \cdot \overline{BC}}$$

$$\cos\beta = \frac{10^2 + 9{,}5^2 - 8^2}{2 \cdot 10 \cdot 9{,}5}$$

$$\beta = 48{,}36°$$

Berechnung des Winkelmaßes ε mithilfe der Winkelsumme im Dreieck ABD:

$$\varepsilon = 180° - 90° - \beta$$

$$\varepsilon = 180° - 90° - 48{,}36°$$

$$\varepsilon = 41{,}64°$$

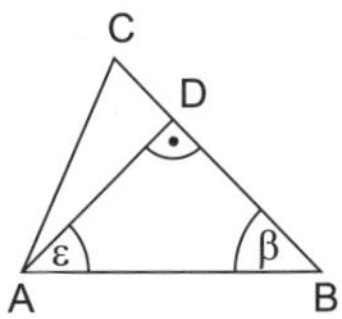

Berechnung der Streckenlänge $\overline{AD}$ im rechtwinkligen Dreieck ABD:

$$\sin\beta = \frac{\overline{AD}}{\overline{AB}} \qquad \Big| \cdot \overline{AB}$$

$$\overline{AD} = \overline{AB} \cdot \sin\beta$$

$$\overline{AD} = 10\text{ cm} \cdot \sin 48{,}36°$$

$$\overline{AD} = 7{,}47\text{ cm}$$

B 2.3 Einzeichnen des Dreiecks ABG

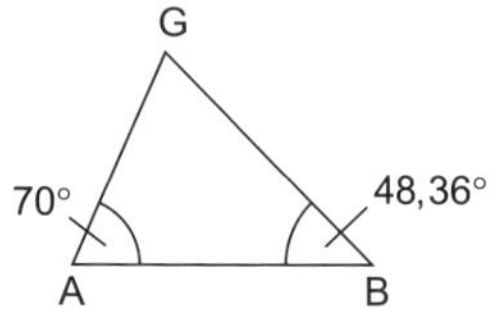

Um $\overline{CG}$ berechnen zu können, bestimmt man zunächst $\overline{BG}$ mithilfe des Sinussatzes.

Berechnung von $\overline{BG}$ mithilfe des Sinussatzes im Dreieck ABG:

$$\frac{\overline{BG}}{\sin\sphericalangle BAG} = \frac{\overline{AB}}{\sin\sphericalangle AGB} \qquad \Big| \cdot \sin\sphericalangle BAG$$

$$\overline{BG} = \frac{\overline{AB}}{\sin\sphericalangle AGB} \cdot \sin\sphericalangle BAG \qquad \text{mit } \sphericalangle AGB = 180° - 70° - 48{,}36°$$

$$\overline{BG} = \frac{10\text{ cm}}{\sin 61{,}64°} \cdot \sin 70°$$

$$\overline{BG} = 10{,}68\text{ cm}$$

Berechnung von $\overline{CG}$:

$$\overline{CG} = \overline{BG} - \overline{BC}$$

$$\overline{CG} = (10{,}68 - 9{,}5)\text{ cm}$$

$$\overline{CG} = 1{,}18\text{ cm}$$

B 2.4 Einzeichnen des Inkreises k mit Mittelpunkt M sowie der Strecken [ME] und [MF]

Der Inkreismittelpunkt eines Dreiecks ist der Schnittpunkt der Winkelhalbierenden der Dreiecksinnenwinkel. (Da sich alle drei Winkelhalbierenden in einem Punkt schneiden, reicht es, zwei Winkelhalbierende zu zeichnen.) Da der Inkreis die Dreiecksseiten berührt, verlaufen die Berührradien des Inkreises senkrecht zu den jeweiligen Dreiecksseiten.

B 2.5 Berechnung von φ mithilfe der Winkelsumme im Dreieck ABM:

Die Halbgeraden [AM und MB] sind die Winkelhalbierenden des Winkels BAD mit dem Maß ε und des Winkels CBA mit dem Maß β.

$\varphi = 180° - (0{,}5 \cdot \beta + 0{,}5 \cdot \varepsilon)$

$\varphi = 180° - (0{,}5 \cdot 48{,}36° + 0{,}5 \cdot 41{,}64°)$

$\varphi = 135°$

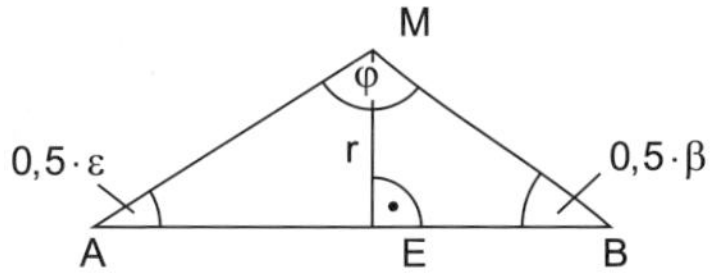

Um $\overline{ME}$ zu berechnen, bestimmt man zunächst $\overline{BM}$ mithilfe des Sinussatzes im Dreieck ABM. Sodann kann man $r = \overline{ME}$ im rechtwinkligen Dreieck MEB ermitteln. (Man kann auch analog zunächst $\overline{AM}$ und dann $\overline{ME}$ berechnen.)

Berechnung von $\overline{BM}$ mithilfe des Sinussatzes im Dreieck ABM:

$$\frac{\overline{BM}}{\sin(0{,}5 \cdot \varepsilon)} = \frac{\overline{AB}}{\sin\varphi} \qquad \Big| \cdot \sin(0{,}5 \cdot \varepsilon)$$

$$\overline{BM} = \frac{\overline{AB}}{\sin\varphi} \cdot \sin(0{,}5 \cdot \varepsilon)$$

$$\overline{BM} = \frac{10\text{ cm}}{\sin 135°} \cdot \sin(0{,}5 \cdot 41{,}64°)$$

$$\overline{BM} = 5{,}03\text{ cm}$$

Berechnung von $r = \overline{ME}$ im rechtwinkligen Dreieck MEB:

$$\sin(0{,}5 \cdot \beta) = \frac{r}{\overline{BM}} \qquad \Big| \cdot \overline{BM}$$

$$r = \overline{BM} \cdot \sin(0{,}5 \cdot \beta)$$

$$r = 5{,}03\text{ cm} \cdot \sin(0{,}5 \cdot 48{,}36°)$$

$$r = 2{,}06\text{ cm}$$

B 2.6 Es gilt:

$A = A_{AEMF} - A_{Sektor_{MFE}}$ mit $A_{AEMF} = 2 \cdot A_{\Delta AEM}$

Um $A_{\Delta AEM}$ zu ermitteln, benötigt man $\overline{EA}$.

Um $A_{Sektor_{MFE}}$ berechnen zu können, muss man ∢FME bestimmen.

Berechnung von $\overline{EA}$ im rechtwinkligen Dreieck AEM:

$$\tan(0{,}5 \cdot \varepsilon) = \frac{r}{\overline{EA}} \qquad \Big| \cdot \frac{\overline{EA}}{\tan(0{,}5 \cdot \varepsilon)}$$

$$\overline{EA} = \frac{r}{\tan(0{,}5 \cdot \varepsilon)}$$

$$\overline{EA} = \frac{2{,}06\text{ cm}}{\tan(0{,}5 \cdot 41{,}64°)}$$

$$\overline{EA} = 5{,}42\text{ cm}$$

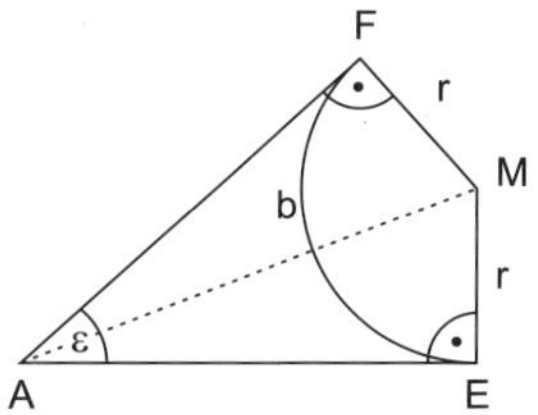

Berechnung von $\sphericalangle$FME mithilfe der Winkelsumme im Viereck AEMF:

$$\sphericalangle FME = 360° - 2 \cdot 90° - \varepsilon$$

$$\sphericalangle FME = 360° - 2 \cdot 90° - 41{,}64°$$

$$\sphericalangle FME = 138{,}36°$$

Für die gesuchte Fläche gilt:

$$A = A_{AEMF} - A_{Sektor_{MFE}}$$

$$A = 2 \cdot A_{\Delta AEM} - A_{Sektor_{MFE}}$$

$$A = 2 \cdot 0{,}5 \cdot \overline{EA} \cdot r - r^2 \cdot \pi \cdot \frac{\sphericalangle FME}{360°}$$

$$A = \left(2 \cdot 0{,}5 \cdot 5{,}42 \cdot 2{,}06 - 2{,}06^2 \cdot \pi \cdot \frac{138{,}36°}{360°} \right) cm^2$$

$$A = 6{,}04\ cm^2$$

Abschlussprüfung an Realschulen 2018 – Mathematik II/III
Teil A

Aufgabe A 1

A 1.0 Die Anzahl der Ladestationen für Elektrofahrzeuge in Deutschland soll laut einer Prognose in den nächsten Jahren exponentiell wachsen. Diese Entwicklung kann man näherungsweise durch die Funktion

f: $y = 5\,000 \cdot 1{,}75^x$ $(\mathbb{G} = \mathbb{R}_0^+ \times \mathbb{R}_0^+)$

beschreiben, wobei x die Anzahl der Jahre und y die Anzahl der Ladestationen darstellt.

A 1.1 Ergänzen Sie die Wertetabelle auf Tausender gerundet und zeichnen Sie sodann den Graphen der Funktion f in das Koordinatensystem ein. 2

x	0	1	2	3	4
$5\,000 \cdot 1{,}75^x$					

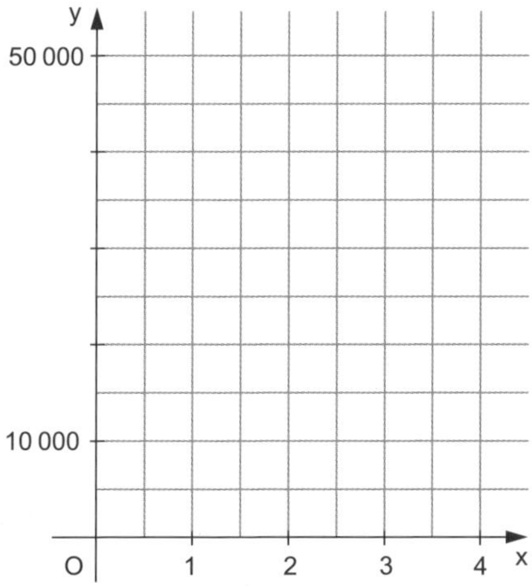

A 1.2 Ermitteln Sie mithilfe des Graphen, nach welcher Zeit die ursprüngliche Anzahl der Ladestationen erstmals um 600 % zugenommen haben wird. 2

A 1.3 Geben Sie an, welche jährliche Zunahme in Prozent in dieser Prognose angenommen wurde. 1

Aufgabe A 2

A 2.0 Die nebenstehende Zeichnung zeigt das Viereck ABCD.

Es gilt:

$\overline{AB} = 7{,}8$ cm;

$\overline{AD} = 5{,}2$ cm;

$\overline{BC} = 8{,}6$ cm;

$\sphericalangle BAD = 90°$;

$\sphericalangle CBA = 70°$.

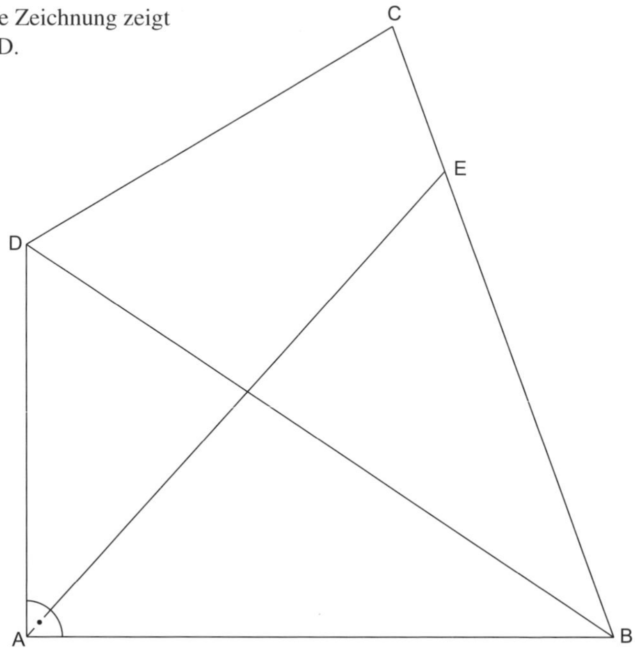

Runden Sie im Folgenden auf eine Stelle nach dem Komma.

A 2.1 Berechnen Sie die Länge der Diagonalen [BD] und den Flächeninhalt A des Dreiecks BCD.

[Ergebnisse: $\overline{BD} = 9{,}4$ cm; $A = 23{,}9\ \text{cm}^2$] 4

A 2.2 Der Punkt E liegt auf der Strecke [BC]. Die Dreiecke ABE und BCD besitzen den gleichen Flächeninhalt.
Berechnen Sie die Länge der Strecke [AE].

[Teilergebnis: $\overline{BE} = 6{,}5$ cm; Ergebnis: $\overline{AE} = 8{,}3$ cm] 2

A 2.3 Der Kreis um E mit dem Radius 3 cm schneidet die Strecke [AE] im Punkt P und die Strecke [BE] im Punkt Q.

Zeichnen Sie den Kreisbogen $\overset{\frown}{PQ}$ in die Zeichnung zu A 2.0 ein.
Berechnen Sie sodann den Flächeninhalt des Kreissektors, der durch die Strecken [QE], [EP] und den Kreisbogen $\overset{\frown}{PQ}$ begrenzt wird. 3

Aufgabe A 3

A 3.0 Die nebenstehende Skizze zeigt den Axialschnitt ABCD eines Rotationskörpers mit der Rotationsachse MS. Dieser Körper dient als Muster zur Herstellung einer Praline. Die Praline besteht aus Schokolade und einer kugelförmigen Cremefüllung. Der Anteil der Schokolade am Volumen der Praline beträgt 89 %.

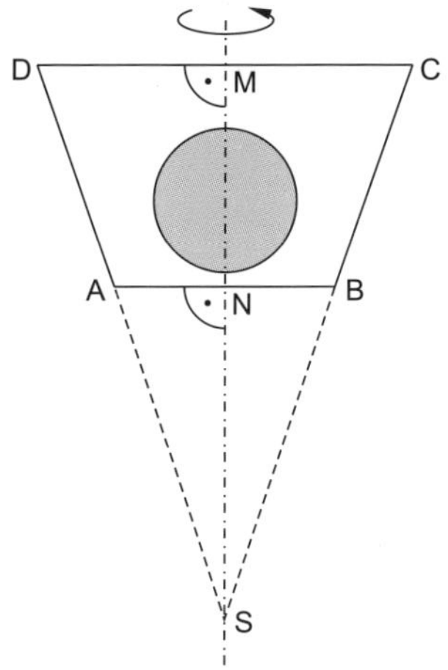

Es gilt:

$\overline{MS} = 5$ cm;

$\overline{MN} = 2$ cm;

$\sphericalangle ADM = 71{,}6°$.

Runden Sie im Folgenden auf eine Stelle nach dem Komma.

A 3.1 Zeigen Sie rechnerisch, dass für die Strecken [MD] und [AN] gilt: $\overline{MD} = 1{,}7$ cm und $\overline{AN} = 1{,}0$ cm. 2

A 3.2 Berechnen Sie das Volumen V der Cremefüllung. 3

19

Lösung

Aufgabe A 1

A 1.1 Einzeichnen des Graphen zu f mithilfe der Wertetabelle:

x	0	1	2	3	4
$5\,000 \cdot 1{,}75^x$	5 000	9 000	15 000	27 000	47 000

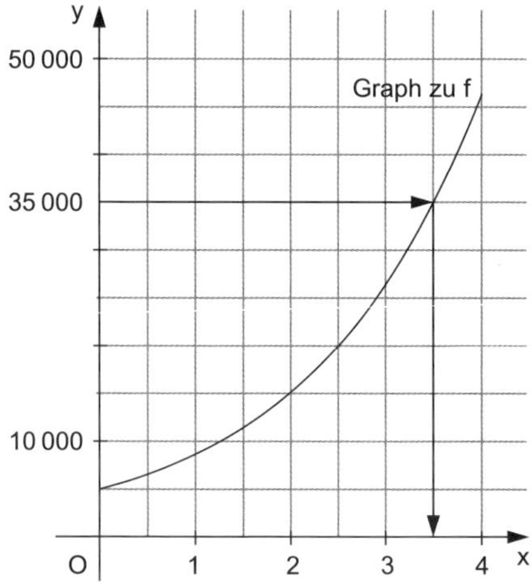

A 1.2 600 % von 5 000 sind 30 000. Bei einer Zunahme des Anfangswertes um 30 000 erhält man 35 000 Ladestationen.

oder:

Man kann auch mit „Kästchen rechnen":
Vom Anfangswert des Graphen auf der y-Achse (bei 1 Kästchen) muss man um 600 % (6 Kästchen) nach oben gehen. D. h., den gesuchten Zeitpunkt kann man von $1 + 6 = 7$ Kästchen auf der y-Achse ausgehend ablesen.

Im Rahmen der Zeichengenauigkeit: nach 3,5 Jahren

A 1.3 Bei einer Multiplikation mit 1,75 erhöht sich der Wert um den Faktor 0,75.

Jährliche Zunahme: 75 %

Aufgabe A 2

A 2.1 Berechnung von $\overline{BD}$ mit dem Satz des Pythagoras im rechtwinkligen Dreieck DAB:

$$\overline{BD}^2 = \overline{AB}^2 + \overline{AD}^2 \qquad |\sqrt{}$$

$$\overline{BD} = \sqrt{7{,}8^2 + 5{,}2^2}\ \text{cm}$$

$$\overline{BD} = 9{,}4\ \text{cm}$$

Um den Flächeninhalt des Dreiecks BCD berechnen zu können, benötigt man neben den beiden gegebenen Seitenlängen $\overline{BC}$ und $\overline{BD}$ den Zwischenwinkel CBD mit $\sphericalangle CBD = \sphericalangle CBA - \sphericalangle DBA$. Man bestimmt daher zunächst das Winkelmaß $\sphericalangle DBA$.

Im rechtwinkligen Dreieck DAB gilt:

$$\tan \sphericalangle DBA = \frac{\overline{AD}}{\overline{AB}}$$

$$\tan \sphericalangle DBA = \frac{5{,}2\ \text{cm}}{7{,}8\ \text{cm}}$$

$$\sphericalangle DBA = 33{,}7^\circ$$

Für das Maß des Winkels CBD gilt:

$$\sphericalangle CBD = \sphericalangle CBA - \sphericalangle DBA$$

$$\sphericalangle CBD = 70^\circ - 33{,}7^\circ$$

$$\sphericalangle CBD = 36{,}3^\circ$$

Für den Flächeninhalt des Dreiecks BCD gilt:

$$A_{BCD} = \frac{1}{2} \cdot \overline{BD} \cdot \overline{BC} \cdot \sin \sphericalangle CBD$$

$$A_{BCD} = \left(\frac{1}{2} \cdot 9{,}4 \cdot 8{,}6 \cdot \sin 36{,}3^\circ\right) \text{cm}^2$$

$$A_{BCD} = 23{,}9\ \text{cm}^2$$

A 2.2 Um die Länge der Strecke [AE] mit dem Kosinussatz im Dreieck ABE bestimmen zu können, berechnet man zunächst die Länge der Strecke [BE].

Berechnung von $\overline{BE}$:

$$A_{BCD} = A_{ABE}$$

$$A_{BCD} = \frac{1}{2} \cdot \overline{AB} \cdot \overline{BE} \cdot \sin \sphericalangle EBA \qquad \left| \cdot \frac{2}{\overline{AB} \cdot \sin \sphericalangle EBA} \right.$$

$$\overline{BE} = \frac{2 \cdot A_{BCD}}{\overline{AB} \cdot \sin \sphericalangle EBA} \qquad \text{mit } \sphericalangle EBA = \sphericalangle CBA = 70^\circ$$

$$\overline{BE} = \frac{2 \cdot 23{,}9\ \text{cm}^2}{7{,}8\ \text{cm} \cdot \sin 70^\circ}$$

$$\overline{BE} = 6{,}5\ \text{cm}$$

oder:

F sei der Fußpunkt des Lotes von E auf [AB].

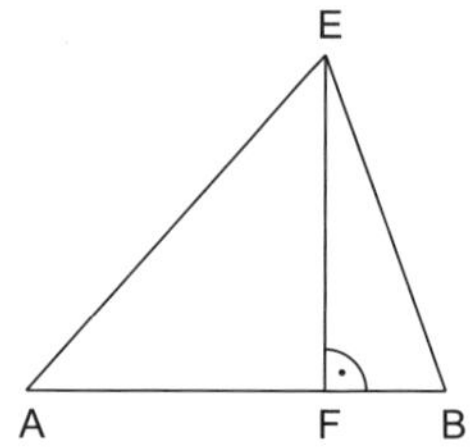

$A_{BCD} = A_{ABE}$

$A_{BCD} = \frac{1}{2} \cdot \overline{AB} \cdot \overline{EF} \qquad \Big| \cdot \frac{2}{\overline{AB}}$

$\overline{EF} = \frac{2 \cdot A_{BCD}}{\overline{AB}}$

$\overline{EF} = \frac{2 \cdot 23{,}9\ \text{cm}^2}{7{,}8\ \text{cm}}$

$\overline{EF} = 6{,}1\ \text{cm}$

Im rechtwinkligen Dreieck BEF gilt:

$\sin \sphericalangle EBF = \frac{\overline{EF}}{\overline{BE}} \qquad \Big| \cdot \frac{\overline{BE}}{\sin \sphericalangle EBF}$

$\overline{BE} = \frac{\overline{EF}}{\sin \sphericalangle EBF} \qquad \text{mit } \sphericalangle EBF = \sphericalangle CBA = 70°$

$\overline{BE} = \frac{6{,}1\ \text{cm}}{\sin 70°}$

$\overline{BE} = 6{,}5\ \text{cm}$

Berechnung der Streckenlänge $\overline{AE}$ mithilfe des Kosinussatzes im Dreieck ABE:

$\overline{AE}^2 = \overline{AB}^2 + \overline{BE}^2 - 2 \cdot \overline{AB} \cdot \overline{BE} \cdot \cos \sphericalangle EBA \qquad \big| \sqrt{}$

$\overline{AE} = \sqrt{7{,}8^2 + 6{,}5^2 - 2 \cdot 7{,}8 \cdot 6{,}5 \cdot \cos 70°}\ \text{cm}$

$\overline{AE} = 8{,}3\ \text{cm}$

A 2.3 Einzeichnen des Kreisbogens $\overset{\frown}{PQ}$

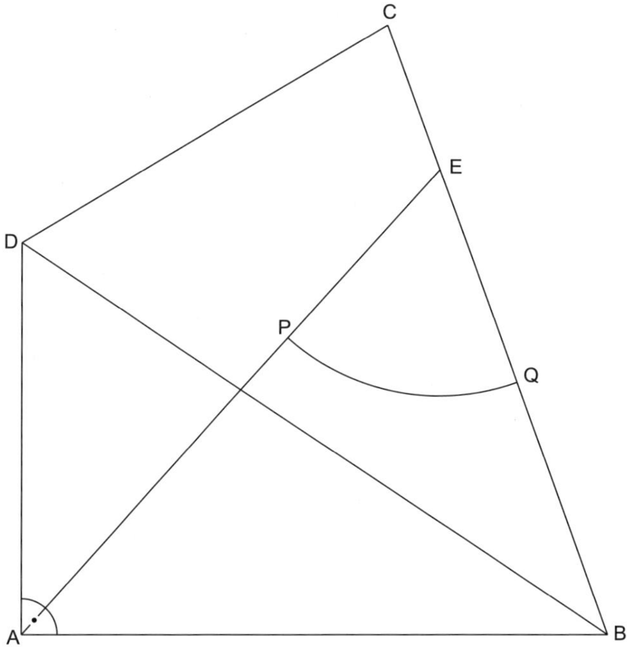

Um den Flächeninhalt des Sektors bestimmen zu können, benötigt man das Maß des Mittelpunktwinkels PEQ mit $\sphericalangle PEQ = \sphericalangle AEB$.

Berechnung des Winkelmaßes $\sphericalangle AEB$ mithilfe des Sinussatzes im Dreieck ABE:

$$\frac{\sin\sphericalangle AEB}{\overline{AB}} = \frac{\sin\sphericalangle EBA}{\overline{AE}} \qquad \Big|\cdot \overline{AB}$$

$$\sin\sphericalangle AEB = \frac{\overline{AB}}{\overline{AE}} \cdot \sin\sphericalangle EBA \qquad \text{mit } \sphericalangle EBA = \sphericalangle CBA = 70^\circ$$

$$\sin\sphericalangle AEB = \frac{7{,}8\text{ cm}}{8{,}3\text{ cm}} \cdot \sin 70^\circ$$

$$\sphericalangle AEB = 62{,}0^\circ$$

Berechnung des Flächeninhaltes des Kreissektors mit Radius $r = 3$ cm:

$$A_{Sektor} = r^2 \cdot \pi \cdot \frac{\sphericalangle PEQ}{360^\circ} \qquad \text{mit } \sphericalangle PEQ = \sphericalangle AEB = 62{,}0^\circ$$

$$A_{Sektor} = 3^2 \cdot \pi \cdot \frac{62{,}0^\circ}{360^\circ}\text{ cm}^2$$

$$A_{Sektor} = 4{,}9\text{ cm}^2$$

Aufgabe A 3

A 3.1 Berechnung von $\overline{MD}$ im rechtwinkligen Dreieck DSM:

$$\tan\sphericalangle SDM = \frac{\overline{MS}}{\overline{MD}} \qquad \left| \cdot \frac{\overline{MD}}{\tan\sphericalangle SDM}\right.$$

$$\overline{MD} = \frac{\overline{MS}}{\tan\sphericalangle SDM} \qquad \text{mit } \sphericalangle SDM = \sphericalangle ADM = 71{,}6^\circ$$

$$\overline{MD} = \frac{5\text{ cm}}{\tan 71{,}6^\circ}$$

$$\overline{MD} = 1{,}7\text{ cm}$$

Berechnung von $\overline{AN}$ mithilfe des Vierstreckensatzes:

$$\frac{\overline{AN}}{\overline{MD}} = \frac{\overline{NS}}{\overline{MS}} \qquad \left| \cdot \overline{MD}\right.$$

$$\overline{AN} = \frac{\overline{NS} \cdot \overline{MD}}{\overline{MS}} \qquad \text{mit } \overline{NS} = \overline{MS} - \overline{MN} = 3\text{ cm}$$

$$\overline{AN} = \frac{3\text{ cm} \cdot 1{,}7\text{ cm}}{5\text{ cm}}$$

$$\overline{AN} = 1{,}0\text{ cm}$$

oder:

Berechnung von $\overline{AN}$ im rechtwinkligen Dreieck ASN:

$$\tan\sphericalangle SAN = \frac{\overline{NS}}{\overline{AN}} \qquad \left| \cdot \frac{\overline{AN}}{\tan\sphericalangle SAN}\right.$$

$$\overline{AN} = \frac{\overline{NS}}{\tan\sphericalangle SAN} \qquad \text{mit } \sphericalangle SAN = \sphericalangle ADM = 71{,}6^\circ \quad \text{(Stufenwinkel)}$$

$$\overline{AN} = \frac{3\text{ cm}}{\tan 71{,}6^\circ}$$

$$\overline{AN} = 1{,}0\text{ cm}$$

oder:

M' sei der Fußpunkt des Lotes von A auf [MD].

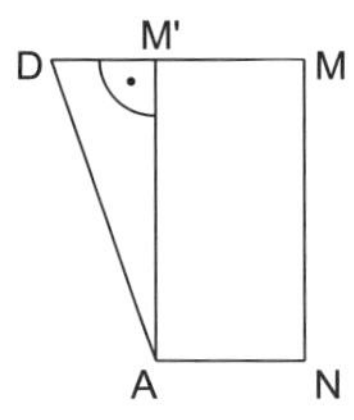

Berechnung von $\overline{M'D}$ im rechtwinkligen Dreieck DAM':

$$\tan\sphericalangle ADM' = \frac{\overline{AM'}}{\overline{M'D}} \qquad \left| \cdot \frac{\overline{M'D}}{\tan\sphericalangle ADM'}\right.$$

$$\overline{M'D} = \frac{\overline{AM'}}{\tan\sphericalangle ADM'} \qquad \text{mit } \overline{AM'} = \overline{MN} = 2\text{ cm und } \sphericalangle ADM' = \sphericalangle ADM = 71{,}6^\circ$$

$$\overline{M'D} = \frac{2\text{ cm}}{\tan 71{,}6^\circ}$$

$$\overline{M'D} = 0{,}7\text{ cm}$$

Für die Länge der Strecke [AN] gilt dann:

$\overline{AN} = \overline{M'M}$

$\overline{AN} = \overline{MD} - \overline{M'D}$

$\overline{AN} = 1{,}7\text{ cm} - 0{,}7\text{ cm}$

$\overline{AN} = 1{,}0\text{ cm}$

A 3.2 Man berechnet zunächst das Gesamtvolumen der Praline, indem man vom Volumen des großen Kegels das Volumen des kleinen Kegels abzieht. Das Volumen der Cremefüllung beträgt dann 100 % – 89 % = 11 % des Gesamtvolumens.

Berechnung des Gesamtvolumens der Praline:

$V_{\text{Praline}} = V_{\text{großer Kegel}} - V_{\text{kleiner Kegel}}$

$V_{\text{Praline}} = \left(\frac{1}{3} \cdot \overline{MD}^2 \cdot \pi \cdot \overline{MS} - \frac{1}{3} \cdot \overline{AN}^2 \cdot \pi \cdot \overline{NS}\right)$ mit $\overline{NS} = \overline{MS} - \overline{MN} = 3\text{ cm}$

$V_{\text{Praline}} = \left(\frac{1}{3} \cdot 1{,}7^2 \cdot \pi \cdot 5 - \frac{1}{3} \cdot 1{,}0^2 \cdot \pi \cdot 3\right)\text{cm}^3$

$V_{\text{Praline}} = 12{,}0\text{ cm}^3$

Berechnung des Volumens der Cremefüllung:

$V_{\text{Füllung}} = (1 - 0{,}89) \cdot 12{,}0\text{ cm}^3$

$V_{\text{Füllung}} = 1{,}3\text{ cm}^3$

Abschlussprüfung an Realschulen 2018 – Mathematik II/III
Teil B

Aufgabe B 1

B 1.0 Die Parabel p verläuft durch die Punkte $P(-2\,|\,19)$ und $Q(4\,|\,-5)$. Sie hat eine Gleichung der Form $y = 0{,}5x^2 + bx + c$ mit $\mathbb{G} = \mathbb{R} \times \mathbb{R}$ und $b, c \in \mathbb{R}$.
Die Gerade g besitzt die Gleichung $y = 0{,}5x - 2$ mit $\mathbb{G} = \mathbb{R} \times \mathbb{R}$.
Runden Sie im Folgenden auf zwei Stellen nach dem Komma.

B 1.1 Zeigen Sie durch Berechnung der Werte für b und c, dass die Parabel p die Gleichung $y = 0{,}5x^2 - 5x + 7$ besitzt.
Zeichnen Sie die Parabel p und die Gerade g für $x \in [0;\,10]$ in ein Koordinatensystem.
Für die Zeichnung: Längeneinheit 1 cm; $0 \leqq x \leqq 10$; $-6 \leqq y \leqq 8$ 4

B 1.2 Punkte $A_n(x\,|\,0{,}5x^2 - 5x + 7)$ auf der Parabel p und Punkte $C_n(x\,|\,0{,}5x - 2)$ auf der Geraden g besitzen dieselbe Abszisse x. Diese Punkte bilden zusammen mit Punkten B_n und D_n Rauten $A_nB_nC_nD_n$, wobei gilt:
$\overline{B_nD_n} = 2$ LE und $y_{C_n} > y_{A_n}$.
Zeichnen Sie die Rauten $A_1B_1C_1D_1$ für $x = 3$ und $A_2B_2C_2D_2$ für $x = 6$ in das Koordinatensystem zu B 1.1 ein. 2

B 1.3 Ermitteln Sie rechnerisch, für welche Werte von x es Rauten $A_nB_nC_nD_n$ gibt. Geben Sie das Intervall für x an. 3

B 1.4 Zeigen Sie, dass für die Länge der Strecken $[A_nC_n]$ in Abhängigkeit von der Abszisse x der Punkte A_n gilt: $\overline{A_nC_n}\,(x) = (-0{,}5x^2 + 5{,}5x - 9)$ LE.
Berechnen Sie sodann das Maß φ des Winkels $D_2C_2B_2$ und die Seitenlänge $\overline{A_2B_2}$ der Raute $A_2B_2C_2D_2$. 4

B 1.5 Bestimmen Sie die Koordinaten der Punkte B_n in Abhängigkeit von der Abszisse x der Punkte A_n. 2

B 1.6 Begründen Sie rechnerisch, dass der Flächeninhalt A der Rauten $A_nB_nC_nD_n$ stets kleiner als 7 FE ist. 2

17

Aufgabe B 2

B 2.0 Die nebenstehende Skizze zeigt ein Schrägbild des geraden Prismas ABCDEFGH, dessen Grundfläche die Raute ABCD mit dem Diagonalenschnittpunkt M ist.
Die Strecken [EG] und [FH] schneiden sich im Punkt N.

Es gilt:

$\overline{AC} = 10$ cm;

$\overline{BD} = 6$ cm;

$\overline{AE} = 10$ cm.

Runden Sie im Folgenden auf zwei Stellen nach dem Komma.

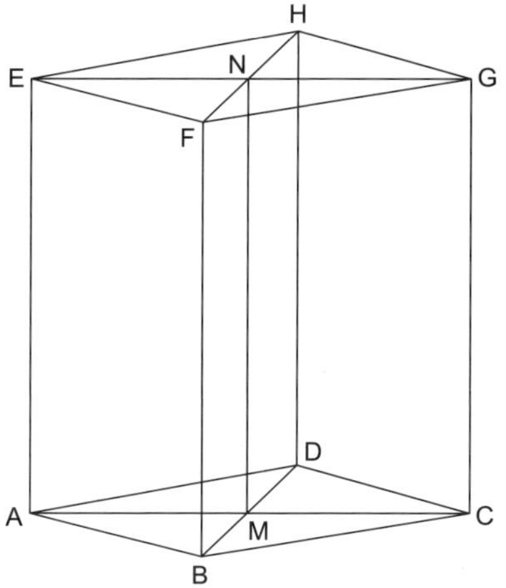

B 2.1 Zeichnen Sie das Schrägbild des Prismas ABCDEFGH, wobei die Strecke [AC] auf der Schrägbildachse und der Punkt A links vom Punkt C liegen soll.
Für die Zeichnung gilt: $q = \frac{1}{2}$; $\omega = 45°$.

Berechnen Sie sodann die Länge der Strecke [ME] und das Maß φ des Winkels MEN.

[Ergebnisse: $\overline{ME} = 11{,}18$ cm; $\varphi = 63{,}43°$] 4

B 2.2 Punkte S_n liegen auf der Strecke [ME] mit $\overline{ES_n}(x) = x$ cm, $x \in [0; 11{,}18[$ und $x \in \mathbb{R}$. Zeichnen Sie das Dreieck S_1GE für $x = 3$ in das Schrägbild zu B 2.1 ein. Berechnen Sie sodann den Flächeninhalt des Dreiecks S_1GE und die Länge der Strecke $[S_1G]$. 3

B 2.3 Die Punkte S_n sind Spitzen von Pyramiden $ABCDS_n$ mit der Grundfläche ABCD und den Höhen $[Q_nS_n]$. Dabei liegen die Punkte Q_n auf der Strecke [AM].
Zeichnen Sie die Pyramide $ABCDS_2$ sowie ihre Höhe $[Q_2S_2]$ in das Schrägbild zu B 2.1 ein. Dabei gilt: $\sphericalangle MAS_2 = 54°$.
Zeigen Sie, dass für das Volumen V der Pyramiden $ABCDS_n$ in Abhängigkeit von x gilt: $V(x) = (100 - 8{,}9x)$ cm³.

[Teilergebnis: $\overline{Q_nS_n}(x) = (10 - 0{,}89x)$ cm] 4

B 2.4 Berechnen Sie das Volumen der Pyramide $ABCDS_2$. 4

B 2.5 Begründen Sie, dass es keine Pyramide $ABCDS_n$ gibt, deren Volumen halb so groß wie das Volumen des Prismas ABCDEFGH ist. 2

17

Lösung

Aufgabe B 1

B 1.1 $P(-2|19) \in p$ und $Q(4|-5) \in p$:

$$\begin{aligned} & 19 = 0{,}5 \cdot (-2)^2 + b \cdot (-2) + c \\ \wedge\ & -5 = 0{,}5 \cdot 4^2 + b \cdot 4 + c \end{aligned} \qquad b, c \in \mathbb{R}$$

$$\Leftrightarrow \quad \begin{aligned} & 19 = 0{,}5 \cdot 4 - 2b + c \\ \wedge\ & -5 = 0{,}5 \cdot 16 + 4b + c \end{aligned}$$

$$\Leftrightarrow \quad \begin{aligned} & 19 = 2 - 2b + c && |-2 \\ \wedge\ & -5 = 8 + 4b + c && |-8 \end{aligned}$$

$$\Leftrightarrow \quad \begin{aligned} & 17 = -2b + c \\ \wedge\ & -13 = 4b + c \end{aligned}$$

$$\Leftrightarrow \quad \begin{aligned} & 30 = -6b \qquad (\mathrm{I} - \mathrm{II}) && |:(-6) \\ \wedge\ & -13 = 4b + c \end{aligned}$$

$$\Leftrightarrow \quad \begin{aligned} & b = -5 \\ \wedge\ & -13 = 4 \cdot (-5) + c \end{aligned}$$

$$\Leftrightarrow \quad \begin{aligned} & b = -5 \\ \wedge\ & c = 7 \end{aligned}$$

$\mathbb{L}(b|c) = \{(-5|7)\}$

Gleichung der Parabel p:

p: $y = 0{,}5x^2 - 5x + 7$ $\qquad \mathbb{G} = \mathbb{R} \times \mathbb{R}$

Einzeichnen der Parabel p, z. B. mithilfe folgender Wertetabelle:

x	0	1	2	3	4	5	6	7	8	9	10
$y = 0{,}5x^2 - 5x + 7$	7	2,5	–1	–3,5	–5	–5,5	–5	–3,5	–1	2,5	7

Einzeichnen der Geraden g mit dem y-Achsenabschnitt –2 und der Steigung 0,5 bzw. mithilfe einer Wertetabelle, z. B.:

x	0	10
$y = 0{,}5x - 2$	–2	3

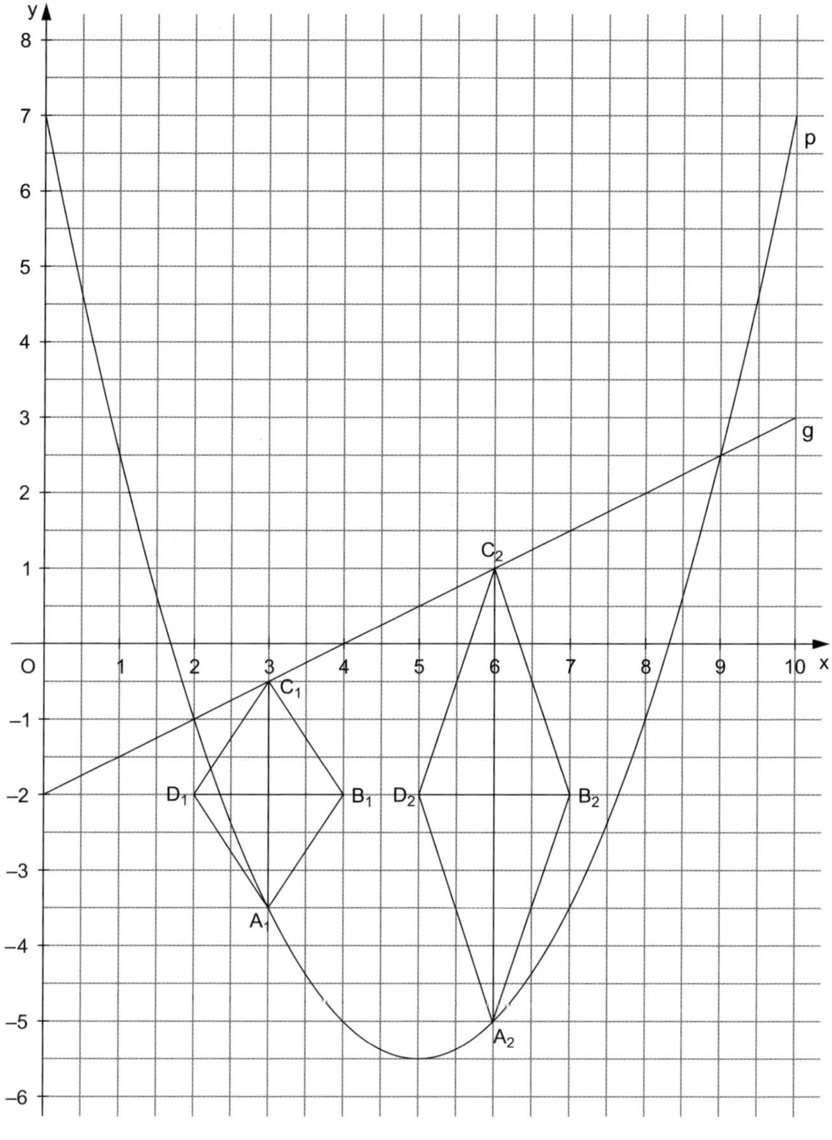
y
x
O
p
g
C_1
C_2
D_1
B_1
D_2
B_2
A_1
A_2

B 1.2 Einzeichnen der Rauten $A_1B_1C_1D_1$ für $x = 3$

- A_1 liegt auf der Parabel p und hat die x-Koordinate 3, also $A_1(3\,|\,{-3{,}5})$.
- C_1 liegt auf der Geraden g und hat dieselbe x-Koordinate wie A_1, also $C_1(3\,|\,{-0{,}5})$.
- Die Diagonalen $[B_nD_n]$ verlaufen horizontal und haben die Länge 2 LE.
  Die x-Koordinate von D_1 ist also um 1 kleiner und die x-Koordinate von B_1 um 1 größer als die x-Koordinate von A_1 (bzw. C_1). Die y-Koordinaten der Punkte B_1 und D_1 sind genauso groß wie die y-Koordinate des Mittelpunktes von $[A_1C_1]$, also $D_1(2\,|\,{-2})$ und $B_1(4\,|\,{-2})$.

Einzeichnen der Raute $A_2B_2C_2D_2$ für $x = 6$

- A_2 liegt auf der Parabel p und hat die x-Koordinate 6, also $A_2(6\,|\,{-5})$.
- C_2 liegt auf der Geraden g und hat dieselbe x-Koordinate wie A_2, also $C_2(6\,|\,1)$.
- Die Diagonalen $[B_nD_n]$ verlaufen horizontal und haben die Länge 2 LE.
  Die x-Koordinate von D_2 ist also um 1 kleiner und die x-Koordinate von B_2 um 1 größer als die x-Koordinate von A_2 (bzw. C_2). Die y-Koordinaten der Punkte B_2 und D_2 sind genauso groß wie die y-Koordinate des Mittelpunktes von $[A_2C_2]$, also $D_2(5\,|\,{-2})$ und $B_2(7\,|\,{-2})$.

B 1.3 Da $y_{C_n} > y_{A_n}$, müssen die x-Koordinaten der Punkte A_n bzw. C_n dort liegen, wo die Gerade g oberhalb von der Parabel p verläuft, also zwischen den Schnittstellen der Parabel p mit der Geraden g.

Berechnung der x-Koordinaten der Schnittpunkte von p und g:

$$0{,}5x^2 - 5x + 7 = 0{,}5x - 2 \qquad |-0{,}5x + 2 \qquad x \in \mathbb{R}$$

$$\Leftrightarrow \quad 0{,}5x^2 - 5{,}5x + 9 = 0$$

$$\Leftrightarrow \quad x = \frac{5{,}5 - \sqrt{5{,}5^2 - 4 \cdot 0{,}5 \cdot 9}}{2 \cdot 0{,}5} \vee x = \frac{5{,}5 + \sqrt{5{,}5^2 - 4 \cdot 0{,}5 \cdot 9}}{2 \cdot 0{,}5}$$

$$\Leftrightarrow \quad x = 2 \vee x = 9$$

$\mathbb{L} = \{2; 9\}$

Für $x \in\,]2; 9[$ gibt es Rauten $A_nB_nC_nD_n$.

B 1.4 Bestimmung der Streckenlänge $\overline{A_nC_n}$ in Abhängigkeit von x:

Da die Punkte A_n und C_n dieselbe x-Koordinate haben, kann $\overline{A_nC_n}$ über die y-Koordinaten berechnet werden.

$$\overline{A_nC_n} = (y_{C_n} - y_{A_n}) \text{ LE}$$

$$\overline{A_nC_n}(x) = [0{,}5x - 2 - (0{,}5x^2 - 5x + 7)] \text{ LE} \qquad x \in \mathbb{R};\ x \in\,]2; 9[$$

$$\overline{A_nC_n}(x) = (0{,}5x - 2 - 0{,}5x^2 + 5x - 7) \text{ LE}$$

$$\overline{A_nC_n}(x) = (-0{,}5x^2 + 5{,}5x - 9) \text{ LE}$$

Um das Maß φ des Winkels $D_2C_2B_2$ zu bestimmen, berechnet man zunächst die Länge von $[A_2C_2]$.

Berechnung der Streckenlänge $\overline{A_2C_2}$ für $x = 6$:

$\overline{A_2C_2} = (-0{,}5 \cdot 6^2 + 5{,}5 \cdot 6 - 9)$ LE

$\overline{A_2C_2} = 6$ LE

Berechnung des Maßes φ des Winkels $D_2C_2B_2$:

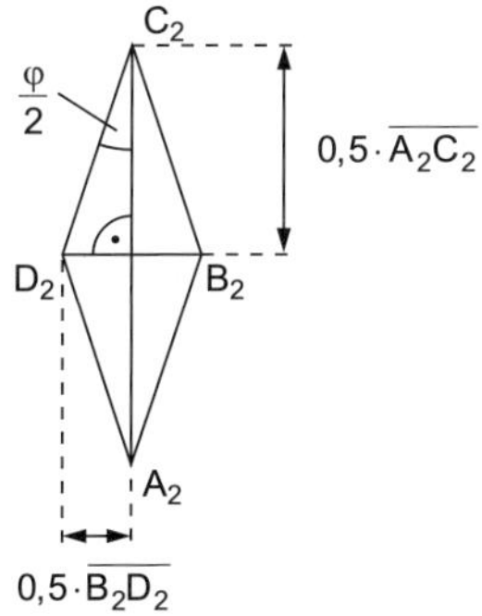

$$\tan\frac{\varphi}{2} = \frac{0{,}5 \cdot \overline{B_2D_2}}{0{,}5 \cdot \overline{A_2C_2}}$$

$$\tan\frac{\varphi}{2} = \frac{0{,}5 \cdot 2}{0{,}5 \cdot 6}$$

$$\frac{\varphi}{2} = 18{,}435° \qquad |\cdot 2$$

$$\varphi = 36{,}87°$$

Berechnung von $\overline{A_2B_2}$ mit dem Satz des Pythagoras:

$$\overline{A_2B_2}^2 = \left(0{,}5 \cdot \overline{B_2D_2}\right)^2 + \left(0{,}5 \cdot \overline{A_2C_2}\right)^2 \qquad |\sqrt{}$$

$$\overline{A_2B_2} = \sqrt{(0{,}5 \cdot 2)^2 + (0{,}5 \cdot 6)^2}\ \text{LE}$$

$$\overline{A_2B_2} = 3{,}16\ \text{LE}$$

B 1.5 Man bestimmt zunächst die Koordinaten der Mittelpunkte M_n der Diagonalen $[A_nC_n]$. Wegen $\overline{M_nB_n} = 0{,}5 \cdot \overline{B_nD_n} = 1$ LE liegen die Punkte B_n dann um 1 LE nach rechts verschoben.

Für die Mittelpunkte M_n der Diagonalen $[A_nC_n]$ gilt:

$$M_n\left(x \;\middle|\; \frac{0{,}5x - 2 + (0{,}5x^2 - 5x + 7)}{2}\right) \qquad x \in \mathbb{R};\ x \in \,]2; 9[$$

$$M_n\left(x \;\middle|\; \frac{0{,}5x^2 - 4{,}5x + 5}{2}\right)$$

$$M_n(x \mid 0{,}25x^2 - 2{,}25x + 2{,}5)$$

oder:

$$M_n\left(x \mid y_{C_n} - 0{,}5 \cdot \overline{A_nC_n}(x)\right)$$

$$M_n(x \mid 0{,}5x - 2 - 0{,}5 \cdot (-0{,}5x^2 + 5{,}5x - 9))$$

$$M_n(x \mid 0{,}25x^2 - 2{,}25x + 2{,}5)$$

Folglich gilt:

$$B_n(x + 1 \mid 0{,}25x^2 - 2{,}25x + 2{,}5) \qquad x \in \mathbb{R};\ x \in \,]2; 9[$$

B 1.6 Da die Diagonalen $[B_nD_n]$ stets die Längen 2 LE haben, erhält man den maximalen Flächeninhalt bei maximaler Länge $\overline{A_0C_0}$.

Man bestimmt die maximale Länge $\overline{A_0C_0}$ mittels quadratischer Ergänzung im Term $\overline{A_nC_n}(x)$.

$$\overline{A_nC_n}(x) = (-0{,}5x^2 + 5{,}5x - 9)\ \text{LE} \qquad x \in \mathbb{R};\ x \in\ ]2;9[$$

$$\overline{A_nC_n}(x) = [-0{,}5(x^2 - 11x - 5{,}5^2 + 5{,}5^2) - 9]\ \text{LE}$$

$$\overline{A_nC_n}(x) = [-0{,}5(x^2 - 11x + 5{,}5^2) + 15{,}125 - 9]\ \text{LE}$$

$$\overline{A_nC_n}(x) = [-0{,}5(x - 5{,}5)^2 + 6{,}125]\ \text{LE}$$

Maximum für $x = 5{,}5$:

$\overline{A_0C_0} = 6{,}13$ LE

Somit beträgt der maximale Flächeninhalt der Rauten $A_nB_nC_nD_n$:

$A_{max} = 0{,}5 \cdot \overline{A_0C_0} \cdot \overline{B_nD_n}$

$A_{max} = 0{,}5 \cdot 6{,}13 \cdot 2$ FE

$A_{max} = 6{,}13$ FE

Folglich ist der Flächeninhalt der Rauten $A_nB_nC_nD_n$ stets kleiner als 7 FE.

Aufgabe B 2

B 2.1 Zeichnen des Schrägbildes des Prismas ABCDEFGH.

- Da [AC] auf der Schrägbildachse liegt, wird [AC] in wahrer Länge angetragen.
- Da [BD] senkrecht zur Zeichenebene verläuft, schließt [BD] mit der Schrägbildachse den Winkel $\omega = 45°$ ein und wird um den Faktor $q = \frac{1}{2}$ verkürzt.
- Der Diagonalenschnittpunkt M halbiert die Diagonalen [AC] und [BD].
- Die Höhen [AE], [BF], [MN], [DH] und [CG] des Prismas liegen in bzw. parallel zur Zeichenebene und werden somit auch in wahrer Länge angetragen.

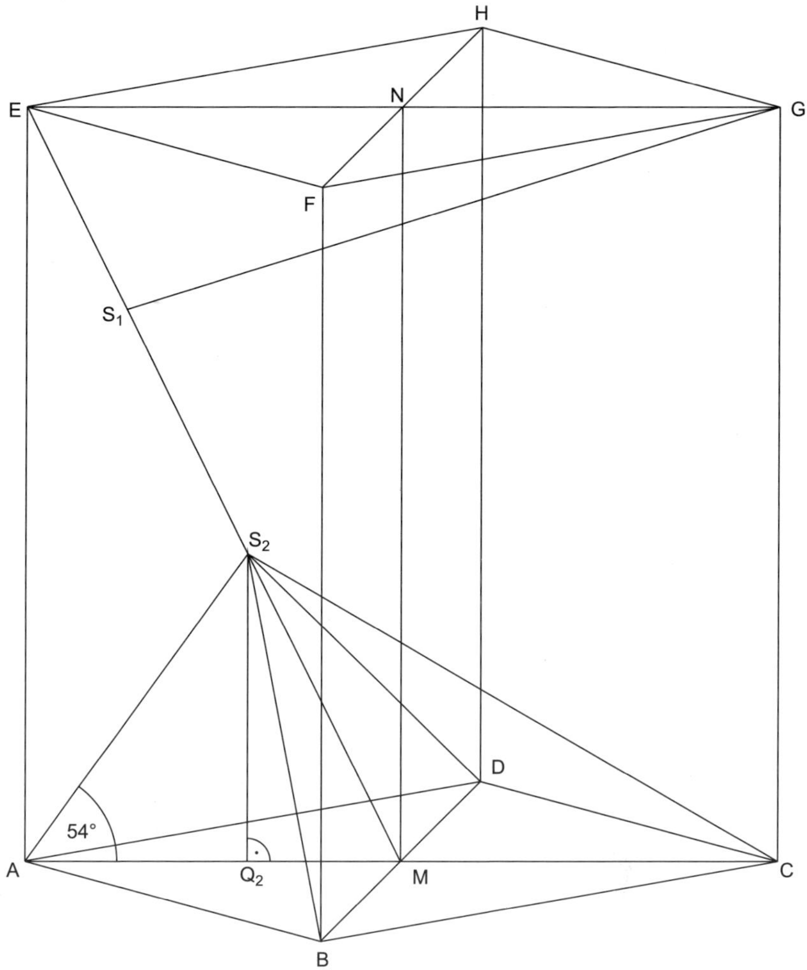
H
E
N
G
F
S1
S2
D
54°
A
Q2
M
C
B

Berechnung von $\overline{ME}$ mit dem Satz des Pythagoras im rechtwinkligen Dreieck AME:

$$\overline{ME}^2 = \overline{AM}^2 + \overline{AE}^2 \qquad |\sqrt{} \qquad \text{mit } \overline{AM} = \frac{1}{2} \cdot \overline{AC} = 5\text{ cm}$$

$$\overline{ME} = \sqrt{5^2 + 10^2}\text{ cm}$$

$$\overline{ME} = 11{,}18\text{ cm}$$

Im rechtwinkligen Dreieck EMN gilt:

$$\tan\varphi = \frac{\overline{MN}}{\overline{NE}} \qquad \text{mit } \overline{MN} = \overline{AE} = 10\text{ cm und } \overline{NE} = \overline{AM} = 5\text{ cm}$$

$$\tan\varphi = \frac{10\text{ cm}}{5\text{ cm}}$$

$$\varphi = 63{,}43°$$

oder:

$$\sin\varphi = \frac{\overline{MN}}{\overline{ME}}$$

$$\sin\varphi = \frac{10\text{ cm}}{11{,}18\text{ cm}}$$

$$\varphi = 63{,}44°$$

Bemerkung: Das Ergebnis weicht wegen des Rundens bei der Berechnung von $\overline{ME}$ vom angegebenen Ergebnis ab.

oder:

$$\cos\varphi = \frac{\overline{NE}}{\overline{ME}}$$

$$\cos\varphi = \frac{5\text{ cm}}{11{,}18\text{ cm}}$$

$$\varphi = 63{,}43°$$

B 2.2 Einzeichnen des Dreiecks S_1GE

Berechnung des Flächeninhaltes des Dreiecks S_1GE:

$$A_{S_1GE} = \frac{1}{2} \cdot \overline{ES_1} \cdot \overline{GE} \cdot \sin\varphi \qquad \text{mit } \overline{GE} = \overline{AC} = 10\text{ cm}$$

$$A_{S_1GE} = \left(\frac{1}{2} \cdot 3 \cdot 10 \cdot \sin 63{,}43°\right)\text{ cm}^2$$

$$A_{S_1GE} = 13{,}42\text{ cm}^2$$

Berechnung von $\overline{S_1G}$ mithilfe des Kosinussatzes im Dreieck ES_1G:

$$\overline{S_1G}^2 = \overline{ES_1}^2 + \overline{GE}^2 - 2\,\overline{ES_1} \cdot \overline{GE} \cdot \cos\varphi \qquad |\sqrt{}$$

$$\overline{S_1G} = \sqrt{3^2 + 10^2 - 2 \cdot 3 \cdot 10 \cdot \cos 63{,}43°}\ \text{cm}$$

$$\overline{S_1G} = 9{,}06\ \text{cm}$$

B 2.3 Einzeichnen der Pyramide $ABCDS_2$ und der Strecke $[Q_2S_2]$

Zur Bestimmung des Volumens der Pyramiden $ABCDS_n$ in Abhängigkeit von x ermittelt man zunächst die Höhen $\overline{Q_nS_n}$ in Abhängigkeit von x.

Ermittlung der Höhe $\overline{Q_nS_n}(x)$ mithilfe des Vierstreckensatzes:

$$\frac{\overline{Q_nS_n}}{\overline{AE}} = \frac{\overline{MS_n}}{\overline{ME}} \qquad |\cdot \overline{AE}$$

$$\overline{Q_nS_n} = \frac{\overline{MS_n} \cdot \overline{AE}}{\overline{ME}} \qquad \text{mit } \overline{MS_n} = \overline{ME} - x\ \text{cm}$$

$$\overline{Q_nS_n}(x) = \frac{(11{,}18 - x)\ \text{cm} \cdot 10\ \text{cm}}{11{,}18\ \text{cm}} \qquad x \in \mathbb{R};\ x \in [0;\ 11{,}18[$$

$$\overline{Q_nS_n}(x) = \left(10 - \frac{10}{11{,}18}x\right)\text{cm}$$

$$\overline{Q_nS_n}(x) = (10 - 0{,}89x)\ \text{cm}$$

oder:

In den rechtwinkligen Dreiecken Q_nMS_n gilt:

$$\sin \sphericalangle S_nMQ_n = \frac{\overline{Q_nS_n}}{\overline{MS_n}} \qquad |\cdot \overline{MS_n}$$

$$\overline{Q_nS_n} = \overline{MS_n} \cdot \sin \sphericalangle S_nMQ_n \qquad \text{mit } \sphericalangle S_nMQ_n = \varphi \text{ (Wechselwinkel)}$$

$$\overline{Q_nS_n}(x) = (11{,}18 - x) \cdot \sin 63{,}43°\ \text{cm} \qquad x \in \mathbb{R};\ x \in [0; 11{,}18[$$

$$\overline{Q_nS_n}(x) = (11{,}18 \cdot \sin 63{,}43° - x \cdot \sin 63{,}43°)\ \text{cm}$$

$$\overline{Q_nS_n}(x) = (10{,}00 - 0{,}89x)\ \text{cm}$$

Berechnung des Volumens V der Pyramiden $ABCDS_n$ in Abhängigkeit von x:

$$V = \frac{1}{3} \cdot \frac{1}{2} \cdot \overline{AC} \cdot \overline{BD} \cdot \overline{Q_nS_n}$$

$$V(x) = \frac{1}{3} \cdot \frac{1}{2} \cdot 10 \cdot 6 \cdot (10 - 0{,}89x)\ \text{cm}^3 \qquad x \in \mathbb{R};\ x \in [0;\ 11{,}18[$$

$$V(x) = 10 \cdot (10 - 0{,}89x)\ \text{cm}^3$$

$$V(x) = (100 - 8{,}9x)\ \text{cm}^3$$

B 2.4 Um das Volumen der Pyramide $ABCDS_2$ berechnen zu können, berechnet man zunächst den zugehörigen Wert für x.

Hierzu benötigt man den Winkel AMS_2, welcher der Wechselwinkel zum Winkel φ ist, also das gleiche Maß hat (siehe Skizze).

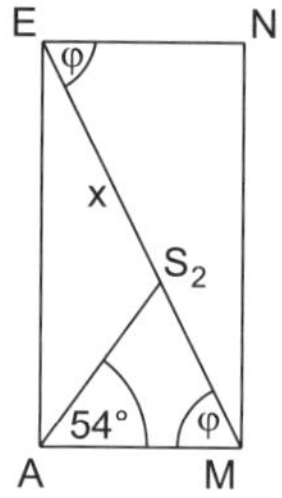

Berechnung von x mithilfe des Sinussatzes im Dreieck AMS_2:

$$\frac{\overline{MS_2}}{\sin\sphericalangle MAS_2} = \frac{\overline{AM}}{\sin\sphericalangle AS_2M} \qquad \text{mit } \overline{AM} = \frac{1}{2}\cdot\overline{AC} = 5\text{ cm}$$

$$\Leftrightarrow \quad \frac{(11{,}18 - x)\text{ cm}}{\sin 54°} = \frac{5\text{ cm}}{\sin(180° - 54° - 63{,}43°)} \qquad |\cdot\sin 54° \qquad x \in \mathbb{R};\ x \in [0; 11{,}18[$$

$$\Leftrightarrow \quad 11{,}18 - x = \frac{5\cdot\sin 54°}{\sin 62{,}57°}$$

$$\Leftrightarrow \quad 11{,}18 - x = 4{,}56 \qquad |+x-4{,}56$$

$$\Leftrightarrow \quad x = 6{,}62$$

$\mathbb{L} = \{6{,}62\}$

oder:

Berechnung von x mithilfe des Sinussatzes im Dreieck AS_2E:

$$\frac{\overline{ES_2}}{\sin\sphericalangle S_2AE} = \frac{\overline{AE}}{\sin\sphericalangle ES_2A}$$

$$\Leftrightarrow \quad \frac{x\text{ cm}}{\sin(90° - 54°)} = \frac{10\text{ cm}}{\sin(180° - (90° - 54°) - (90° - 63{,}43°))} \qquad x \in 0;\ x \in [0; 11{,}18[$$

$$\Leftrightarrow \quad \frac{x}{\sin 36°} = \frac{10}{\sin 117{,}43°} \qquad |\cdot\sin 36°$$

$$\Leftrightarrow \quad x = \frac{10\cdot\sin 36°}{\sin 117{,}43°}$$

$$\Leftrightarrow \quad x = 6{,}62$$

$\mathbb{L} = \{6{,}62\}$

Berechnung des Volumens der Pyramide $ABCDS_2$:

$V_{ABCDS_2} = V(6{,}62)$

$V_{ABCDS_2} = (100 - 8{,}9\cdot 6{,}62)\text{ cm}^3$

$V_{ABCDS_2} = 41{,}08\text{ cm}^3$

B 2.5 Unter den Pyramiden $ABCDS_n$ hat die Pyramide mit dem größten Volumen die Höhe $\overline{AE}$, also die gleiche Höhe wie das Prisma. Alle Pyramiden und das Prisma haben außerdem dieselbe Grundfläche ABCD. Somit gilt:

Volumen des Prismas:

$$V_{Prisma} = A_{ABCD} \cdot \overline{AE}$$

Größtes Volumen der Pyramiden:

$$V_{Pyramide} = \frac{1}{3} \cdot \underbrace{A_{ABCD} \cdot \overline{AE}}_{= V_{Prisma}}$$

Das größte Volumen der Pyramiden beträgt daher höchstens $\frac{1}{3}$ des Volumens des Prismas.

Somit gibt es keine Pyramide $ABCDS_n$, deren Volumen halb so groß wie das Volumen des Prismas ABCDEFGH ist.

oder:

Volumen des Prismas:

$$V_{Prisma} = \frac{1}{2} \cdot \overline{AC} \cdot \overline{BD} \cdot \overline{AE}$$

$$V_{Prisma} = \left(\frac{1}{2} \cdot 10 \cdot 6 \cdot 10\right) \text{cm}^3$$

$$V_{Prisma} = 300 \text{ cm}^3$$

Volumen der Pyramide:

$V(x) = (100 - 8{,}9x) \text{ cm}^3 \leqq 100 \text{ cm}^3$ $\qquad x \in \mathbb{R};\ x \in [0;\ 11{,}18[$

Da $0{,}5 \cdot V_{Prisma} = 150 \text{ cm}^3 > 100 \text{ cm}^3$ gilt, gibt es folglich keine Pyramide $ABCDS_n$, deren Volumen halb so groß wie das Volumen des Prismas ABCDEFGH ist.

Abschlussprüfung an Realschulen 2019 – Mathematik II/III
Teil A

Aufgabe A 1

A 1.0 Pia möchte einen Flugdrachen bauen. Dazu erstellt sie nebenstehende Skizze eines Drachenvierecks ABCD mit der Symmetrieachse AC und dem Diagonalenschnittpunkt M.

Es gilt:

$\overline{AB} = 95$ cm; $\overline{AC} = 150$ cm; $\overline{BC} = 75$ cm.

Runden Sie im Folgenden auf Ganze.

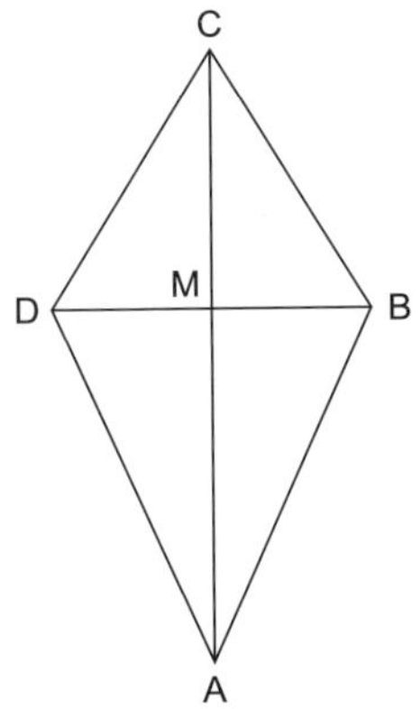

A 1.1 Zeigen Sie rechnerisch, dass für das Maß des Winkels ACB gilt:
$\sphericalangle ACB = 32°$. 2

A 1.2 Berechnen Sie die Länge der Diagonale [BD] und den Flächeninhalt A des Drachenvierecks ABCD.

[Ergebnis: $\overline{BD} = 79$ cm] 2

A 1.3 Da es im Baumarkt nur Holzstäbe mit einer Länge von 100 cm gibt, beschließt Pia, für die Diagonale [AC] diese Länge zu verwenden. Die Diagonale [BD] bleibt unverändert.
Kreuzen Sie an, um wie viel Prozent sich der Flächeninhalt dadurch verringert.

☐ 25 % ☐ 33 % ☐ 50 % ☐ 67 % 1

Aufgabe A 2

A 2.0 Gegeben sind die Parabeln p_1 mit der Gleichung $y = 0{,}4x^2 - 1{,}8x - 4$ und p_2 mit der Gleichung $y = -0{,}2x^2 + 1{,}5x + 1$ ($\mathbb{G} = \mathbb{R} \times \mathbb{R}$).
Runden Sie im Folgenden auf zwei Stellen nach dem Komma.

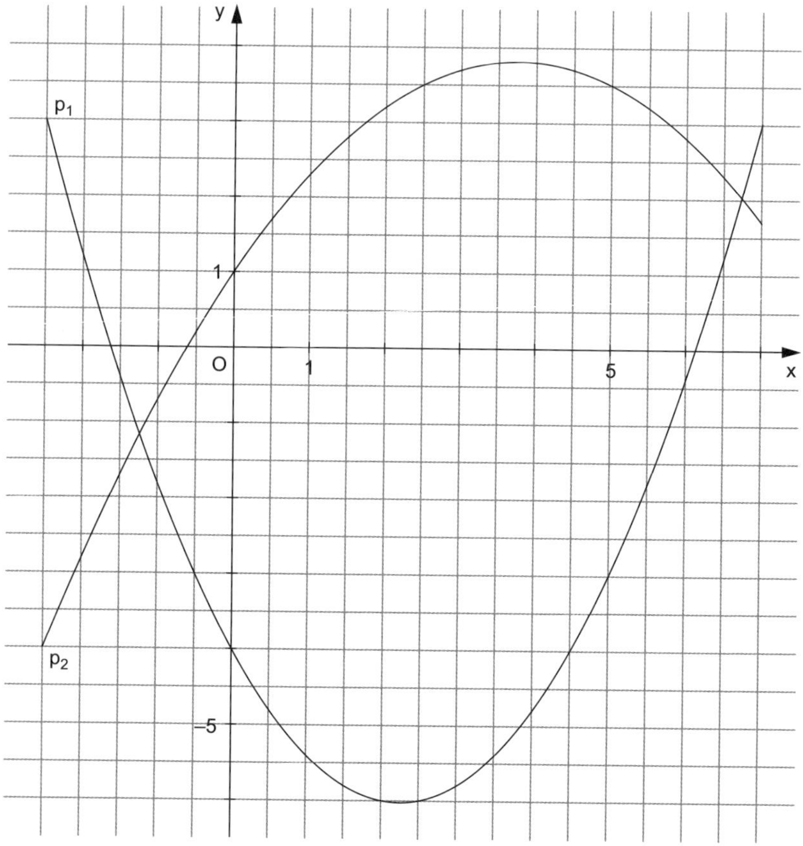

A 2.1 Punkte $B_n(x \mid 0{,}4x^2 - 1{,}8x - 4)$ auf p_1 und Punkte $C_n(x \mid -0{,}2x^2 + 1{,}5x + 1)$ auf p_2 haben dieselbe Abszisse x. Sie sind zusammen mit $A(0 \mid 1)$ für $x \in \,]0; 6{,}74[$ Eckpunkte von Dreiecken AB_nC_n.
Zeichnen Sie das Dreieck AB_1C_1 für $x = 3$ in das Koordinatensystem zu A 2.0 ein. Zeigen Sie sodann, dass für die Länge der Strecken $[B_nC_n]$ in Abhängigkeit von der Abszisse x der Punkte B_n gilt:
$\overline{B_nC_n}(x) = (-0{,}6x^2 + 3{,}3x + 5)$ LE. 2

A 2.2 Begründen Sie, weshalb es unter den Dreiecken AB_nC_n kein Dreieck AB_0C_0 gibt, dessen Seite $[B_0C_0]$ eine Länge von 10 LE besitzt. 2

A 2.3 Die Mittelpunkte M_n der Seiten $[B_nC_n]$ haben dieselbe Abszisse x wie die Punkte B_n.

Zeigen Sie, dass für die y-Koordinate y_{M_n} der Punkte M_n gilt:
$y_{M_n} = 0{,}1x^2 - 0{,}15x - 1{,}5$. 1

A 2.4 Das Dreieck AB_2C_2 ist gleichschenklig mit der Basis $[B_2C_2]$.

Berechnen Sie die x-Koordinate des Punktes M_2. 3

Aufgabe A 3

A 3.0 Die nebenstehende Skizze zeigt den Axialschnitt ABCDEFGH eines Körpers mit der Rotationsachse MS. Diese Skizze dient als Vorlage zur Herstellung einer Sitzgelegenheit.

Es gilt:

$\overline{AM} = \overline{GO} = \overline{FN} = 21\,\text{cm}$; $AM \parallel GO \parallel FN$;

$\overline{FG} = 5\,\text{cm}$; $FG \parallel ED$;

$\sphericalangle ASM = 16°$; $\overline{MN} = 45\,\text{cm}$.

Runden Sie im Folgenden auf eine Stelle nach dem Komma.

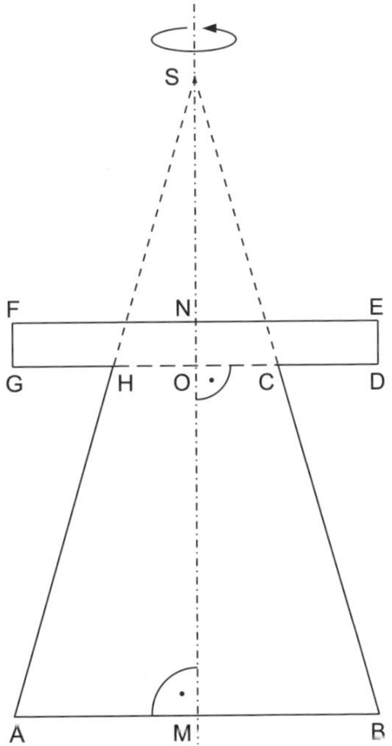

A 3.1 Berechnen Sie die Längen der Strecken [MS] und [HC].

[Ergebnisse:
$\overline{MS} = 73{,}2\,\text{cm}$; $\overline{HC} = 19{,}0\,\text{cm}$] 2

A 3.2 Bestimmen Sie rechnerisch das Volumen V des Rotationskörpers. 4

19

Lösung

Aufgabe A 1

A 1.1 Berechnung von $\sphericalangle ACB$ mithilfe des Kosinussatzes im Dreieck ABC:

$$\overline{AB}^2 = \overline{AC}^2 + \overline{BC}^2 - 2 \cdot \overline{AC} \cdot \overline{BC} \cdot \cos \sphericalangle ACB$$

$$\cos \sphericalangle ACB = \frac{\overline{AC}^2 + \overline{BC}^2 - \overline{AB}^2}{2 \cdot \overline{AC} \cdot \overline{BC}}$$

$$\cos \sphericalangle ACB = \frac{150^2 + 75^2 - 95^2}{2 \cdot 150 \cdot 75}$$

$$\sphericalangle ACB = 32°$$

A 1.2 Man ermittelt zunächst die halbe Diagonalenlänge $\overline{BM}$.

Berechnung von $\overline{BM}$ im rechtwinkligen Dreieck MBC:

$$\sin \sphericalangle MCB = \frac{\overline{BM}}{\overline{BC}} \qquad | \cdot \overline{BC}$$

$$\overline{BM} = \overline{BC} \cdot \sin \sphericalangle MCB \qquad \text{mit } \sphericalangle MCB = \sphericalangle ACB$$

$$\overline{BM} = 75 \cdot \sin 32° \text{ cm}$$

$$\overline{BM} = 39{,}7 \text{ cm}$$

Für die Diagonalenlänge $\overline{BD}$ gilt dann:

$\overline{BD} = 2 \cdot \overline{BM}$

$\overline{BD} = 2 \cdot 39{,}7 \text{ cm} = 79{,}4 \text{ cm}$

Auf Ganze gerundet ergibt sich: $\overline{BD} = 79 \text{ cm}$

Berechnung des Flächeninhalts A des Drachenvierecks ABCD:

$A = \frac{1}{2} \cdot \overline{AC} \cdot \overline{BD}$

$A = 0{,}5 \cdot 150 \cdot 79 \text{ cm}^2 = 5\,925 \text{ cm}^2$

A 1.3 Da die Diagonalenlänge $\overline{BD}$ gleich bleibt und die Diagonalenlänge $\overline{AC}$ von 150 cm auf 100 cm, also um $\frac{1}{3}$, verringert wird, gilt auch für die Fläche, dass sie sich um $\frac{1}{3}$ verringert, also um 33 % (eigentlich um $33{,}\overline{3}$ %).

oder:

Für den Flächeninhalt A_{neu} mit verkürzter Diagonale gilt:

$A_{neu} = \frac{1}{2} \cdot 100 \cdot 79 \text{ cm}^2 = 3\,950 \text{ cm}^2$

Prozentuale Verringerung: $\frac{A - A_{neu}}{A} = \frac{5\,925 \text{ cm}^2 - 3\,950 \text{ cm}^2}{5\,925 \text{ cm}^2} \cdot 100\,\% = 33{,}\overline{3}\,\%$

☒ 33 %

Aufgabe A 2

A 2.0

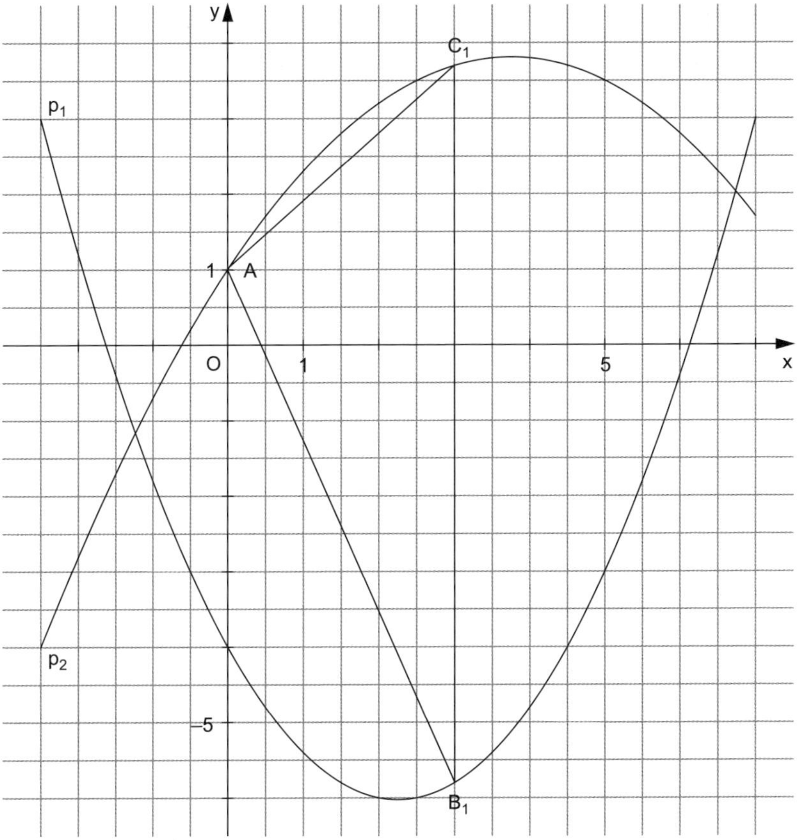

A 2.1 Einzeichnen des Dreiecks AB_1C_1 für $x = 3$

- A(0 | 1) ist fest.
- B_1 hat die x-Koordinate $x = 3$ und liegt auf p_1, also $B_1(3 | -5{,}8)$.
- C_1 hat ebenfalls die x-Koordinate $x = 3$ und liegt auf p_2, also $C_1(3 | 3{,}7)$.

Bestimmung der Streckenlänge $\overline{B_nC_n}$ in Abhängigkeit von x:

Da die Punkte B_n und C_n dieselbe x-Koordinate haben, kann $\overline{B_nC_n}$ über die y-Koordinaten berechnet werden.

$$\overline{B_nC_n} = (y_{C_n} - y_{B_n})\ \text{LE}$$

$$\overline{B_nC_n}(x) = [-0{,}2x^2 + 1{,}5x + 1 - (0{,}4x^2 - 1{,}8x - 4)]\ \text{LE} \qquad x \in \mathbb{R};\ x \in\ ]0; 6{,}74[$$

$$\overline{B_nC_n}(x) = (-0{,}2x^2 + 1{,}5x + 1 - 0{,}4x^2 + 1{,}8x + 4)\ \text{LE}$$

$$\overline{B_nC_n}(x) = (-0{,}6x^2 + 3{,}3x + 5)\ \text{LE}$$

A 2.2 Es ist zu zeigen, dass die Gleichung $\overline{B_nC_n}(x) = 10$ LE keine Lösung besitzt.

$$\overline{B_nC_n}(x) = 10\ \text{LE} \qquad x \in \mathbb{R};\ x \in\ ]0; 6{,}74[$$

$$\Leftrightarrow \quad -0{,}6x^2 + 3{,}3x + 5 = 10 \qquad |-10$$

$$\Leftrightarrow \quad -0{,}6x^2 + 3{,}3x - 5 = 0$$

$$D = 3{,}3^2 - 4 \cdot (-0{,}6) \cdot (-5)$$
$$D = -1{,}11$$
$$D < 0$$

$$\mathbb{L} = \varnothing$$

Folglich gibt es unter den Dreiecken AB_nC_n kein Dreieck AB_0C_0, dessen Seite $[B_0C_0]$ eine Länge von 10 LE besitzt.

oder:

Man bestimmt die maximal mögliche Länge von $[B_nC_n]$ mithilfe der quadratischen Ergänzung.

$$\overline{B_nC_n}(x) = (-0{,}6x^2 + 3{,}3x + 5)\ \text{LE} \qquad x \in \mathbb{R};\ x \in\ ]0; 6{,}74[$$

$$\overline{B_nC_n}(x) = [-0{,}6(x^2 - 5{,}5x + 2{,}75^2 - 2{,}75^2) + 5]\ \text{LE}$$

$$\overline{B_nC_n}(x) = [-0{,}6(x^2 - 5{,}5x + 2{,}75^2) + 4{,}54 + 5]\ \text{LE}$$

$$\overline{B_nC_n}(x) = [-0{,}6(x - 2{,}75)^2 + 9{,}54]\ \text{LE}$$

Die maximale Länge von $[B_nC_n]$ beträgt 9,54 LE.

Folglich gibt es unter den Dreiecken AB_nC_n kein Dreieck AB_0C_0, dessen Seite $[B_0C_0]$ eine Länge von 10 LE besitzt.

A 2.3 Für die y-Koordinate der Mittelpunkte M_n der Seiten $[B_nC_n]$ gilt:

$$y_{M_n} = \frac{y_{C_n} + y_{B_n}}{2}$$

$$y_{M_n} = \frac{-0,2x^2 + 1,5x + 1 + 0,4x^2 - 1,8x - 4}{2} \qquad x \in \mathbb{R};\ x \in \,]0; 6,74[$$

$$y_{M_n} = \frac{0,2x^2 - 0,3x - 3}{2}$$

$$y_{M_n} = 0,1x^2 - 0,15x - 1,5$$

A 2.4 Da $[B_nC_n]$ parallel zur y-Achse verläuft, muss im gleichschenkligen Dreieck AB_2C_2 mit der Basis $[B_2C_2]$ gelten: Die y-Koordinaten von A und dem Mittelpunkt M_2 von $[B_2C_2]$ müssen gleich sein.

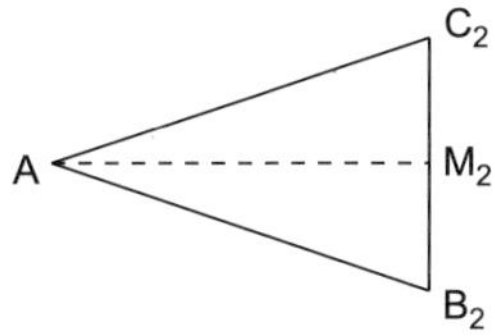

$$y_{M_n} = y_A \qquad \text{mit } y_A = 1$$

$$\Leftrightarrow \quad 0,1x^2 - 0,15x - 1,5 = 1 \qquad |-1 \qquad x \in \mathbb{R};\ x \in \,]0; 6,74[$$

$$\Leftrightarrow \quad 0,1x^2 - 0,15x - 2,5 = 0$$

$$\Leftrightarrow \quad x = \frac{0,15 - \sqrt{0,15^2 - 4 \cdot 0,1 \cdot (-2,5)}}{2 \cdot 0,1} \vee x = \frac{0,15 + \sqrt{0,15^2 - 4 \cdot 0,1 \cdot (-2,5)}}{2 \cdot 0,1}$$

$$\Leftrightarrow \quad (x = -4,31 \ \vee)\ x = 5,81$$

$$\mathbb{L} = \{5,81\}$$

oder:

Im gleichschenkligen Dreieck AB_2C_2 mit der Basis $[B_2C_2]$ muss gelten:

$$y_{C_n} - 1 = 1 - y_{B_n}$$

$$-0,2x^2 + 1,5x + 1 - 1 = 1 - (0,4x^2 - 1,8x - 4) \qquad x \in \mathbb{R};\ x \in \,]0; 6,74[$$

$$\Leftrightarrow \quad -0,2x^2 + 1,5x = 1 - 0,4x^2 + 1,8x + 4$$

$$\Leftrightarrow \quad 0,2x^2 - 0,3x - 5 = 0$$

$$\Leftrightarrow \quad x = \frac{0,3 - \sqrt{0,3^2 - 4 \cdot 0,2 \cdot (-5)}}{2 \cdot 0,2} \vee x = \frac{0,3 + \sqrt{0,3^2 - 4 \cdot 0,2 \cdot (-5)}}{2 \cdot 0,2}$$

$$\Leftrightarrow \quad (x = -4,31 \ \vee)\ x = 5,81$$

$$\mathbb{L} = \{5,81\}$$

Aufgabe A 3

A 3.1 Im rechtwinkligen Dreieck AMS gilt:

$$\tan \sphericalangle ASM = \frac{\overline{AM}}{\overline{MS}} \qquad \Big| \cdot \frac{\overline{MS}}{\tan \sphericalangle ASM}$$

$$\overline{MS} = \frac{\overline{AM}}{\tan \sphericalangle ASM}$$

$$\overline{MS} = \frac{21\,\text{cm}}{\tan 16^\circ}$$

$$\overline{MS} = 73{,}2\ \text{cm}$$

Um die Länge der Strecke [HC] zu bestimmen, bestimmt man zunächst die Länge der Strecke [HO] mithilfe des Vierstreckensatzes.

Berechnung von $\overline{HO}$ mithilfe des Vierstreckensatzes:

$$\frac{\overline{HO}}{\overline{AM}} = \frac{\overline{SO}}{\overline{MS}} \qquad \Big| \cdot \overline{AM}$$

$$\overline{HO} = \frac{\overline{AM} \cdot \overline{SO}}{\overline{MS}} \qquad \text{mit } \overline{SO} = \overline{MS} - \overline{MN} + \overline{NO} \text{ und } \overline{NO} = \overline{FG}$$

$$\overline{HO} = \frac{21 \cdot (73{,}2 - 45 + 5)}{73{,}2}\ \text{cm}$$

$$\overline{HO} = 9{,}5\ \text{cm}$$

Für die Länge $\overline{HC}$ gilt dann:

$$\overline{HC} = 2 \cdot \overline{HO}$$

$$\overline{HC} = 2 \cdot 9{,}5\ \text{cm}$$

$$\overline{HC} = 19{,}0\ \text{cm}$$

oder:

Der Punkt P sei der Fußpunkt des Lotes von H auf [AM].

Im rechtwinkligen Dreieck APH gilt:

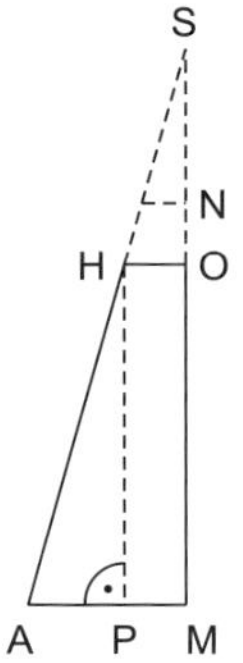

$$\tan \sphericalangle AHP = \frac{\overline{AP}}{\overline{HP}} \qquad \Big| \cdot \overline{HP}$$

$$\overline{AP} = \overline{HP} \cdot \tan \sphericalangle AHP \qquad \text{mit } \overline{HP} = \overline{MO} = \overline{MN} - \overline{NO} = \overline{MN} - \overline{FG}$$

und $\sphericalangle AHP = \sphericalangle ASM$ (Stufenwinkel)

$$\overline{AP} = (45 - 5)\ \text{cm} \cdot \tan 16^\circ$$

$$\overline{AP} = 40\ \text{cm} \cdot \tan 16^\circ$$

$$\overline{AP} = 11{,}5\ \text{cm}$$

Für die Länge der Strecke $\overline{HC}$ gilt dann:

$\overline{HC} = 2 \cdot \overline{HO}$ mit $\overline{HO} = \overline{PM} = \overline{AM} - \overline{AP}$

$\overline{HC} = 2 \cdot (21 - 11{,}5)$ cm

$\overline{HC} = 19{,}0$ cm

A 3.2 Das Volumen des Rotationskörpers setzt sich folgendermaßen zusammen:

- $V_{\text{großer Kegel}}$ mit dem Axialschnitt ABS
- abzüglich $V_{\text{kleiner Kegel}}$ mit dem Axialschnitt HCS
- zuzüglich V_{Zylinder} mit dem Axialschnitt GDEF

Berechnung des Volumens des großen Kegels:

$V_{\text{großer Kegel}} = \frac{1}{3} \cdot \overline{AM}^2 \cdot \pi \cdot \overline{MS}$

$V_{\text{großer Kegel}} = \frac{1}{3} \cdot 21^2 \cdot \pi \cdot 73{,}2 \text{ cm}^3$

$V_{\text{großer Kegel}} = 33\,804{,}8 \text{ cm}^3$

Berechnung des Volumens des kleinen Kegels:

$V_{\text{kleiner Kegel}} = \frac{1}{3} \cdot \overline{HO}^2 \cdot \pi \cdot \overline{SO}$ mit $\overline{HO} = 0{,}5 \cdot \overline{HC}$ und $\overline{SO} = \overline{MS} - \overline{MN} + \overline{FG}$

$V_{\text{kleiner Kegel}} = \frac{1}{3} \cdot (0{,}5 \cdot 19{,}0)^2 \cdot \pi \cdot (73{,}2 - 45 + 5) \text{ cm}^3$

$V_{\text{kleiner Kegel}} = 3\,137{,}7 \text{ cm}^3$

Berechnung des Volumens des Zylinders:

$V_{\text{Zylinder}} = \overline{GO}^2 \cdot \pi \cdot \overline{NO}$ mit $\overline{NO} = \overline{FG}$

$V_{\text{Zylinder}} = 21^2 \cdot \pi \cdot 5 \text{ cm}^3$

$V_{\text{Zylinder}} = 6\,927{,}2 \text{ cm}^3$

Berechnung des Volumens des Rotationskörpers:

$V = V_{\text{großer Kegel}} - V_{\text{kleiner Kegel}} + V_{\text{Zylinder}}$

$V = (33\,804{,}8 - 3\,137{,}7 + 6\,927{,}2) \text{ cm}^3$

$V = 37\,594{,}3 \text{ cm}^3$

Abschlussprüfung an Realschulen 2019 – Mathematik II/III
Teil B

Aufgabe B 1

B 1.0 Nebenstehende Skizze zeigt das Trapez ABCD.

Es gilt:

$\overline{AB} = 7$ cm;

$\overline{BC} = 10$ cm;

$\overline{AC} = 14$ cm;

$\sphericalangle CAD = 50°$;

$AB \parallel CD$.

Runden Sie im Folgenden auf zwei Stellen nach dem Komma.

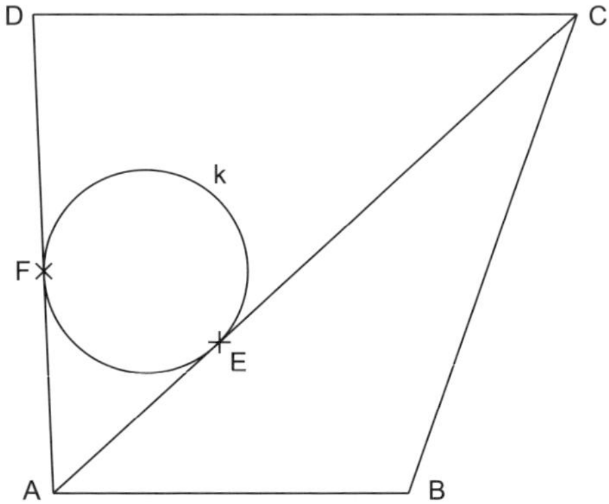

B 1.1 Zeichnen Sie das Trapez ABCD und berechnen Sie das Maß β des Winkels CBA sowie das Maß ε des Winkels BAC.
[Ergebnisse: $\beta = 109{,}62°$; $\varepsilon = 42{,}28°$] 4

B 1.2 Die Strecke [BP] ist die kürzeste Verbindung des Punktes B zur Strecke [AC].
Ergänzen Sie in der Zeichnung zu B 1.1 die Strecke [BP].
Berechnen Sie sodann den Umfang u des Dreiecks ABP. 3

B 1.3 Berechnen Sie den Flächeninhalt A des Trapezes ABCD.
[Ergebnis: $A = 83{,}51$ cm^2] 3

B 1.4 Der Kreis k mit dem Mittelpunkt M berührt die Strecke [AC] im Punkt E und die Strecke [AD] im Punkt F. Für den Radius r gilt: $r = \overline{ME} = \overline{MF} = 2$ cm.
Ergänzen Sie in der Zeichnung zu B 1.1 den Kreis k mit dem Mittelpunkt M.
Berechnen Sie sodann den prozentualen Anteil des Flächeninhalts des Kreises k am Flächeninhalt des Trapezes ABCD. 3

B 1.5 Berechnen Sie den Flächeninhalt der Figur, die durch die Strecken [AE] und [AF] sowie den Kreisbogen $\overset{\frown}{FE}$ mit dem zugehörigen Mittelpunkt M begrenzt wird. 4

17

Aufgabe B 2

B 2.0 Die nebenstehende Skizze zeigt ein Schrägbild der Pyramide ABCDS mit der Höhe [AS], deren Grundfläche das Drachenviereck ABCD mit dem Diagonalenschnittpunkt M ist.

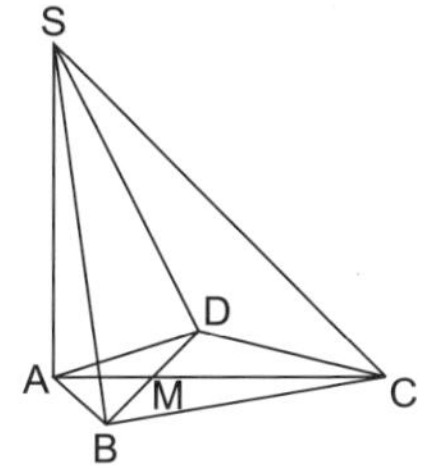

Es gilt:

$\overline{AC} = 9$ cm; $\overline{AM} = 3$ cm; $\overline{BD} = 8$ cm; $\overline{AS} = 10$ cm.

Runden Sie im Folgenden auf zwei Stellen nach dem Komma.

B 2.1 Zeichnen Sie das Schrägbild der Pyramide ABCDS, wobei die Strecke [AC] auf der Schrägbildachse und der Punkt A links vom Punkt C liegen soll.
Für die Zeichnung gilt: $q = \frac{1}{2}$; $\omega = 45°$. **Links vom Punkt A sind 5 cm frei zu halten.**
Berechnen Sie sodann die Länge der Strecke [MS] und das Maß φ des Winkels SMA.
[Ergebnisse: $\overline{MS} = 10{,}44$ cm; $\varphi = 73{,}30°$] 4

B 2.2 Für Punkte P_n auf der Strecke [MS] gilt: $\overline{SP_n}(x) = x$ cm ($x \in \mathbb{R}$ und $0 < x < 10{,}44$). Verlängert man die Diagonale [AC] über den Punkt A hinaus um 1,5x cm, so erhält man Punkte A_n und es entstehen neue Pyramiden A_nBCDP_n.
Zeichnen Sie die Pyramide A_1BCDP_1 und die zugehörige Höhe $[P_1F_1]$ mit dem Höhenfußpunkt $F_1 \in [A_1C]$ für $x = 3$ in das Schrägbild zu B 2.1 ein. 2

B 2.3 Berechnen Sie das Maß α des Winkels MA_1P_1. 3

B 2.4 Zeigen Sie rechnerisch, dass für das Volumen V der Pyramiden A_nBCDP_n in Abhängigkeit von x gilt: $V(x) = (-1{,}92x^2 + 8{,}48x + 120)$ cm³.
[Teilergebnis: $\overline{P_n F_n}(x) = (10 - 0{,}96x)$ cm] 3

B 2.5 Unter den Pyramiden A_nBCDP_n hat die Pyramide A_0BCDP_0 das maximale Volumen V_{max}. Berechnen Sie, um wie viel Prozent V_{max} größer als das Volumen der ursprünglichen Pyramide ABCDS ist. 3

B 2.6 Zwei der folgenden Graphen stellen nicht das Volumen der Pyramiden A_nBCDP_n in Abhängigkeit von x dar. Geben Sie diese an und begründen Sie Ihre Entscheidung.

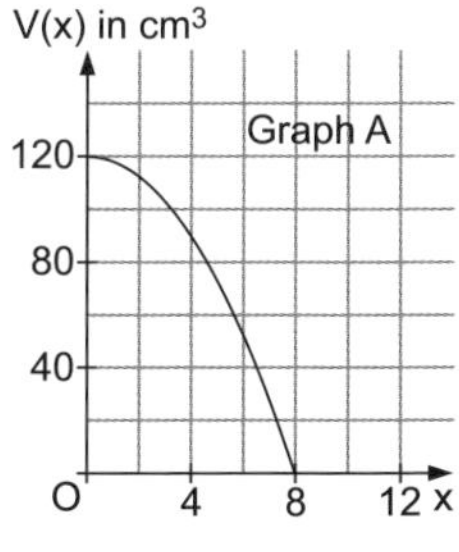

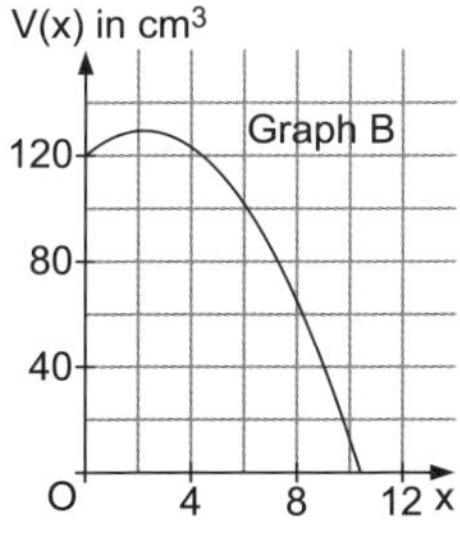

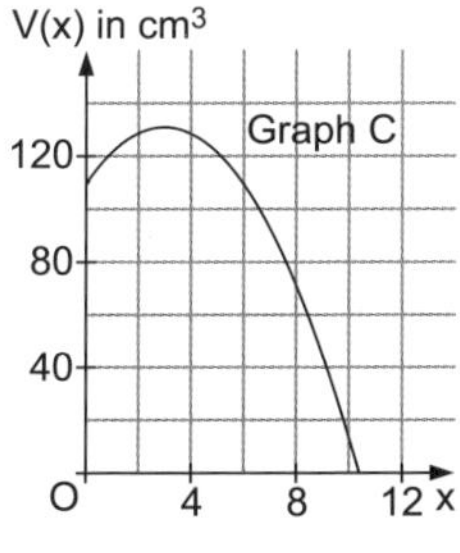

2
17

Lösung

Aufgabe B 1

B 1.1 Zeichnen des Trapezes ABCD

- Antragen von [AB] mit $\overline{AB} = 7$ cm
- Der Punkt C ist der Schnittpunkt des Kreises $k_1(B;\ r = \overline{BC})$ mit dem Kreis $k_2(A;\ r = \overline{AC})$, für den der Umlaufsinn ABC stimmt.
- Der Punkt D ist der Schnittpunkt der Parallelen zur Geraden AB durch den Punkt C mit dem Schenkel [AD des Winkels CAD mit $\sphericalangle CAD = 50°$.

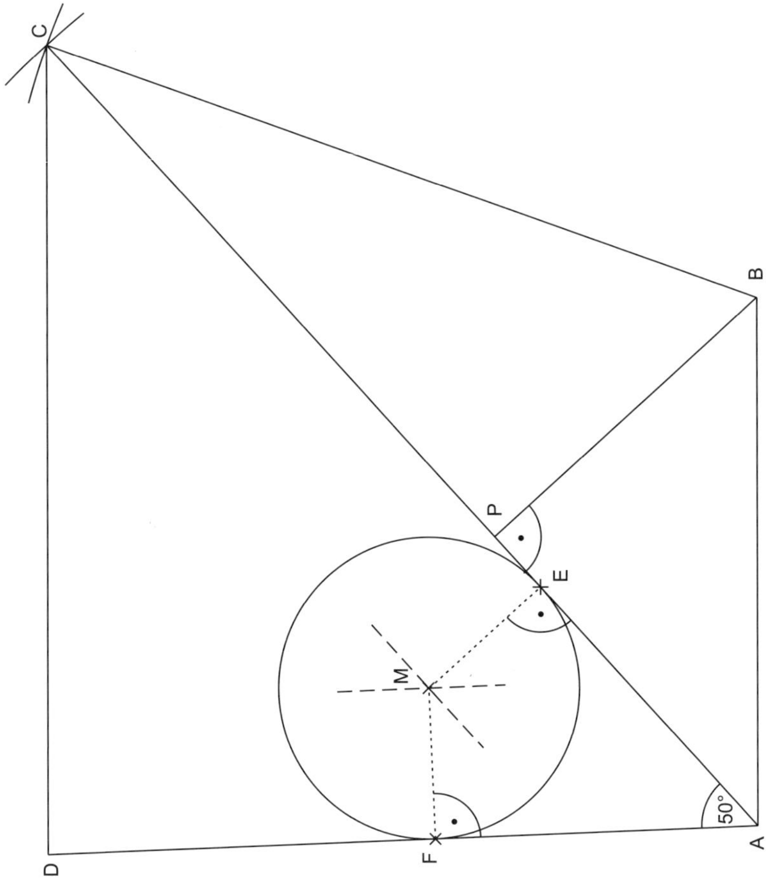

(Gedreht dargestellt)

Berechnung des Winkelmaßes β mithilfe des Kosinussatzes im Dreieck ABC:

$$\overline{AC}^2 = \overline{AB}^2 + \overline{BC}^2 - 2 \cdot \overline{AB} \cdot \overline{BC} \cdot \cos\beta$$

$$\cos\beta = \frac{\overline{AB}^2 + \overline{BC}^2 - \overline{AC}^2}{2 \cdot \overline{AB} \cdot \overline{BC}}$$

$$\cos\beta = \frac{7^2 + 10^2 - 14^2}{2 \cdot 7 \cdot 10}$$

$$\beta = 109{,}62°$$

Berechnung des Winkelmaßes ε mithilfe des Sinussatzes im Dreieck ABC:

$$\frac{\sin\varepsilon}{\overline{BC}} = \frac{\sin\beta}{\overline{AC}} \qquad | \cdot \overline{BC}$$

$$\sin\varepsilon = \frac{\overline{BC}}{\overline{AC}} \cdot \sin\beta$$

$$\sin\varepsilon = \frac{10 \text{ cm}}{14 \text{ cm}} \cdot \sin 109{,}62°$$

$$\varepsilon = 42{,}28°$$

B 1.2 Einzeichnen der Strecke [BP]

Da die Strecke [BP] die kürzeste Verbindung des Punktes B zur Strecke [AC] ist, ist der Punkt P der Fußpunkt des Lotes von B auf [AC].

Um den Umfang des Dreiecks ABP berechnen zu können, benötigt man noch die Streckenlängen $\overline{BP}$ und $\overline{PA}$. Diese können im rechtwinkligen Dreieck ABP berechnet werden.

Im rechtwinkligen Dreieck ABP gilt:

$$\sin\varepsilon = \frac{\overline{BP}}{\overline{AB}} \qquad | \cdot \overline{AB}$$

$$\overline{BP} = \overline{AB} \cdot \sin\varepsilon$$

$$\overline{BP} = 7 \text{ cm} \cdot \sin 42{,}28°$$

$$\overline{BP} = 4{,}71 \text{ cm}$$

Im rechtwinkligen Dreieck ABP gilt zudem:

$$\cos\varepsilon = \frac{\overline{PA}}{\overline{AB}} \qquad | \cdot \overline{AB}$$

$$\overline{PA} = \overline{AB} \cdot \cos\varepsilon$$

$$\overline{PA} = 7 \text{ cm} \cdot \cos 42{,}28°$$

$$\overline{PA} = 5{,}18 \text{ cm}$$

Für den Umfang u des Dreiecks ABP gilt dann:

$u = \overline{AB} + \overline{BP} + \overline{PA}$

$u = (7 + 4{,}71 + 5{,}18)\ \text{cm}$

$u = 16{,}89\ \text{cm}$

B 1.3 Um den Flächeninhalt des Trapezes berechnen zu können, benötigt man die Höhe h des Trapezes und die Längen $\overline{CD}$ und $\overline{AB}$ der Grundseiten ($\overline{AB}$ ist gegeben).

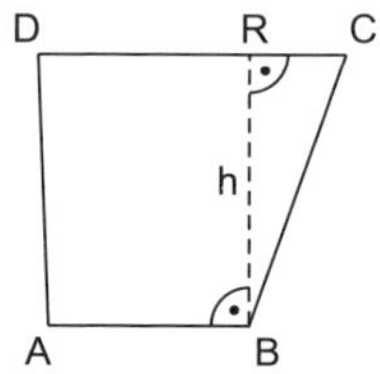

Berechnung der Höhe des Trapezes:
Der Punkt R sei der Fußpunkt des Lotes von B auf [CD].
Im rechtwinkligen Dreieck BCR gilt:

$$\cos\sphericalangle CBR = \frac{h}{\overline{BC}} \qquad \Big|\cdot \overline{BC}$$

$$h = \overline{BC} \cdot \cos\sphericalangle CBR \qquad \text{mit } \sphericalangle CBR = \sphericalangle CBA - 90° = \beta - 90°$$

$$h = 10\ \text{cm} \cdot \cos(109{,}62° - 90°)$$

$$h = 9{,}42\ \text{cm}$$

Um $\overline{CD}$ mithilfe des Sinussatzes im Dreieck ACD bestimmen zu können, benötigt man das Maß des Winkels ADC.

Für die Innenwinkelsumme im Dreieck ACD gilt:

$$180° = \sphericalangle ADC + \sphericalangle DCA + \sphericalangle CAD \qquad \Big| -(\sphericalangle DCA + \sphericalangle CAD)$$

$$\sphericalangle ADC = 180° - (\sphericalangle DCA + \sphericalangle CAD) \qquad \text{mit } \sphericalangle DCA = \varepsilon \text{ (Wechsel- bzw. Z-Winkel)}$$

$$\sphericalangle ADC = 180° - (42{,}28° + 50°)$$

$$\sphericalangle ADC = 87{,}72°$$

Berechnung von $\overline{CD}$ mithilfe des Sinussatzes im Dreieck ACD:

$$\frac{\overline{CD}}{\sin\sphericalangle CAD} = \frac{\overline{AC}}{\sin\sphericalangle ADC} \qquad \Big|\cdot \sin\sphericalangle CAD$$

$$\overline{CD} = \overline{AC} \cdot \frac{\sin\sphericalangle CAD}{\sin\sphericalangle ADC}$$

$$\overline{CD} = 14\ \text{cm} \cdot \frac{\sin 50°}{\sin 87{,}72°}$$

$$\overline{CD} = 10{,}73\ \text{cm}$$

Für den gesuchten Flächeninhalt A des Trapezes gilt dann:

$$A = \frac{\overline{AB} + \overline{CD}}{2} \cdot h$$

$$A = \frac{7 + 10{,}73}{2} \cdot 9{,}42\ \text{cm}^2$$

$$A = 83{,}51\ \text{cm}^2$$

oder:

Man bestimmt die Trapezfläche, indem man das Trapez in die Dreiecke ABC und ACD aufteilt und die beiden Dreiecksflächen bestimmt.

Berechnung des Flächeninhalts $A_{\Delta ABC}$ des Dreiecks ABC:

$$A_{\Delta ABC} = \frac{1}{2} \cdot \overline{AB} \cdot \overline{AC} \cdot \sin \varepsilon$$

$$A_{\Delta ABC} = 0{,}5 \cdot 7\text{ cm} \cdot 14\text{ cm} \cdot \sin 42{,}28°$$

$$A_{\Delta ABC} = 32{,}96\text{ cm}^2$$

Berechnung des Flächeninhalts $A_{\Delta ACD}$ des Dreiecks ACD:

Zur Berechnung von $A_{\Delta ACD}$ bestimmt man $\overline{CD}$ wie oben.

$$A_{\Delta ACD} = \frac{1}{2} \cdot \overline{CD} \cdot \overline{AC} \cdot \sin \sphericalangle DCA \qquad \text{mit } \sphericalangle DCA = \varepsilon \text{ (Wechsel- bzw. Z-Winkel)}$$

$$A_{\Delta ACD} = 0{,}5 \cdot 10{,}73\text{ cm} \cdot 14\text{ cm} \cdot \sin 42{,}28°$$

$$A_{\Delta ACD} = 50{,}53\text{ cm}^2$$

Für den gesuchten Flächeninhalt A des Trapezes gilt dann:

$$A = A_{\Delta ABC} + A_{\Delta ACD}$$

$$A = 32{,}96\text{ cm}^2 + 50{,}53\text{ cm}^2$$

$$A = 83{,}49\text{ cm}^2$$

Bemerkung: Dieses Ergebnis weicht durch andere Rundungen vom obigen Ergebnis ab.

B 1.4 Einzeichnen des Mittelpunktes M und des Kreises k

Der Mittelpunkt M ist der Schnittpunkt der Parallelen zur Geraden AC im Abstand von 2 cm und der Parallelen zur Geraden AD im Abstand von 2 cm, die sich im Dreieck ACD schneiden.

Berechnung des Flächeninhalts A_{Kreis} des Kreises k:

$$A_{Kreis} = r^2 \cdot \pi$$

$$A_{Kreis} = 2^2 \cdot \pi\text{ cm}^2$$

$$A_{Kreis} = 12{,}57\text{ cm}^2$$

Berechnung des gesuchten prozentualen Anteils:

$$\frac{A_{Kreis}}{A} = \frac{12{,}57\text{ cm}^2}{83{,}51\text{ cm}^2} \cdot 100\ \% = 15{,}05\ \%$$

Der Anteil des Flächeninhalts des Kreises k am Flächeninhalt des Trapezes ABCD beträgt 15,05 %.

B 1.5 Die Figur entspricht dem Drachenviereck AEMF, das sich aus den zwei kongruenten rechtwinkligen Dreiecken AEM und AMF zusammensetzt, ohne den Kreissektor MFE.

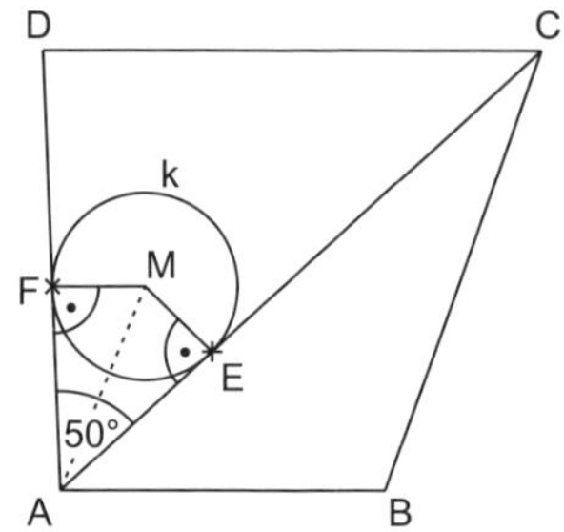

Um die Fläche des Dreiecks AEM (und damit auch die des dazu kongruenten Dreiecks AMF) berechnen zu können, ermittelt man zunächst die Länge der Seite [AE].

Berechnung von $\overline{AE}$ im rechtwinkligen Dreieck AEM:

$$\tan \sphericalangle EAM = \frac{\overline{ME}}{\overline{AE}} \qquad \left| \cdot \frac{\overline{AE}}{\tan \sphericalangle EAM} \right.$$

$$\overline{AE} = \frac{\overline{ME}}{\tan \sphericalangle EAM} \qquad \text{mit } \sphericalangle EAM = \frac{\sphericalangle CAD}{2}$$

$$\overline{AE} = \frac{2\text{ cm}}{\tan \frac{50^\circ}{2}}$$

$$\overline{AE} = 4{,}29\text{ cm}$$

Bestimmung des Flächeninhalts $A_{\Delta AEM}$ des Dreiecks AEM:

$$A_{\Delta AEM} = \frac{1}{2} \cdot \overline{AE} \cdot \overline{ME}$$

$$A_{\Delta AEM} = 0{,}5 \cdot 4{,}29 \cdot 2\text{ cm}^2 = 4{,}29\text{ cm}^2$$

Um den Flächeninhalt des Kreissektors MFE berechnen zu können, ermittelt man zunächst das Maß des Mittelpunktwinkels des Kreissektors.

Bestimmung von $\sphericalangle FME$ mithilfe der Winkelsumme im Viereck AEMF:

$$360^\circ = \sphericalangle FME + 90^\circ + 90^\circ + 50^\circ$$

$$\sphericalangle FME = 360^\circ - 2 \cdot 90^\circ - 50^\circ$$

$$\sphericalangle FME = 130^\circ$$

Bestimmung des Flächeninhalts A_{Sektor} des Kreissektors MFE:

$$A_{Sektor} = \frac{\sphericalangle FME}{360^\circ} \cdot \overline{ME}^2 \cdot \pi$$

$$A_{Sektor} = \frac{130^\circ}{360^\circ} \cdot 2^2 \cdot \pi\text{ cm}^2 = 4{,}54\text{ cm}^2$$

Bestimmung des Flächeninhalts A_{Figur} der beschriebenen Figur:

$$A_{Figur} = A_{\Delta AEM} + A_{\Delta AMF} - A_{Sektor} \qquad \text{mit } A_{\Delta AMF} = A_{\Delta AEM}$$

$$A_{Figur} = 2 \cdot A_{\Delta AEM} - A_{Sektor}$$

$$A_{Figur} = 2 \cdot 4{,}29\text{ cm}^2 - 4{,}54\text{ cm}^2$$

$$A_{Figur} = 4{,}04\text{ cm}^2$$

Aufgabe B 2

B 2.1 Zeichnen des Schrägbildes der Pyramide ABCDS

- Da die Strecke [AC] auf der Schrägbildachse liegt, wird sie in wahrer Länge angetragen. Laut Angabe soll dabei A links von C liegen.
- Durch Antragen der Strecke [AM] mit der Länge $\overline{AM} = 3\text{ cm}$ erhält man den Diagonalenschnittpunkt M des Drachenvierecks.
- Da die Strecke [BD] senkrecht zur Zeichenebene verläuft, schließt sie mit der Schrägbildachse den Winkel $\omega = 45°$ ein und wird um den Faktor $q = \frac{1}{2}$ verkürzt. Der Punkt M ist der Mittelpunkt der Strecke [BD].
- Die Höhe [AS] liegt in der Zeichenebene und wird somit auch in wahrer Länge angetragen.

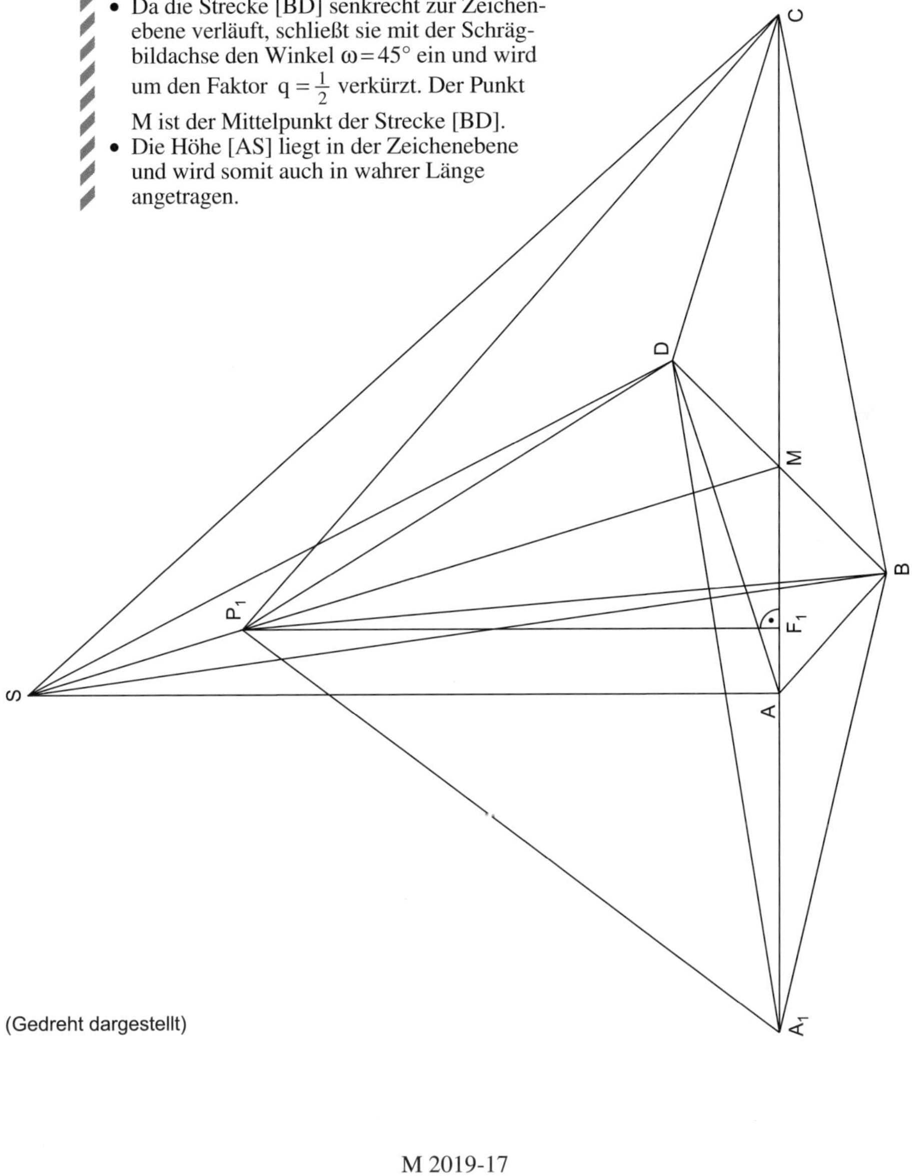

(Gedreht dargestellt)

Berechnung von $\overline{MS}$ mit dem Satz des Pythagoras im rechtwinkligen Dreieck AMS:

$$\overline{MS}^2 = \overline{AS}^2 + \overline{AM}^2 \qquad |\sqrt{}$$

$$\overline{MS} = \sqrt{10^2 + 3^2}\ \text{cm}$$

$$\overline{MS} = 10,44\ \text{cm}$$

Berechnung des Winkelmaßes φ im rechtwinkligen Dreieck AMS:

$$\tan\varphi = \frac{\overline{AS}}{\overline{AM}}$$

$$\tan\varphi = \frac{10\ \text{cm}}{3\ \text{cm}}$$

$$\varphi = 73,30°$$

oder:

$$\sin\varphi = \frac{\overline{AS}}{\overline{MS}}$$

$$\sin\varphi = \frac{10\ \text{cm}}{10,44\ \text{cm}}$$

$$\varphi = 73,31°$$

oder:

$$\cos\varphi = \frac{\overline{AM}}{\overline{MS}}$$

$$\cos\varphi = \frac{3\ \text{cm}}{10,44\ \text{cm}}$$

$$\varphi = 73,30°$$

Bemerkung: Die Ergebnisse weichen durch andere Rundungen voneinander ab.

B 2.2 Einzeichnen der Pyramide A_1BCDP_1 und der zugehörigen Höhe $[P_1F_1]$

- Da die Strecken $[SP_1]$ und $[A_1A]$ in der Zeichenebene liegen, werden sie in wahrer Länge angetragen.
- Für $x = 3$ erhält man $\overline{SP_1} = 3\ \text{cm}$ und $\overline{A_1A} = 1,5 \cdot 3\ \text{cm} = 4,5\ \text{cm}$.
- Der Punkt F_1 ist der Fußpunkt des Lotes von P_1 auf [AC].

B 2.3 Um das Maß α des Winkels MA_1P_1 mithilfe des Sinussatzes im Dreieck A_1MP_1 berechnen zu können, ermittelt man die Längen $\overline{A_1P_1}$ und $\overline{MP_1}$. Die Länge $\overline{A_1P_1}$ kann mithilfe des Kosinussatzes im Dreieck A_1MP_1 bestimmt werden, wofür man zusätzlich die Länge $\overline{A_1M}$ benötigt.

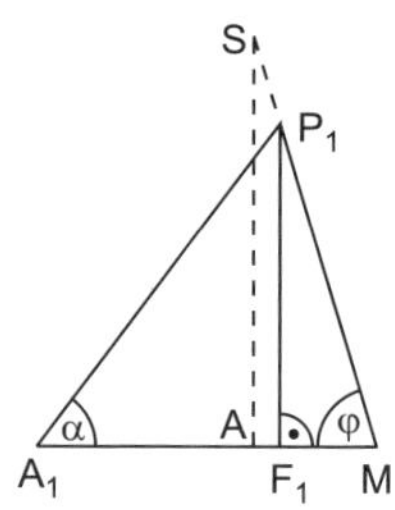

Bestimmung der Länge von $[A_1M]$:

$\overline{A_1M} = \overline{AM} + \overline{A_1A}$ mit $\overline{A_1A} = 1{,}5x$ cm, wobei $x = 3$

$\overline{A_1M} = (3 + 1{,}5 \cdot 3)$ cm

$\overline{A_1M} = 7{,}5$ cm

Bestimmung der Länge von $[MP_1]$:

$\overline{MP_1} = \overline{MS} - \overline{SP_1}$ mit $\overline{SP_1} = x$ cm, wobei $x = 3$

$\overline{MP_1} = (10{,}44 - 3)$ cm

$\overline{MP_1} = 7{,}44$ cm

Berechnung von $\overline{A_1P_1}$ mithilfe des Kosinussatzes im Dreieck A_1MP_1:

$$\overline{A_1P_1}^2 = \overline{A_1M}^2 + \overline{MP_1}^2 - 2 \cdot \overline{A_1M} \cdot \overline{MP_1} \cdot \cos\varphi \qquad |\sqrt{}$$

$$\overline{A_1P_1} = \sqrt{7{,}5^2 + 7{,}44^2 - 2 \cdot 7{,}5 \cdot 7{,}44 \cdot \cos 73{,}30°}\ \text{cm}$$

$$\overline{A_1P_1} = 8{,}92\ \text{cm}$$

Bestimmung des Winkelmaßes α mithilfe des Sinussatzes im Dreieck A_1MP_1:

$$\frac{\sin\alpha}{\overline{MP_1}} = \frac{\sin\varphi}{\overline{A_1P_1}} \qquad | \cdot \overline{MP_1}$$

$$\sin\alpha = \frac{\overline{MP_1}}{\overline{A_1P_1}} \cdot \sin\varphi$$

$$\sin\alpha = \frac{7{,}44\ \text{cm}}{8{,}92\ \text{cm}} \cdot \sin 73{,}30°$$

$$\alpha = 53{,}03°$$

B 2.4 Zur Bestimmung des Volumens der Pyramiden A_nBCDP_n in Abhängigkeit von x ermittelt man zunächst die Höhen $\overline{P_nF_n}$ in Abhängigkeit von x.

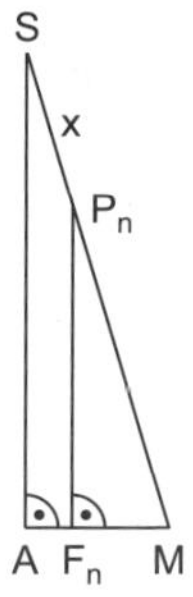

Ermittlung der Höhen $\overline{P_nF_n}(x)$ mithilfe des Vierstreckensatzes:

$$\frac{\overline{P_nF_n}}{\overline{AS}} = \frac{\overline{MP_n}}{\overline{MS}} \qquad | \cdot \overline{AS}$$

$$\overline{P_nF_n} = \frac{\overline{MP_n} \cdot \overline{AS}}{\overline{MS}} \qquad \text{mit } \overline{MP_n}(x) = \overline{MS} - x\ \text{cm}$$

$$\overline{P_nF_n}(x) = \frac{(10{,}44 - x) \cdot 10}{10{,}44}\ \text{cm} \qquad x \in \mathbb{R};\ 0 < x < 10{,}44$$

$$\overline{P_nF_n}(x) = (10 - 0{,}96x)\ \text{cm}$$

oder:

Im rechtwinkligen Dreieck F_nMP_n gilt:

$$\sin\varphi = \frac{\overline{P_nF_n}}{\overline{MP_n}} \qquad \Big| \cdot \overline{MP_n}$$

$$\overline{P_nF_n} = \overline{MP_n} \cdot \sin\varphi \qquad \text{mit } \overline{MP_n}(x) = \overline{MS} - x \text{ cm}$$

$$\overline{P_nF_n}(x) = (10{,}44 - x) \text{ cm} \cdot \sin 73{,}30° \qquad x \in \mathbb{R};\ 0 < x < 10{,}44$$

$$\overline{P_nF_n}(x) = (10{,}44 - x) \cdot 0{,}96 \text{ cm}$$

$$\overline{P_nF_n}(x) = (10{,}02 - 0{,}96x) \text{ cm}$$

Bemerkung: Dieses Ergebnis weicht durch andere Rundungen vom obigen Ergebnis ab.

Bestimmung des Volumens V der Pyramiden A_nBCDP_n in Abhängigkeit von x:

$$V = \frac{1}{3} \cdot \frac{1}{2} \cdot \overline{A_nC} \cdot \overline{BD} \cdot \overline{P_nF_n} \qquad \text{mit } \overline{A_nC} = \overline{AC} + 1{,}5x \text{ cm}$$

$$V(x) = \frac{1}{3} \cdot \frac{1}{2} \cdot (9 + 1{,}5x) \cdot 8 \cdot (10 - 0{,}96x) \text{ cm}^3 \qquad x \in \mathbb{R};\ 0 < x < 10{,}44$$

$$V(x) = \frac{1}{6} \cdot (9 + 1{,}5x) \cdot (80 - 7{,}68x) \text{ cm}^3$$

$$V(x) = \frac{1}{6} \cdot (720 - 69{,}12x + 120x - 11{,}52x^2) \text{ cm}^3$$

$$V(x) = \frac{1}{6} \cdot (-11{,}52x^2 + 50{,}88x + 720) \text{ cm}^3$$

$$V(x) = (-1{,}92x^2 + 8{,}48x + 120) \text{ cm}^3$$

B 2.5 Bestimmung des maximalen Volumens mithilfe von quadratischer Ergänzung:

$$V(x) = (-1{,}92x^2 + 8{,}48x + 120) \text{ cm}^3 \qquad x \in \mathbb{R};\ 0 < x < 10{,}44$$

$$V(x) = [-1{,}92(x^2 - 4{,}42x + 2{,}21^2 - 2{,}21^2) + 120] \text{ cm}^3$$

$$V(x) = [-1{,}92 \cdot (x - 2{,}21)^2 + 9{,}38 + 120] \text{ cm}^3$$

$$V(x) = [-1{,}92 \cdot (x - 2{,}21)^2 + 129{,}38] \text{ cm}^3$$

$$V_{max} = 129{,}38 \text{ cm}^3$$

Bestimmung des Volumens V_{ABCDS} der ursprünglichen Pyramide:

$$V_{ABCDS} = \frac{1}{3} \cdot \frac{1}{2} \cdot \overline{AC} \cdot \overline{BD} \cdot \overline{AS}$$

$$V_{ABCDS} = \frac{1}{3} \cdot \frac{1}{2} \cdot 9 \cdot 8 \cdot 10 \text{ cm}^3$$

$$V_{ABCDS} = 120 \text{ cm}^3$$

Berechnung der gesuchten prozentualen Volumenvergrößerung:

$$\frac{V_{max}}{V_{ABCDS}} \cdot 100\ \% = \frac{129{,}38\ cm^3}{120\ cm^3} \cdot 100\ \% = 107{,}82\ \%$$

V_{max} ist folglich um 7,82 % größer als V_{ABCDS}.

Bemerkung: Durch andere Zwischenrundungen können Abweichungen im Ergebnis entstehen.

B 2.6 Bei Graph A ist der maximale Wert des Volumens nicht größer als $V_{ABCDS} = 120\ cm^3$.

Bei Graph C erhält man für die Belegung $x = 0$ nicht den Wert $V(0) = 120\ cm^3$.

oder:

Bei Graph A ist den x-Werten im Intervall $]8; 10{,}44[$ kein y-Wert zugeordnet.

Bei Graph C liegt das Maximum ungefähr bei $x = 3$, was nicht mit der Berechnung in Teilaufgabe B 2.5 übereinstimmt. (Dort ergibt sich, dass das Maximum bei $x = 2{,}21$ liegt.)

Abschlussprüfung an Realschulen 2020 – Mathematik II/III
Teil A

Aufgabe A 1

A 1.0 Am 22.02.2020 kaufte sich Claudia für 2 000 € Aktien.
Sie geht davon aus, dass der Wert y € ihrer Aktien nach x Jahren durch die Funktion f: $y = 2\,000 \cdot 1{,}07^x$ mit $\mathbb{G} = \mathbb{R}_0^+ \times \mathbb{R}_0^+$ dargestellt werden kann.

A 1.1 Ergänzen Sie die Wertetabelle auf Ganze gerundet.
Zeichnen Sie sodann den Graphen zu f in das Koordinatensystem ein.

x	0	5	10	15	20	25
$2\,000 \cdot 1{,}07^x$						

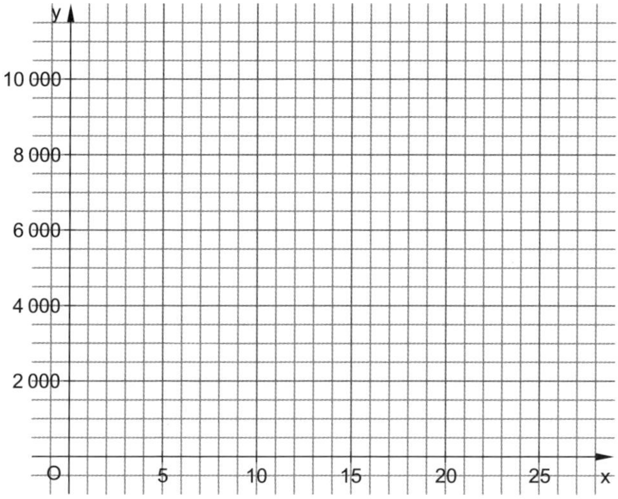

2

A 1.2 Ergänzen Sie die folgende Aussage.
Claudia nimmt an, dass der Wert ihrer Aktien jährlich um ______ Prozent zunimmt. 1

A 1.3 Ermitteln Sie mithilfe des Graphen, nach welcher Zeit sich das Anfangskapital verfünffacht hätte. 1

A 1.4 Claudia plant, am 22.02.2065 in den Ruhestand zu gehen.
Bestimmen Sie rechnerisch, wie viel ihre Aktien zu diesem Zeitpunkt nach der oben getroffenen Annahme wert wären. Runden Sie auf ganze Euro. 1

Aufgabe A 2

A 2.0 Das Schrägbild zeigt die Pyramide ABCDS mit dem gleichschenkligen Trapez ABCD als Grundfläche und der Höhe [QS]. Der Punkt P ist der Mittelpunkt der Strecke [AB] und der Punkt Q ist der Mittelpunkt der Strecke [CD].

Es gilt: $[AB] \parallel [CD]$; $\overline{AB} = 6$ cm; $\overline{CD} = 10$ cm; $\overline{QS} = 8$ cm; $\overline{PQ} = 4$ cm.

Der Punkt R liegt auf der Strecke [PS] mit $\overline{PR} = 3$ cm. Er ist der Mittelpunkt der Strecke [EF] mit $E \in [AS]$, $F \in [BS]$ und $[EF] \parallel [AB]$.

Runden Sie im Folgenden auf zwei Stellen nach dem Komma.

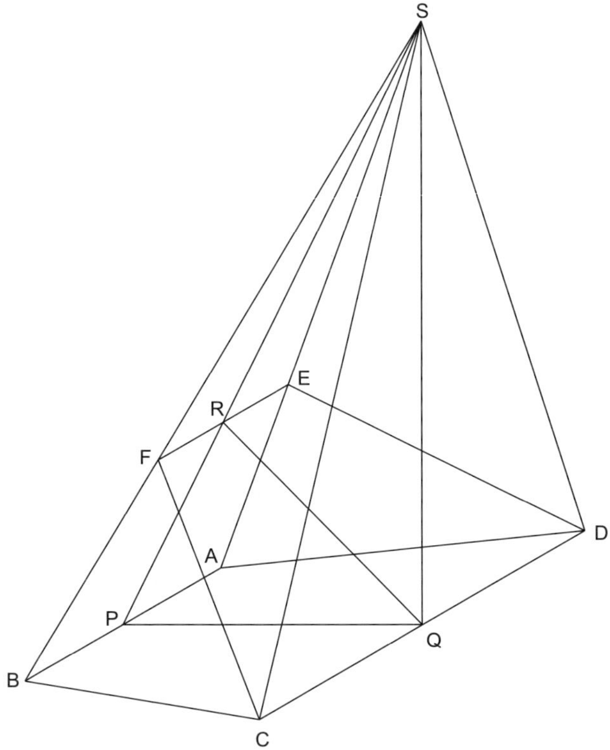

A 2.1 Berechnen Sie die Längen der Strecken [PS] und [EF].
[Ergebnis: $\overline{PS} = 8{,}94$ cm; $\overline{EF} = 3{,}99$ cm] 2

A 2.2 Berechnen Sie den Flächeninhalt A des Trapezes CDEF.
[Zwischenergebnis: $\sphericalangle QPS = 63{,}43°$] 3

A 2.3 Der Punkt T liegt auf der Strecke [QS] mit $[RT] \parallel [PQ]$. Das Dreieck EFT ist die Grundfläche der Pyramide EFTS mit der Spitze S.
Zeichnen Sie die Pyramide EFTS in das Schrägbild zu A 2.0 ein.
Berechnen Sie sodann das Volumen V der Pyramide EFTS. 4

Aufgabe A 3

A 3.0 Die nebenstehende Skizze zeigt das Dreieck ABC mit $\overline{AB} = 7$ cm, $\overline{BC} = 5$ cm und $\sphericalangle ACB = 40°$.
Die Strecke [DE] wird durch die Punkte $D \in [AC]$ und $E \in [BC]$ festgelegt.

Es gilt: $[AB] \parallel [DE]$; $\overline{DE} = 3{,}6$ cm.

Runden Sie im Folgenden auf zwei Stellen nach dem Komma.

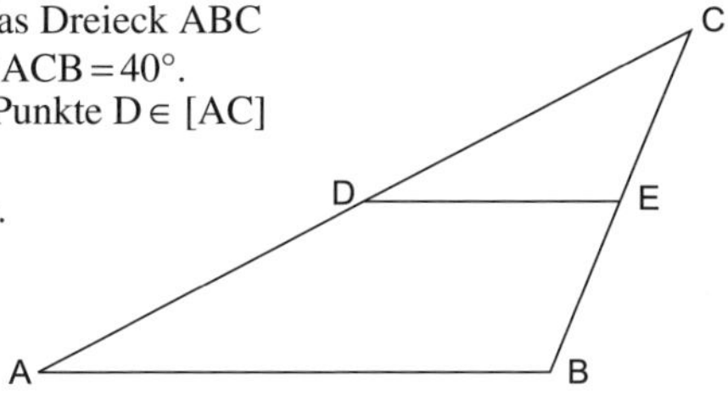

A 3.1 Berechnen Sie die Länge der Strecke [BE].
[Ergebnis: $\overline{BE} = 2{,}43$ cm] 2

A 3.2 Berechnen Sie den Abstand d der Strecken [AB] und [DE]. 3

19

Lösung

Aufgabe A 1

A 1.1

x	0	5	10	15	20	25
$2\,000 \cdot 1{,}07^x$	2 000	2 805	3 934	5 518	7 739	10 855

Einzeichnen des Graphen zu f mithilfe der Wertetabelle

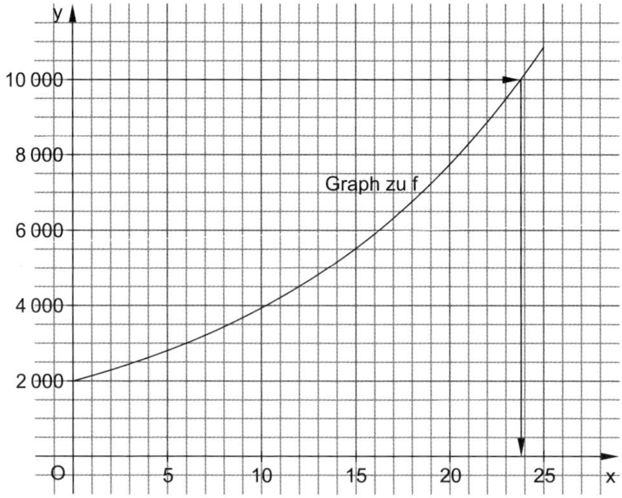

A 1.2 Bei einer Multiplikation mit 1,07 erhöht sich der Wert um den Faktor 0,07, also $\frac{7}{100}$. Dies entspricht 7 %.

Claudia nimmt an, dass der Wert ihrer Aktien jährlich um **7** Prozent zunimmt.

A 1.3 Das Fünffache des Anfangskapitals ist $5 \cdot 2\,000 = 10\,000$. Den zugehörigen Zeitpunkt ermittelt man wie in der Grafik aus Teilaufgabe A 1.1 abgebildet.

Im Rahmen der Zeichengenauigkeit: nach 24 Jahren

A 1.4 Der 22.02.2065 ist 45 Jahre nach dem Kauf am 22.02.2020.

$y = 2\,000 \cdot 1{,}07^{45}$

$y = 42\,005$

Die Aktien wären zu diesem Zeitpunkt 42 005 € wert.

Aufgabe A 2

A 2.0

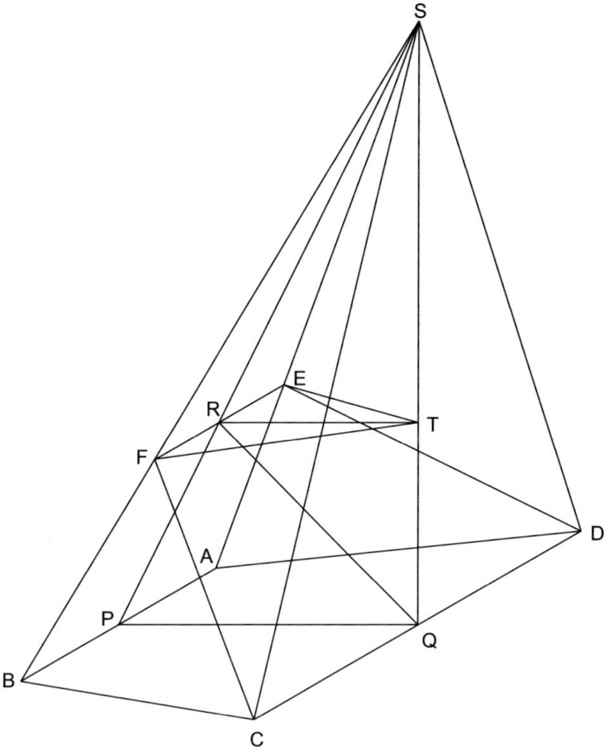

A 2.1 Berechnung von $\overline{PS}$ mit dem Satz des Pythagoras im rechtwinkligen Dreieck PQS:

$$\overline{PS}^2 = \overline{PQ}^2 + \overline{QS}^2 \qquad |\sqrt{}$$

$$\overline{PS} = \sqrt{4^2 + 8^2}\ \text{cm}$$

$$\overline{PS} = 8{,}94\ \text{cm}$$

oder:
Im rechtwinkligen Dreieck PQS gilt:

$$\tan \sphericalangle PSQ = \frac{\overline{PQ}}{\overline{QS}}$$

$$\tan \sphericalangle PSQ = \frac{4\ \text{cm}}{8\ \text{cm}}$$

$$\sphericalangle PSQ = 26{,}57°$$

$$\cos\sphericalangle PSQ = \frac{\overline{QS}}{\overline{PS}} \qquad \Big| \cdot \frac{\overline{PS}}{\cos\sphericalangle PSQ}$$

$$\overline{PS} = \frac{\overline{QS}}{\cos\sphericalangle PSQ}$$

$$\overline{PS} = \frac{8\ \text{cm}}{\cos 26{,}57°}$$

$$\overline{PS} = 8{,}94\ \text{cm}$$

Die Berechnung wäre auch über $\sin\sphericalangle PSQ = \frac{\overline{PQ}}{\overline{PS}}$ möglich. Der einfachste Weg ist aber über den Satz des Pythagoras.

Berechnung von $\overline{EF}$ mithilfe des Vierstreckensatzes/Strahlensatzes:

$$\frac{\overline{EF}}{\overline{AB}} = \frac{\overline{RS}}{\overline{PS}} \qquad \Big| \cdot \overline{AB}$$

$$\overline{EF} = \frac{\overline{RS} \cdot \overline{AB}}{\overline{PS}} \qquad \text{mit } \overline{RS} = \overline{PS} - \overline{PR}$$

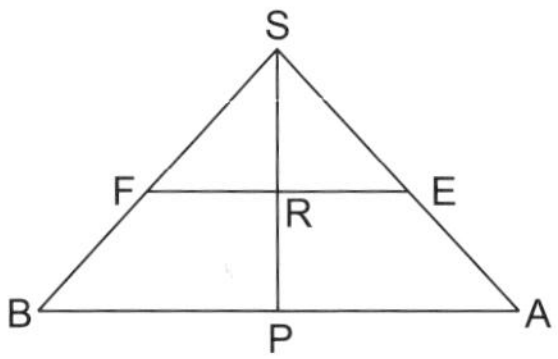

$$\overline{EF} = \frac{(8{,}94 - 3) \cdot 6}{8{,}94}\ \text{cm}$$

$$\overline{EF} = 3{,}99\ \text{cm}$$

oder:
Man berechnet im rechtwinkligen Dreieck PAS das Maß des Winkels PSA mit dem Tangens, dann über das rechtwinklige Dreieck RES wieder mit dem Tangens die Streckenlänge $\overline{RE}$ und somit $\overline{EF}$. Die rechten Winkel sind dabei die Winkel APS und ERS.

A 2.2 Um die Fläche des Trapezes CDEF berechnen zu können, bestimmt man die Höhe $\overline{QR}$ des Trapezes. Hierzu ermittelt man zunächst im rechtwinkligen Dreieck PQS das Maß des Winkels QPS und dann über den Kosinussatz im Dreieck PQR die Trapezhöhe $\overline{QR}$.

Berechnung von $\sphericalangle QPS$ im rechtwinkligen Dreieck PQS:

$$\tan\sphericalangle QPS = \frac{\overline{QS}}{\overline{PQ}}$$

$$\tan\sphericalangle QPS = \frac{8\ \text{cm}}{4\ \text{cm}}$$

$$\sphericalangle QPS = 63{,}43°$$

Berechnung von $\overline{QR}$ mithilfe des Kosinussatzes im Dreieck PQR:

$$\overline{QR}^2 = \overline{PR}^2 + \overline{PQ}^2 - 2 \cdot \overline{PR} \cdot \overline{PQ} \cdot \cos\sphericalangle QPS \qquad \big| \sqrt{\ }$$

$$\overline{QR} = \sqrt{3^2 + 4^2 - 2 \cdot 3 \cdot 4 \cdot \cos 63{,}43°}\ \text{cm}$$

$$\overline{QR} = 3{,}78\ \text{cm}$$

Berechnung des gesuchten Flächeninhalts:

$A = 0{,}5 \cdot (\overline{EF} + \overline{CD}) \cdot \overline{QR}$

$A = 0{,}5 \cdot (3{,}99 + 10) \cdot 3{,}78 \text{ cm}^2$

$A = 26{,}44 \text{ cm}^2$

A 2.3 Einzeichnen der Pyramide EFTS

Um das Volumen der Pyramide EFTS berechnen zu können, benötigt man noch die Längen der Strecken [RT] und [TS]. Diese können nach der Bestimmung von ∢TRS (oder alternativ ∢RST) im rechtwinkligen Dreieck RTS bestimmt werden.

$\sphericalangle TRS = \sphericalangle QPS$ (Stufenwinkel)

$\sphericalangle TRS = 63{,}43°$

Berechnung von $\overline{RT}$ im rechtwinkligen Dreieck RTS:

$\cos \sphericalangle TRS = \dfrac{\overline{RT}}{\overline{RS}} \qquad | \cdot \overline{RS}$

$\overline{RT} = \overline{RS} \cdot \cos \sphericalangle TRS \qquad \text{mit } \overline{RS} = \overline{PS} - \overline{PR}$

$\overline{RT} = (8{,}94 - 3) \text{ cm} \cdot \cos 63{,}43°$

$\overline{RT} = 2{,}66 \text{ cm}$

Berechnung von $\overline{TS}$ im rechtwinkligen Dreieck RTS:

$\sin \sphericalangle TRS = \dfrac{\overline{TS}}{\overline{RS}} \qquad | \cdot \overline{RS}$

$\overline{TS} = \overline{RS} \cdot \sin \sphericalangle TRS \qquad \text{mit } \overline{RS} = \overline{PS} - \overline{PR}$

$\overline{TS} = (8{,}94 - 3) \text{ cm} \cdot \sin 63{,}43°$

$\overline{TS} = 5{,}31 \text{ cm}$

Berechnung des Volumens der Pyramide EFTS:

$V = \dfrac{1}{3} \cdot \dfrac{1}{2} \cdot \overline{EF} \cdot \overline{RT} \cdot \overline{TS}$

$V = \dfrac{1}{3} \cdot \dfrac{1}{2} \cdot 3{,}99 \cdot 2{,}66 \cdot 5{,}31 \text{ cm}^3$

$V = 9{,}39 \text{ cm}^3$

Aufgabe A 3

A 3.1 Es gilt $\overline{BE} = \overline{BC} - \overline{EC}$. Daher berechnet man zunächst $\overline{EC}$.

Berechnung von $\overline{EC}$ mithilfe des Vierstreckensatzes/Strahlensatzes:

$$\frac{\overline{AB}}{\overline{DE}} = \frac{\overline{BC}}{\overline{EC}} \qquad \left| \cdot \frac{\overline{EC} \cdot \overline{DE}}{\overline{AB}} \right.$$

$$\overline{EC} = \frac{\overline{BC} \cdot \overline{DE}}{\overline{AB}}$$

$$\overline{EC} = \frac{5 \cdot 3{,}6}{7}\ \text{cm}$$

$$\overline{EC} = 2{,}57\ \text{cm}$$

Berechnung von $\overline{BE}$:

$$\overline{BE} = \overline{BC} - \overline{EC}$$

$$\overline{BE} = 5\ \text{cm} - 2{,}57\ \text{cm}$$

$$\overline{BE} = 2{,}43\ \text{cm}$$

oder:

Mithilfe des Sinussatzes berechnet man zunächst den Winkel BAC im Dreieck ABC, um damit die Länge von [EC] im Dreieck DEC zu bestimmen.

Berechnung von $\sphericalangle BAC$ mithilfe des Sinussatzes im Dreieck ABC:

$$\frac{\overline{BC}}{\sin \sphericalangle BAC} = \frac{\overline{AB}}{\sin \sphericalangle ACB} \qquad \left| \cdot \frac{\sin \sphericalangle BAC \cdot \sin \sphericalangle ACB}{\overline{AB}} \right.$$

$$\sin \sphericalangle BAC = \frac{\overline{BC}}{\overline{AB}} \cdot \sin \sphericalangle ACB$$

$$\sin \sphericalangle BAC = \frac{5\ \text{cm}}{7\ \text{cm}} \cdot \sin 40°$$

$$\sphericalangle BAC = 27{,}33°$$

Berechnung von $\overline{EC}$ mithilfe des Sinussatzes im Dreieck DEC:

$$\frac{\overline{EC}}{\sin \sphericalangle EDC} = \frac{\overline{DE}}{\sin \sphericalangle DCE} \qquad \left| \cdot \sin \sphericalangle EDC \right.$$

$$\overline{EC} = \frac{\overline{DE} \cdot \sin \sphericalangle EDC}{\sin \sphericalangle DCE}$$ mit $\sphericalangle EDC = \sphericalangle BAC$ (Stufenwinkel) und $\sphericalangle DCE = \sphericalangle ACB$

$$\overline{EC} = \frac{3{,}6\ \text{cm} \cdot \sin 27{,}33°}{\sin 40°}$$

$$\overline{EC} = 2{,}57\ \text{cm}$$

Berechnung von $\overline{BE}$:

$\overline{BE} = \overline{BC} - \overline{EC}$

$\overline{BE} = 5\text{ cm} - 2{,}57\text{ cm}$

$\overline{BE} = 2{,}43\text{ cm}$

A 3.2 Es sei F der Fußpunkt des Lotes von B auf DE (vgl. Skizze), also $d = \overline{FB}$. Man ermittelt zunächst $\sphericalangle BAC$ (falls nicht schon in Teilaufgabe A 3.1 geschehen), um dann $\sphericalangle CBA$ mithilfe der Winkelsumme im Dreieck ABC bestimmen zu können. Damit bestimmt man $\sphericalangle EBF$ und berechnet sodann $\overline{FB}$ im rechtwinkligen Dreieck BEF.

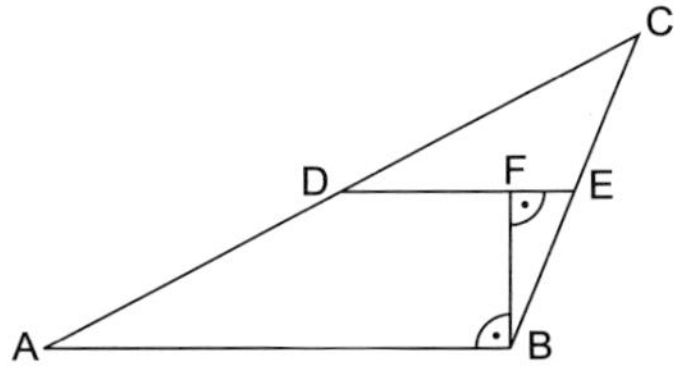

Berechnung von $\sphericalangle BAC$ mithilfe des Sinussatzes im Dreieck ABC:

$$\frac{\overline{BC}}{\sin\sphericalangle BAC} = \frac{\overline{AB}}{\sin\sphericalangle ACB} \qquad \Big| \cdot \frac{\sin\sphericalangle BAC \cdot \sin\sphericalangle ACB}{\overline{AB}}$$

$$\sin\sphericalangle BAC = \frac{\overline{BC}}{\overline{AB}} \cdot \sin\sphericalangle ACB$$

$$\sin\sphericalangle BAC = \frac{5\text{ cm}}{7\text{ cm}} \cdot \sin 40°$$

$$\sphericalangle BAC = 27{,}33°$$

Ermittlung von $\sphericalangle CBA$ mithilfe der Winkelsumme im Dreieck ABC:

$$180° = \sphericalangle CBA + \sphericalangle ACB + \sphericalangle BAC \qquad \text{mit } \sphericalangle ACB = 40° \text{ und } \sphericalangle BAC = 27{,}33°$$

$$\sphericalangle CBA = 180° - 40° - 27{,}33°$$

$$\sphericalangle CBA = 112{,}67°$$

Berechnung von $d = \overline{FB}$ im rechtwinkligen Dreieck BEF:

$$\cos\sphericalangle EBF = \frac{\overline{FB}}{\overline{BE}} \qquad \Big| \cdot \overline{BE}$$

$$\overline{FB} = \overline{BE} \cdot \cos\sphericalangle EBF \qquad \text{mit } \sphericalangle EBF = \sphericalangle CBA - 90°$$

$$\overline{FB} = 2{,}43\text{ cm} \cdot \cos(112{,}67° - 90°)$$

$$d = \overline{FB} = 2{,}24\text{ cm}$$

oder:

Es sei G der Fußpunkt des Lotes von C auf DE und H der Fußpunkt des Lotes von C auf AB (vgl. Skizze). Man ermittelt zunächst $\sphericalangle BAC$, um dann $\sphericalangle CBA$ und schließlich $\sphericalangle HBC = \sphericalangle GEC$ zu berechnen. In den rechtwinkligen Dreiecken BHC und EGC berechnet man $\overline{HC}$ und $\overline{GC}$, um damit $d = \overline{HG}$ zu bestimmen.

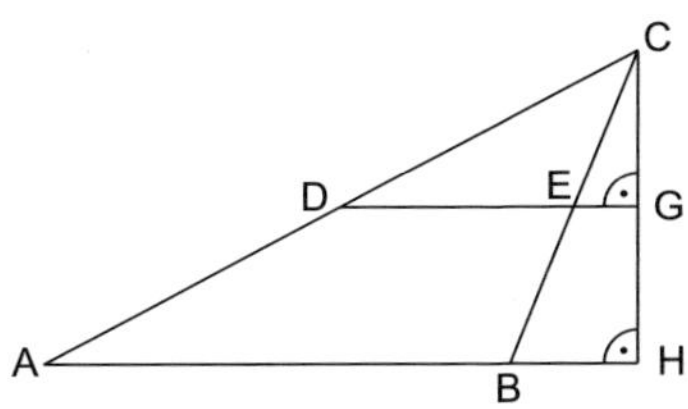

Berechnung von $\sphericalangle BAC$ und $\sphericalangle CBA$ wie oben:
$\sphericalangle BAC = 27{,}33°$; $\sphericalangle CBA = 112{,}67°$

Berechnung von $\sphericalangle HBC$:
$\sphericalangle HBC = 180° - \sphericalangle CBA$

$\sphericalangle HBC = 180° - 112{,}67°$

$\sphericalangle HBC = 67{,}33°$

Berechnung von $\overline{HC}$ im rechtwinkligen Dreieck BHC:

$$\sin \sphericalangle HBC = \frac{\overline{HC}}{\overline{BC}} \qquad \Big| \cdot \overline{BC}$$

$$\overline{HC} = \overline{BC} \cdot \sin \sphericalangle HBC$$

$$\overline{HC} = 5\text{ cm} \cdot \sin 67{,}33°$$

$$\overline{HC} = 4{,}61\text{ cm}$$

Berechnung von $\overline{GC}$ im rechtwinkligen Dreieck EGC:

$$\sin \sphericalangle GEC = \frac{\overline{GC}}{\overline{EC}} \qquad \Big| \cdot \overline{EC}$$

$$\overline{GC} = \overline{EC} \cdot \sin \sphericalangle GEC \qquad \text{mit } \sphericalangle GEC = \sphericalangle HBC \text{ (Stufenwinkel)}$$

$$\overline{GC} = 2{,}57\text{ cm} \cdot \sin 67{,}33°$$

$$\overline{GC} = 2{,}37\text{ cm}$$

Man könnte $\overline{HC}$ auch über den Vierstreckensatz/Strahlensatz berechnen, wenn man zuerst $\overline{GC}$ ermittelt hat.

Berechnung von d:
$d = \overline{HG} = \overline{HC} - \overline{GC}$

$d = 4{,}61\text{ cm} - 2{,}37\text{ cm}$

$d = 2{,}24\text{ cm}$

Abschlussprüfung an Realschulen 2020 – Mathematik II/III
Teil B

Aufgabe B 1

B 1.0 Die Parabel p mit dem Scheitelpunkt $S(5\,|\,-4{,}5)$ hat eine Gleichung der Form $y = 0{,}1x^2 + bx + c$ ($\mathbb{G} = \mathbb{R} \times \mathbb{R}$; $b, c \in \mathbb{R}$).

Die Gerade g hat die Gleichung $y = -0{,}5x + 1$ ($\mathbb{G} = \mathbb{R} \times \mathbb{R}$).

Runden Sie im Folgenden auf zwei Stellen nach dem Komma.

B 1.1 Zeigen Sie durch Rechnung, dass für die Gleichung der Parabel p gilt: $y = 0{,}1x^2 - x - 2$.
Zeichnen Sie sodann die Parabel p und die Gerade g für $x \in [-4; 9]$ in ein Koordinatensystem ein.

Für die Zeichnung: Längeneinheit 1 cm; $-4 \leqq x \leqq 9$; $-6 \leqq y \leqq 4$ 3

B 1.2 Punkte $A_n(x\,|\,-0{,}5x + 1)$ auf der Geraden g und Punkte $B_n(x\,|\,0{,}1x^2 - x - 2)$ auf der Parabel p haben dieselbe Abszisse x und sind zusammen mit Punkten C_n und D_n Eckpunkte von Trapezen $A_nB_nC_nD_n$.

Es gilt: $[A_nB_n] \parallel [C_nD_n]$; $\overrightarrow{A_nD_n} = \begin{pmatrix} 2 \\ 1 \end{pmatrix}$; $\overline{C_nD_n} = 5$ LE.

Zeichnen Sie die Trapeze $A_1B_1C_1D_1$ für $x = -1$ und $A_2B_2C_2D_2$ für $x = 4$ in das Koordinatensystem zu B 1.1 ein. 2

B 1.3 Ermitteln Sie rechnerisch, für welche Belegungen von x es Trapeze $A_nB_nC_nD_n$ gibt. 3

B 1.4 Berechnen Sie den Flächeninhalt A der Trapeze $A_nB_nC_nD_n$ in Abhängigkeit von x.
Bestimmen Sie sodann den maximalen Flächeninhalt A_{max} der Trapeze $A_nB_nC_nD_n$ und geben Sie den zugehörigen Wert für x an.
[Zwischenergebnis: $\overline{A_nB_n}(x) = (-0{,}1x^2 + 0{,}5x + 3)$ LE] 4

B 1.5 Der Punkt D_3 des Trapezes $A_3B_3C_3D_3$ liegt auf der y-Achse.
Ermitteln Sie durch Rechnung die Koordinaten des Punktes B_3. 2

B 1.6 Die kongruenten Trapeze $A_4B_4C_4D_4$ und $A_5B_5C_5D_5$ sind gleichschenklig.
Zeigen Sie, dass die Strecken $[A_4B_4]$ und $[A_5B_5]$ jeweils 3 LE lang sind.
Berechnen Sie sodann das Maß γ der Winkel $D_4C_4B_4$ bzw. $D_5C_5B_5$. 3

17

Aufgabe B 2

B 2.0 Nebenstehende Skizze zeigt das Fünfeck ABCDE, das aus dem Drachenviereck ABCD mit der Symmetrieachse AC und dem Dreieck ADE besteht.

Es gilt:

$\overline{AB} = \overline{AD} = 11\,\text{cm};\ \sphericalangle BAD = 45°;$

$\sphericalangle CBA = \sphericalangle ADC = \sphericalangle BAE = 90°;$

$[AB] \parallel [ED].$

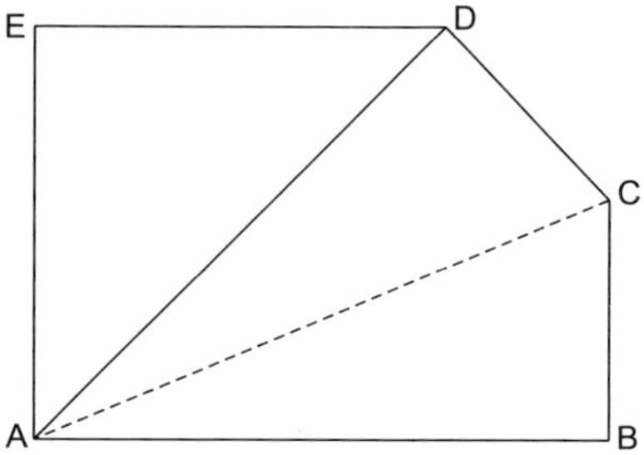

Runden Sie im Folgenden auf zwei Stellen nach dem Komma.

B 2.1 Zeichnen Sie das Fünfeck ABCDE sowie die Strecken [AD] und [AC]. 2

B 2.2 Begründen Sie, weshalb $\sphericalangle EDC = 135°$ und $\overline{AE} = \overline{ED}$ gilt.
Berechnen Sie sodann die Länge der Strecke [ED].
[Teilergebnis: $\overline{ED} = 7{,}78\,\text{cm}$] 3

B 2.3 Berechnen Sie die Länge der Strecke [BC] und den prozentualen Anteil des Flächeninhalts des Drachenvierecks ABCD am Flächeninhalt des Fünfecks ABCDE.
[Teilergebnis: $\overline{BC} = 4{,}56\,\text{cm}$] 4

B 2.4 Auf der Strecke [AE] liegen Punkte S_n, für die gilt: $\overline{ES_n}(x) = x\,\text{cm}$ mit $x \in \mathbb{R},\ x \in\ ]0;\ 7{,}78[$. Punkte R_n liegen auf dem Kreisbogen $\overset{\frown}{AD}$ mit dem Mittelpunkt E.
Ferner gilt: $[S_nR_n] \parallel [ED]$.
Zeichnen Sie den Kreisbogen $\overset{\frown}{AD}$ und die Strecke $[S_1R_1]$ für $x = 2$ in die Zeichnung zu B 2.1 ein. 2

B 2.5 Der Punkt R_2 ist der Schnittpunkt des Kreisbogens $\overset{\frown}{AD}$ mit der Symmetrieachse AC des Drachenvierecks ABCD.
Ergänzen Sie die Zeichnung zu B 2.1 um das Dreieck S_2R_2E und berechnen Sie die Länge der Strecke $[S_2R_2]$.
[Zwischenergebnis: $\sphericalangle R_2AE = \sphericalangle ER_2A = 67{,}5°$] 3

B 2.6 Die Bogenlänge b des Kreisbogens $\overset{\frown}{R_3D}$ mit dem Mittelpunkt E beträgt 3 cm.
Berechnen Sie das Maß des Winkels R_3ED und den zugehörigen Wert für x. 3

17

Lösung

Aufgabe B 1

B 1.1 Der Scheitelpunkt der Parabel ist $S(5\,|\,-4{,}5)$. Den Formfaktor $a = 0{,}1$ entnimmt man der gegebenen Gleichung.

Einsetzen in die Scheitelform:

$$y = 0{,}1 \cdot (x-5)^2 - 4{,}5 \qquad \mathbb{G} = \mathbb{R} \times \mathbb{R}$$

$$\Leftrightarrow \quad y = 0{,}1 \cdot (x^2 - 10x + 25) - 4{,}5$$

$$\Leftrightarrow \quad y = 0{,}1x^2 - 1x + 2{,}5 - 4{,}5$$

p: $y = 0{,}1x^2 - x - 2$

Zeichnen der Parabel p, z. B. mithilfe folgender Wertetabelle:

x	–4	–2	0	2	3	4	5	6	7	8	9
$y = 0{,}1x^2 - x - 2$	3,6	0,4	–2	–3,6	–4,1	–4,4	–4,5	–4,4	–4,1	–3,6	–2,9

oder:

Man zeichnet vom Scheitel $S(5\,|\,-4{,}5)$ aus eine nach oben geöffnete und mit dem Faktor 0,1 gestauchte Parabel. D. h.: Geht man vom Punkt S aus in x-Richtung z. B. um 2 LE nach rechts, so muss man in y-Richtung um $0{,}1 \cdot 2^2$ LE $= 0{,}4$ LE nach oben gehen, um zum zugehörigen Parabelpunkt zu gelangen.

Zeichnen der Geraden g, z. B. mithilfe folgender Wertetabelle:

x	0	5
$y = -0{,}5x + 1$	1	–1,5

oder:

Die Gerade g hat die Steigung –0,5 und den y-Achsenabschnitt 1.

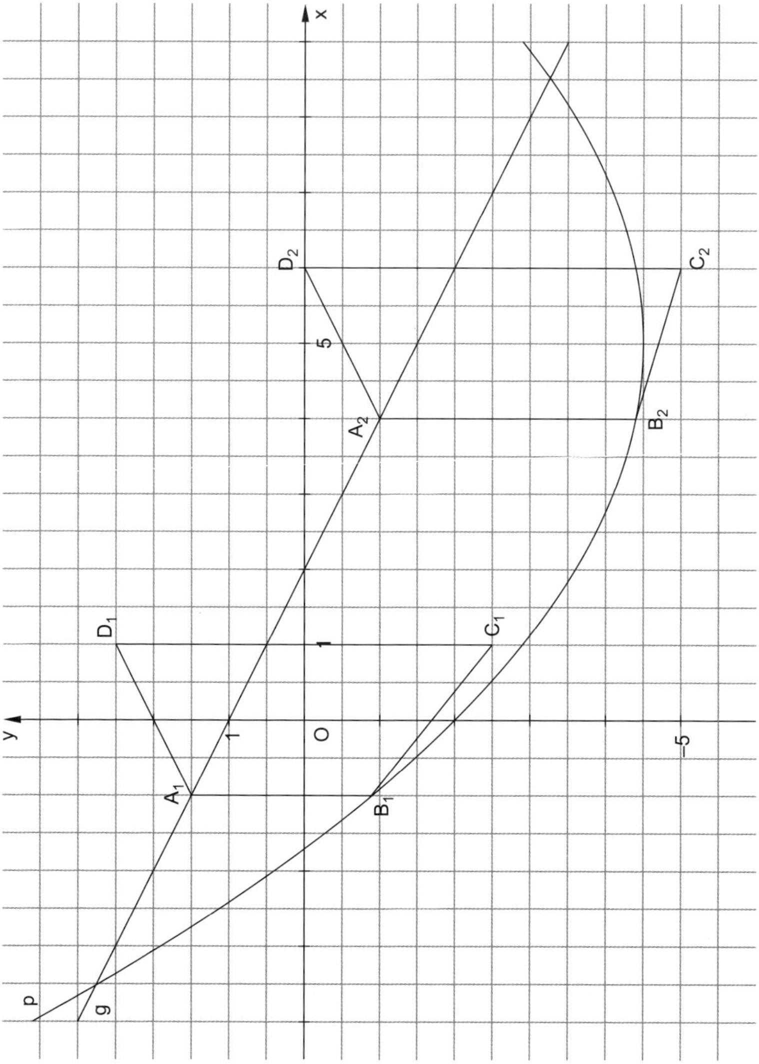

(Gedreht dargestellt)

B 1.2 Einzeichnen des Trapezes $A_1B_1C_1D_1$ für $x = -1$

- A_1 liegt auf der Geraden g und hat die x-Koordinate –1, also $A_1(-1 \mid 1{,}5)$.
- B_1 liegt auf der Parabel p und hat ebenfalls die x-Koordinate –1, also $B_1(-1 \mid -0{,}9)$.
- Es gilt $\overrightarrow{A_1D_1} = \binom{2}{1}$, also $D_1(1 \mid 2{,}5)$.
- C_1 hat dieselbe x-Koordinate wie D_1 und die y-Koordinate von C_1 ist um 5 kleiner als die von D_1, also $C_1(1 \mid -2{,}5)$.

Einzeichnen des Trapezes $A_2B_2C_2D_2$ für $x = 4$

- A_2 liegt auf der Geraden g und hat die x-Koordinate 4, also $A_2(4 \mid -1)$.
- B_2 liegt auf der Parabel p und hat ebenfalls die x-Koordinate 4, also $B_2(4 \mid -4{,}4)$.
- Es gilt $\overrightarrow{A_2D_2} = \binom{2}{1}$, also $D_2(6 \mid 0)$.
- C_2 hat dieselbe x-Koordinate wie D_2 und die y-Koordinate von C_2 ist um 5 kleiner als die von D_2, also $C_2(6 \mid -5)$.

B 1.3 Die Abszissen x müssen zwischen den beiden Schnittstellen der Parabel p mit der Geraden g liegen. Für die Schnittstellen selbst ergeben sich keine Trapeze, sondern Dreiecke. Für Abszissen x, die außerhalb der Schnittstellen liegen, befinden sich die Punkte A_n unterhalb der Punkte B_n und der Umlaufsinn stimmt somit nicht.

$$0{,}1x^2 - x - 2 = -0{,}5x + 1 \qquad \mid +0{,}5x - 1 \qquad x \in \mathbb{R}$$

$$\Leftrightarrow \quad 0{,}1x^2 - 0{,}5x - 3 = 0$$

$$\Leftrightarrow \quad x = \frac{-(-0{,}5) - \sqrt{(-0{,}5)^2 - 4 \cdot 0{,}1 \cdot (-3)}}{2 \cdot 0{,}1} \ \vee \ x = \frac{-(-0{,}5) + \sqrt{(-0{,}5)^2 - 4 \cdot 0{,}1 \cdot (-3)}}{2 \cdot 0{,}1}$$

$$\Leftrightarrow \quad x = \frac{0{,}5 - \sqrt{1{,}45}}{0{,}2} \ \vee \ x = \frac{0{,}5 + \sqrt{1{,}45}}{0{,}2}$$

$$\Leftrightarrow \quad x = -3{,}52 \ \vee \ x = 8{,}52$$

$\mathbb{L} = \{-3{,}52;\ 8{,}52\}$

Für $x \in\ ]-3{,}52; 8{,}52[$ gibt es Trapeze $A_nB_nC_nD_n$.

B 1.4 Die Seitenlänge $\overline{C_nD_n}$ ist stets 5 LE. Die Höhe h der Trapeze, also der Abstand der parallelen Seiten, ist stets 2 LE (x-Koordinate von $\overrightarrow{A_nD_n}$).
Um den Flächeninhalt der Trapeze in Abhängigkeit von x zu bestimmen, benötigt man somit noch $\overline{A_nB_n}$. Da die Punkte A_n und B_n dieselbe x-Koordinate haben, kann $\overline{A_nB_n}$ über die y-Koordinaten berechnet werden.

$$\overline{A_nB_n} = (y_{A_n} - y_{B_n}) \text{ LE}$$

$$\overline{A_nB_n}(x) = [-0{,}5x + 1 - (0{,}1x^2 - x - 2)] \text{ LE} \qquad x \in \mathbb{R};\ x \in]-3{,}52; 8{,}52[$$

$$\overline{A_nB_n}(x) = (-0{,}5x + 1 - 0{,}1x^2 + x + 2) \text{ LE}$$

$$\overline{A_nB_n}(x) = (-0{,}1x^2 + 0{,}5x + 3) \text{ LE}$$

Berechnung des Flächeninhalts der Trapeze:

$$A = 0{,}5 \cdot (\overline{A_nB_n} + \overline{C_nD_n}) \cdot h$$

$A(x) = 0{,}5 \cdot (-0{,}1x^2 + 0{,}5x + 3 + 5) \cdot 2$ FE $\qquad x \in \mathbb{R};\ x \in]-3{,}52; 8{,}52[$

$A(x) = (-0{,}1x^2 + 0{,}5x + 8)$ FE

Bestimmen des maximalen Flächeninhalts mithilfe von quadratischer Ergänzung:

$A(x) = [-0{,}1 \cdot (x^2 - 5x + 2{,}5^2 - 2{,}5^2) + 8]$ FE $\qquad x \in \mathbb{R};\ x \in]-3{,}52; 8{,}52[$

$A(x) = [-0{,}1 \cdot (x - 2{,}5)^2 + 0{,}63 + 8]$ FE

$A(x) = [-0{,}1 \cdot (x - 2{,}5)^2 + 8{,}63]$ FE

$A_{max} = 8{,}63$ FE für $x = 2{,}5$

B 1.5 Aus $x_{D_3} = 0$ folgt mithilfe von $\overrightarrow{A_3D_3} = \begin{pmatrix} 2 \\ 1 \end{pmatrix}$:

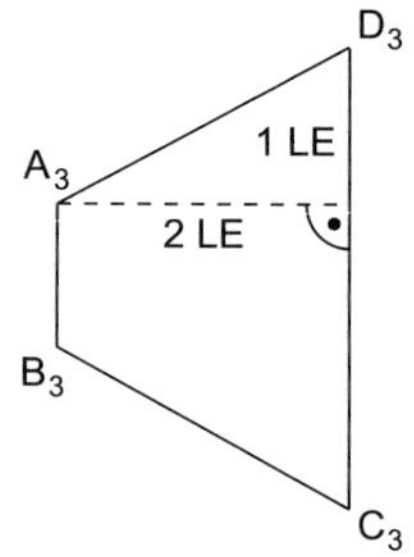

$x_{A_3} = x_{D_3} - 2$

$x_{A_3} = 0 - 2 = -2 \qquad$ mit $x_{A_3} = x_{B_3}$

$x_{B_3} = -2$

Berechnung der Koordinaten des Punktes B_3:

$B_3(-2 \mid 0{,}1 \cdot (-2)^2 - (-2) - 2)$

$B_3(-2 \mid 0{,}1 \cdot 4 + 2 - 2)$

$B_3(-2 \mid 0{,}4)$

B 1.6 Da für alle Trapeze $A_nB_nC_nD_n$ stets $\overrightarrow{A_nD_n} = \begin{pmatrix} 2 \\ 1 \end{pmatrix}$ gilt, muss für die gleichschenkligen Trapeze $A_4B_4C_4D_4$ und $A_5B_5C_5D_5$ gelten:

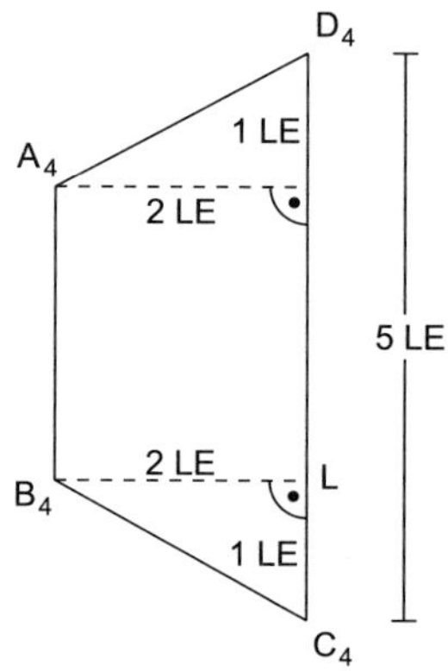

$\overrightarrow{B_4C_4} = \begin{pmatrix} 2 \\ -1 \end{pmatrix}$ bzw. $\overrightarrow{B_5C_5} = \begin{pmatrix} 2 \\ -1 \end{pmatrix}$

D. h., die y-Koordinate der Punkte A_4 bzw. A_5 ist um 1 kleiner als die der Punkte D_4 bzw. D_5 und die y-Koordinate der Punkte B_4 bzw. B_5 ist um 1 größer als die der Punkte C_4 bzw. C_5.

Da stets $\overline{C_nD_n} = 5$ LE gilt, folgt:

$\overline{A_4B_4} = \overline{A_5B_5} = (5 - 1 - 1)$ LE $= 3$ LE

Der Punkt L sei der Fußpunkt des Lotes von B_4 bzw. B_5 auf $[C_4D_4]$ bzw. $[C_5D_5]$.
Durch $\overrightarrow{B_4C_4} = \overrightarrow{B_5C_5} = \begin{pmatrix} 2 \\ -1 \end{pmatrix}$ sind folgende Längen festgelegt (siehe Skizze):

$\overline{B_4L} = \overline{B_5L} = 2$ LE und $\overline{C_4L} = \overline{C_5L} = 1$ LE

Berechnung des Winkelmaßes γ der Winkel $D_4C_4B_4$ bzw. $D_5C_5B_5$ im rechtwinkligen Dreieck B_4C_4L bzw. B_5C_5L:

$$\tan\gamma = \frac{\overline{B_4L}}{\overline{C_4L}}$$

$$\tan\gamma = \frac{2}{1}$$

$$\gamma = 63{,}43°$$

Aufgabe B 2

B 2.1 Zeichnen des Fünfecks ABCDE mit den Strecken [AD] und [AC]

- Man zeichnet [AB] und trägt den Winkel $\sphericalangle BAD = 45°$ am Punkt A an. Der Schnittpunkt des freien Schenkels mit dem Kreis mit Radius $\overline{AD} = 11\,\text{cm}$ um den Punkt A ist der Punkt D.
- Der Punkt E ist der Schnittpunkt des Lotes auf AB durch den Punkt A mit der Parallelen zu AB durch den Punkt D.
- Da die Symmetrieachse AC den Winkel BAD halbiert, trägt man im Punkt A den Winkel $\frac{45°}{2} = 22{,}5°$ ab. Der Schnittpunkt des freien Schenkels mit dem Lot auf AB durch den Punkt B ist der Punkt C.

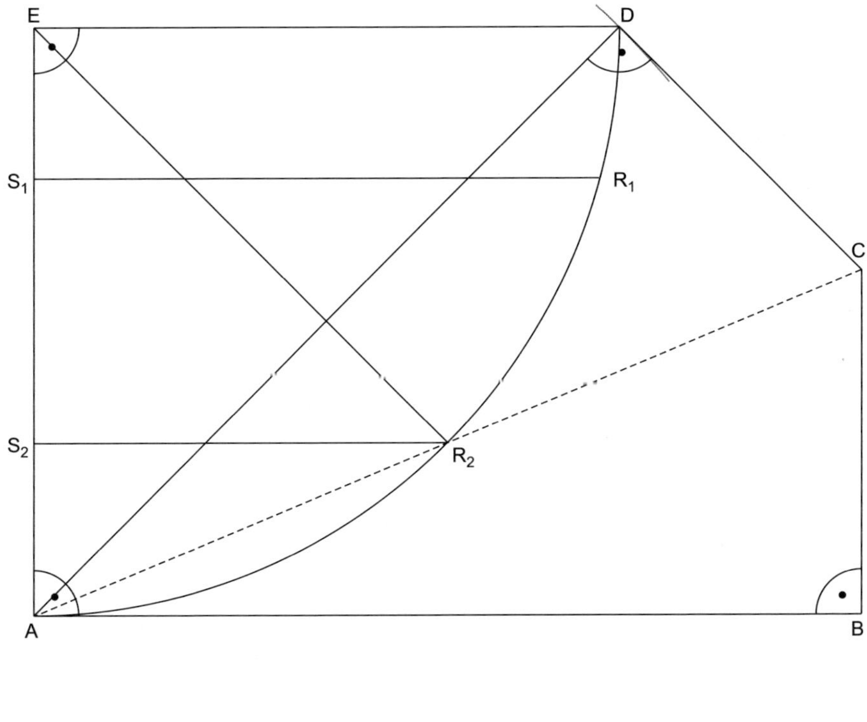

B 2.2 Da [AB] || [ED] und $\sphericalangle BAE = 90°$, gilt $\sphericalangle AED = 90°$.
Da $\sphericalangle BAD = 45°$, folgt $\sphericalangle DAE = 45°$.

Über die Winkelsumme im Dreieck ADE folgt:

$$180° = \sphericalangle EDA + \sphericalangle AED + \sphericalangle DAE$$

$$\sphericalangle EDA = 180° - 90° - 45°$$

$$\sphericalangle EDA = 45°$$

Wegen $\sphericalangle DAE = \sphericalangle EDA$ ist das Dreieck ADE gleichschenklig mit $\overline{AE} = \overline{ED}$.

Berechnung von $\sphericalangle EDC$:

$$\sphericalangle EDC = \sphericalangle EDA + \sphericalangle ADC$$

$$\sphericalangle EDC = 45° + 90°$$

$$\sphericalangle EDC = 135°$$

Berechnung der Streckenlänge $\overline{ED}$ im rechtwinkligen Dreieck ADE:

$$\sin \sphericalangle DAE = \frac{\overline{ED}}{\overline{AD}} \qquad |\cdot \overline{AD}$$

$$\overline{ED} = \overline{AD} \cdot \sin \sphericalangle DAE$$

$$\overline{ED} = 11\text{ cm} \cdot \sin 45°$$

$$\overline{ED} = 7{,}78\text{ cm}$$

oder:

Im gleichschenklig-rechtwinkligen Dreieck ADE gilt mit dem Satz des Pythagoras:

$$\overline{ED}^2 + \overline{AE}^2 = \overline{AD}^2 \qquad \text{mit } \overline{AE} = \overline{ED}$$

$$2 \cdot \overline{ED}^2 = \overline{AD}^2 \qquad |:2$$

$$\overline{ED}^2 = \frac{\overline{AD}^2}{2} \qquad |\sqrt{}$$

$$\overline{ED} = \frac{1}{\sqrt{2}} \cdot 11\text{ cm}$$

$$\overline{ED} = 7{,}78\text{ cm}$$

B 2.3 Berechnung der Streckenlänge $\overline{BC}$ im rechtwinkligen Dreieck ABC:

$$\tan \sphericalangle BAC = \frac{\overline{BC}}{\overline{AB}} \qquad |\cdot \overline{AB}$$

$$\overline{BC} = \overline{AB} \cdot \tan \sphericalangle BAC \qquad \text{mit } \sphericalangle BAC = 0{,}5 \cdot \sphericalangle BAD = 0{,}5 \cdot 45°$$

$$\overline{BC} = 11\text{ cm} \cdot \tan 22{,}5°$$

$$\overline{BC} = 4{,}56\text{ cm}$$

Berechnung des Flächeninhalts des Drachenvierecks ABCD:

Das Drachenviereck setzt sich zusammen aus den beiden flächengleichen Dreiecken ABC und ACD mit dem Flächeninhalt $A_{\Delta ABC}$.

$A_{ABCD} = 2 \cdot A_{\Delta ABC}$

$A_{ABCD} = 2 \cdot 0{,}5 \cdot \overline{AB} \cdot \overline{BC}$

$A_{ABCD} = 2 \cdot 0{,}5 \cdot 11 \cdot 4{,}56 \text{ cm}^2$

$A_{ABCD} = 50{,}16 \text{ cm}^2$

oder:

Die Verwendung der Formel $A_{ABCD} = 0{,}5 \cdot \overline{AC} \cdot \overline{BD}$ ist auch möglich, aber umständlicher.

Berechnung von $\overline{AC}$ im rechtwinkligen Dreieck ABC mit dem Satz des Pythagoras:

$\overline{AC}^2 = \overline{AB}^2 + \overline{BC}^2 \qquad |\sqrt{}$

$\overline{AC} = \sqrt{11^2 + 4{,}56^2} \text{ cm}$

$\overline{AC} = 11{,}91 \text{ cm}$

Um die Länge der Strecke [BD] zu bestimmen, bestimmt man zunächst die Länge der Strecke [BM], wobei M der Diagonalenschnittpunkt im Drachenviereck ABCD ist.

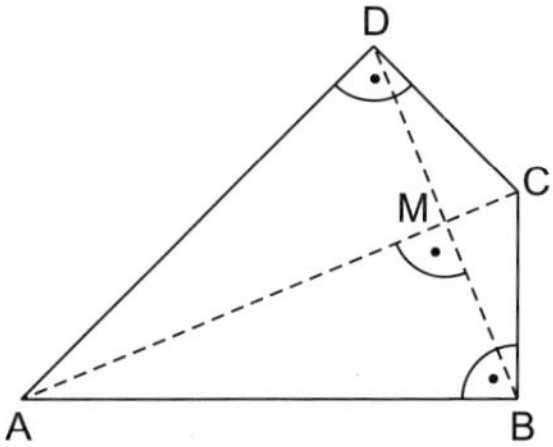

Berechnung von $\overline{BM}$ im rechtwinkligen Dreieck ABM:

$\sin \sphericalangle BAM = \dfrac{\overline{BM}}{\overline{AB}} \qquad | \cdot \overline{AB}$

$\overline{BM} = \overline{AB} \cdot \sin \sphericalangle BAM \qquad$ mit $\sphericalangle BAM = 0{,}5 \cdot \sphericalangle BAD = 0{,}5 \cdot 45°$

$\overline{BM} = 11 \text{ cm} \cdot \sin 22{,}5°$

$\overline{BM} = 4{,}21 \text{ cm}$

Für die Länge $\overline{BD}$ gilt dann:

$\overline{BD} = 2 \cdot \overline{BM}$

$\overline{BD} = 2 \cdot 4{,}21 \text{ cm}$

$\overline{BD} = 8{,}42 \text{ cm}$

Berechnung des Flächeninhalts des Drachenvierecks ABCD:

$A_{ABCD} = 0{,}5 \cdot \overline{AC} \cdot \overline{BD}$

$A_{ABCD} = 0{,}5 \cdot 11{,}91 \cdot 8{,}42 \text{ cm}^2$

$A_{ABCD} = 50{,}14 \text{ cm}^2$

Bemerkung: Dieses Ergebnis weicht durch andere Rundungen vom obigen Ergebnis ab.

Berechnung des Flächeninhalts des Fünfecks ABCDE:

Das Fünfeck setzt sich zusammen aus dem Drachenviereck ABCD und dem rechtwinkligen Dreieck ADE.

$A_{ABCDE} = A_{ABCD} + A_{\Delta ADE}$

$A_{ABCDE} = A_{ABCD} + 0{,}5 \cdot \overline{AE} \cdot \overline{ED}$

$A_{ABCDE} = (50{,}16 + 0{,}5 \cdot 7{,}78 \cdot 7{,}78)\ \text{cm}^2$

$A_{ABCDE} = 80{,}42\ \text{cm}^2$

Berechnung des gesuchten prozentualen Anteils:

$\frac{A_{ABCD}}{A_{ABCDE}} \cdot 100\ \% = \frac{50{,}16}{80{,}42} \cdot 100\ \% = 62{,}37\ \%$

B 2.4 Einzeichnen des Kreisbogens $\overset{\frown}{AD}$ und der Strecke $[S_1R_1]$

B 2.5 Einzeichnen des Dreiecks S_2R_2E

Man ermittelt $\overline{S_2R_2}$ mithilfe des Sinus im rechtwinkligen Dreieck S_2R_2E. Da $\overline{ER_2} = \overline{ED} = 7{,}78$ cm, benötigt man noch $\sphericalangle S_2ER_2 = \sphericalangle AER_2$. Dazu bestimmt man zunächst $\sphericalangle R_2AE$ und mithilfe der Gleichschenkligkeit des Dreiecks AR_2E schließlich $\sphericalangle AER_2$.

Bestimmen von $\sphericalangle R_2AE$:

$\sphericalangle R_2AE = 90° - 0{,}5 \cdot \sphericalangle BAD$

$\sphericalangle R_2AE = 90° - 0{,}5 \cdot 45°$

$\sphericalangle R_2AE = 67{,}5°$

Wegen $\overline{AE} = \overline{ER_2}$ ist das Dreieck AR_2E gleichschenklig und es gilt:

$\sphericalangle ER_2A = \sphericalangle R_2AE = 67{,}5°$

Daraus folgt mithilfe der Winkelsumme im Dreieck AR_2E:

$180° = \sphericalangle AER_2 + \sphericalangle ER_2A + \sphericalangle R_2AE$

$\sphericalangle AER_2 = 180° - 2 \cdot 67{,}5°$

$\sphericalangle AER_2 = 45°$

Bestimmen von $\overline{S_2R_2}$ im rechtwinkligen Dreieck S_2R_2E:

$\sin \sphericalangle S_2ER_2 = \frac{\overline{S_2R_2}}{\overline{ER_2}} \quad | \cdot \overline{ER_2}$

$\overline{S_2R_2} = \overline{ER_2} \cdot \sin \sphericalangle S_2ER_2$ mit $\sphericalangle S_2ER_2 = \sphericalangle AER_2$ und $\overline{ER_2} = \overline{ED}$

$\overline{S_2R_2} = 7{,}78\ \text{cm} \cdot \sin 45°$

$\overline{S_2R_2} = 5{,}50\ \text{cm}$

B 2.6 Berechnung des zum Kreisbogen $\overset{\frown}{R_3D}$ gehörigen Mittelpunktswinkel $\sphericalangle R_3ED$:

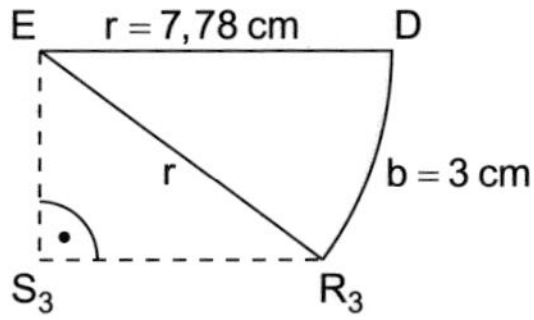

$$\frac{b}{2 \cdot r \cdot \pi} = \frac{\sphericalangle R_3ED}{360°} \qquad | \cdot 360°$$

$$\sphericalangle R_3ED = \frac{b \cdot 360°}{2 \cdot r \cdot \pi}$$

$$\sphericalangle R_3ED = \frac{3 \cdot 360°}{2 \cdot 7{,}78 \cdot \pi}$$

$$\sphericalangle R_3ED = 22{,}09°$$

Um den zugehörigen Wert für x zu ermitteln, bestimmt man zunächst $\sphericalangle S_3ER_3$.

$$\sphericalangle S_3ER_3 = 90° - \sphericalangle R_3ED$$

$$\sphericalangle S_3ER_3 = 90° - 22{,}09°$$

$$\sphericalangle S_3ER_3 = 67{,}91°$$

Berechnung des Wertes für x im rechtwinkligen Dreieck ES_3R_3:

$$\cos \sphericalangle S_3ER_3 = \frac{\overline{ES_3}}{\overline{ER_3}} \qquad \text{mit } \overline{ES_3} = x \text{ cm und } \overline{ER_3} = \overline{ED}$$

$$\cos 67{,}91° = \frac{x}{7{,}78} \qquad | \cdot 7{,}78 \qquad x \in \mathbb{R};\ x \in]0; 7{,}78[$$

$$\Leftrightarrow \qquad x = 7{,}78 \cdot \cos 67{,}91°$$

$$\Leftrightarrow \qquad x = 2{,}93$$

$$\mathbb{L} = \{2{,}93\}$$

Abschlussprüfung an Realschulen 2021
Mathematik II/III

Das Corona-Virus hat auch im vergangenen Schuljahr die Prüfungsabläufe beeinflusst. Um Ihnen die Prüfung 2021 schnellstmöglich zur Verfügung stellen zu können, bringen wir sie in digitaler Form heraus.

Sobald die Original-Prüfungsaufgaben 2021 zur Veröffentlichung freigegeben sind, können sie als PDF auf der Plattform **MyStark** heruntergeladen werden (Zugangscode vgl. Umschlaginnenseite).

Prüfung 2021

www.stark-verlag.de/mystark

Notizen

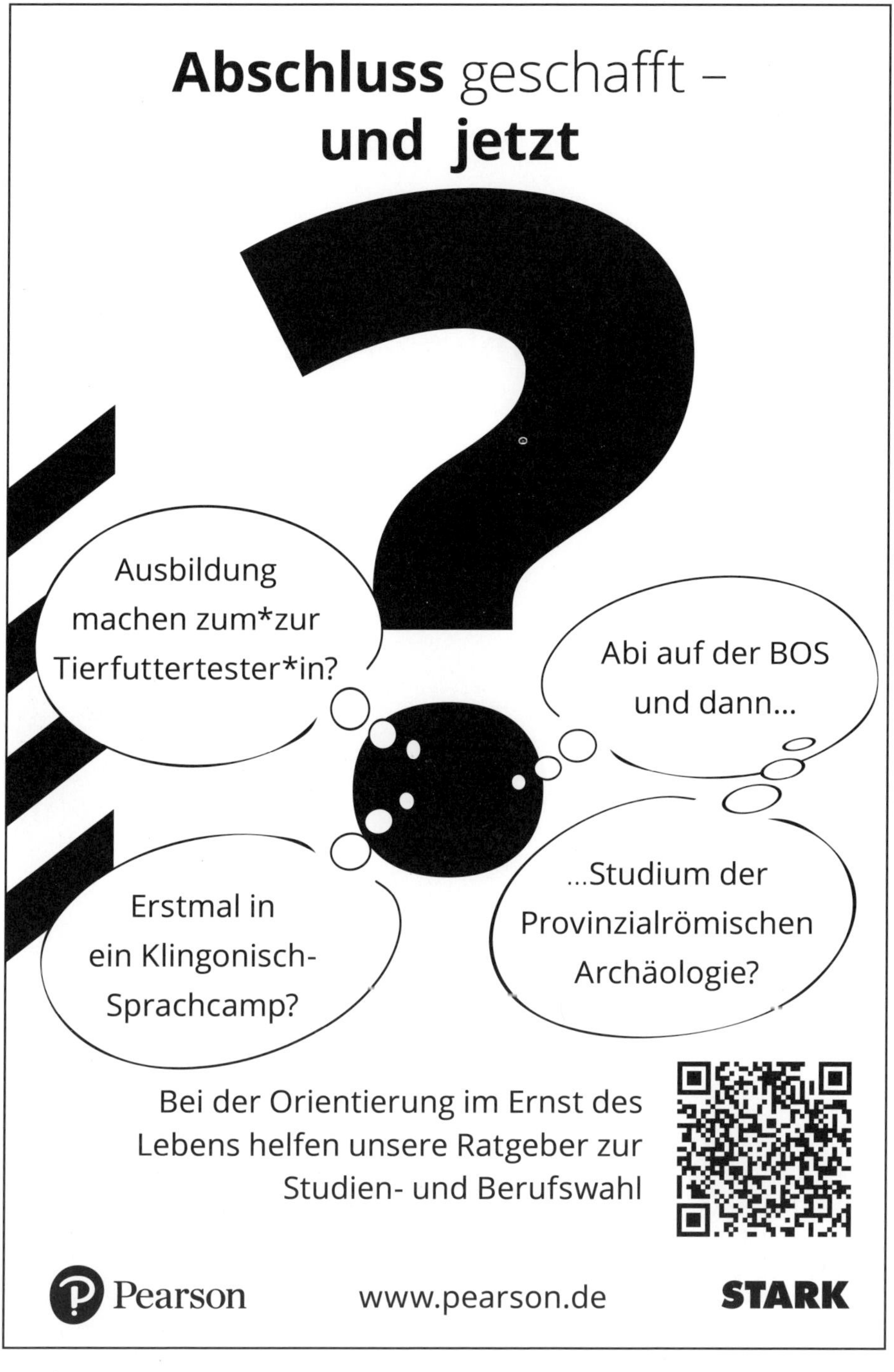
Abschluss geschafft –
und jetzt
Ausbildung machen zum*zur Tierfuttertester*in?
Abi auf der BOS und dann...
Erstmal in ein Klingonisch-Sprachcamp?
...Studium der Provinzialrömischen Archäologie?
Bei der Orientierung im Ernst des Lebens helfen unsere Ratgeber zur Studien- und Berufswahl
Pearson
www.pearson.de
STARK

Abschluss in der Tasche!
Und jetzt –
Studium oder Ausbildung?
But what about your English?
Jetzt gratis
Englischtest machen!
www.pearson.de/englischtest
Pearson